油气输送管道完整性管理

胡　军　郝　林　申得济　乔贵民◎主编

石油工業出版社

内 容 提 要

本书讲述了海底管道和陆地管道的完整性管理理论与方法，结合管道运营方在管道完整性管理过程中遇到的典型问题给出了分析评估方法与管控方案，本书案例来源于生产项目。

本书可作为管道运营单位管理人员的技术手册，还可作为咨询服务机构的参考用书。

图书在版编目（CIP）数据

油气输送管道完整性管理 / 胡军等主编 .—北京：石油工业出版社，2021.3

ISBN 978-7-5183-4533-5

Ⅰ . ①油… Ⅱ . ①胡… Ⅲ . ①油气输送 – 管道输送 – 完整性 Ⅳ . ① TE832

中国版本图书馆 CIP 数据核字（2021）第 031155 号

出版发行：石油工业出版社

（北京安定门外安华里 2 区 1 号　100011）

网　址：www.petropub.com

编辑部：（010）64523548　图书营销中心：（010）64523633

经　销：全国新华书店

印　刷：北京中石油彩色印刷有限责任公司

2021 年 3 月第 1 版　2021 年 3 月第 1 次印刷

787 × 1092 毫米　开本：1/16　印张：14.5

字数：297 千字

定价：90.00 元

（如出现印装质量问题，我社图书营销中心负责调换）

《油气输送管道完整性管理》 编 委 会

主　　编：胡　军　郝　林　申得济　乔贵民

编　　委：张湘跃　逄　凯　陶海成　苏义宝

崔晶晶　李艳丽　杨白玉

前言 FOREWORD

油气输送管道完整性管理是对油气管道运行中面临的风险因素进行识别和评价，通过监测、检测、检验等各种方式，获取与专业管理相结合的管道完整性的信息，制订相应的风险控制对策，不断改善识别到的不利影响因素，从而将管道运行的风险水平控制在合理的、可接受的范围内，最终达到持续改进、减少和预防管道事故发生、经济合理地保证管道安全运行的目的。油气输送管道完整性管理技术涉及六步循环，包括数据收集、高后果区识别、风险评价、完整性评价、维修与维护、效能评价。近年来，油气输送管道完整性管理的理念与方法在国内得到了广泛应用和发展，并取得了良好的效果。

本书针对海底管道与陆地管道，结合管道运营方在管道完整性管理过程中遇到的典型问题给出了分析评估方法与管控方案。数据管理方面，介绍了典型的数据模型，给出了基于风险评估技术的关键数据管控内容，作为现场管理的重点管控参数；在风险评估方面，结合目前油气管道企业经常遇到的管道周边改扩建公路的情况，给出了风险评估技术方法，通过该流程能够有效管控第三方施工风险；在监测与检测方面，针对不同类型风险及不同管道损伤模式给出了相应的监测与检测方案；完整性评价方面，针对不同类型缺陷给出了相应的评估方法，对比了不同规范的评估差异，同时结合实际工程案例针对干气/湿气/混输管道，给出了系统的内腐蚀评估方法，该方法的评估结果满足船级社发证检验要求；风险减缓措施方面，给出了风险减缓措施的良好作业实践。本书探讨了机器学习技术在风险评估中的应用，基于大量工程案例给出了管道腐蚀分布规律，针对某管道采用SVM算法对腐蚀趋势进行了预测。

本书的案例均来自实际工程案例，本书可作为管道运营单位管理人员的技术手册，还可作为咨询服务机构的参考用书。

为符合现场使用习惯，本书部分地方保留了非法定计量单位，请读者在阅读时注意。

鉴于编者所处行业的局限性和水平限制，书中难免有疏漏之处，敬请广大读者批评指正，编者也将在今后的油气管道完整性管理深入应用与实践中不断总结与提升，并适时再版。

2020 年 9 月

目录 CONTENTS

1 概　述

1.1　管道事故案例

1.1.1　案例一：第三方施工破坏

2014 年 6 月 30 日晚，位于大连开发区的新大一线输油管线被违法定向钻施工钻漏，大量原油溢出，流入城市雨排和污水管网，导致爆炸起火，事故造成直接经济损失 547.235×10^4CNY，未造成人员伤亡。

调查了解到，施工单位原顶管作业（定向钻）施工方案穿越深度为地面以下 4.5m，由于第一眼作业过程中穿越钻进不顺利，将钻头调高为 3.5m 后连钻两眼又不成功，第四眼钻进时，施工单位现场变动钻孔深度和位置，将原定穿越深度升高至 2.8m。在钻进过程中钻头钻遇管道受阻，地面震感强烈，但施工单位没有对穿越施工风险引起重视，没有进一步排查原因，反而强令现场继续按 2.8m 施工，把原油管道打漏。管道泄漏后，由于现场人员携带设施匆忙撤离，钻头、钻具拔出后，管道被钻处形成开放式破口，加速了原油泄漏（图 1.1）。

图 1.1　管道泄漏后果

1.1.2　案例二：腐蚀泄漏

2013 年 11 月 22 日发生的“11 · 22”青岛输油管道爆炸事件，造成秦皇岛路桥涵以北至入海口、以南沿斋堂岛街至刘公岛路排水暗渠的预制混凝土盖板大部分被炸开，与刘公岛路排水暗渠西南端相连接的长兴岛街、唐岛路、舟山岛街排水暗渠的现浇混凝土盖板拱起、开裂和局部炸开，全长波及五千余米。

爆炸产生的冲击波及飞溅物造成现场抢修人员、过往行人、周边单位和社区人员，以及青岛丽东化工有限公司厂区内排水暗渠上方临时工棚及附近作业人员共 62 人死亡、136 人受伤。

爆炸还造成周边多处建筑物不同程度损坏，多台车辆及设备损毁，供水、供电、供暖、供气多条管线受损。泄漏原油通过排水暗渠进入附近海域，造成胶州湾局部污染（图 1.2）。

图 1.2　管道泄漏爆炸现场

1.1.3　案例三：施工期焊接缺陷

2018 年 6 月 10 日中缅天然气管道在贵州省晴隆县沙子镇三合村蒋坝营处发生燃爆。事故造成群众因伤住院 24 人，其中极危重 3 人、危重 5 人、重症 16 人，伤者经治疗均无生命危险。

经调查，事故的直接原因是：环焊缝脆性断裂导致管内天然气大量泄漏，与空气混合形成爆炸性混合物，大量冲出的天然气与管道断裂处强烈摩擦产生静电引发燃烧爆炸，导致事故发生。

事故说明，现场焊接质量不满足相关标准要求，在组合载荷的作用下造成环焊缝脆性断裂。而导致环焊缝质量出现问题的因素包括：现场执行 X80 级钢质管道焊接工艺不严格、现场无损检测标准要求低、施工质量管理不严等。

1.2　国外事故统计

目前，针对管道的失效数据统计数据库包括以下三种：

（1）PARLOC：The Update of Loss of Containment Data for Offshore Pipelines（最新海底管道泄漏数据）。

（2）EGIG：Report of the European Gas Pipeline Incident Data Group（欧洲天然气管道事故数据组织）。

（3）PHMSA：Annual Report Mileage for Natural Gas Transmission & Gathering Systems（天然气集输系统年度里程报告）。

1.2.1 PARLOC

英国 PARLOC 数据库汇编了来自英国海外运营商协会（UKOOA）、石油学会（IP）与英国卫生和安全行政部（HSE）的关于北海海底管道泄漏的数据。该数据库包含了两个数据库：管道数据库和事件数据库。

所谓事件数据库，就是由被报告的或已记录的、某一区域内所有不同类型和用途的管道事件信息的总和。PARLOC 获得的信息来源包括：

（1）UKOOA Catalogue，1995（UKOOA 目录，1995）。

（2）UK Health and Safety Executive（HSE）Pipeline Database，1992（英国健康与安全执行局管道数据库，1992）。

（3）UK Department of Energy（DEn）Pipeline Records to 1984（英国能源部管道记录 1984）。

（4）Norwegian Petroleum Directorate（NPD）Pipeline Database（挪威石油管理局管道数据库）。

（5）Subsea Guide and 6th Edition Field Development Guide，Published by OPL（海底指南及第 6 版陆地开发指南，OPL 发布）。

（6）Pipeline Operators（管道操作者）。

在英国 PARLOC 数据库中，统计了至 2000 年底的 1567 条管道的相关信息。管道包括钢质（steel）管道和柔性（flexible）管道，总长 24837km，运行经验 328858km·a。

英国 PARLOC 2001 中包含的管道相关事件如图 1.3 所示。

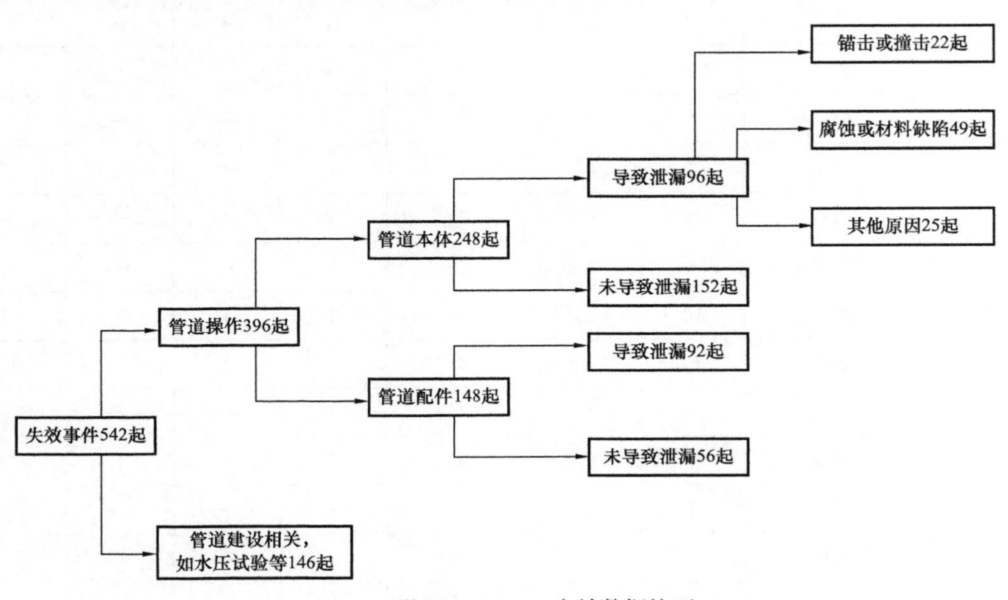

图 1.3 英国 PARLOC 失效数据摘要

统计管道运行阶段的 396 个事故中，248 件是由于管道失效造成，另外 148 件是由于管道配件的失效造成。这些管道事故发生在管道的不同分段区间，分别由不同失效原因造成，具体的统计结果见表 1.1 和表 1.2。

表 1.1　钢质管道运行期间的事故因素统计结果

事件原因		合计	立管	平台安全区	中段	井区	上岸区	SPM
抛锚	船舶	18	0	11	6	—	1	
	钻机或建造	11	0	8	3			
	其他	11	1	0	10			
	合计	40	1	19	19	0	1	
冲击	船撞立管	8	8	0	—	—	—	
	网拖	27	0	1	23	3	—	
	坠物	2	1	1	—	—	—	
	沉船	1	0	0	1	—	—	
	建造	2	1	1	—	—	—	
	其他	16	2	4	9	—	—	1
	合计	56	12	7	33	3	—	1
腐蚀	内部	24	3	8	8	4	—	1
	外部	22	19	1	2	—	—	
	其他	6	3	1	2	—	—	
	合计	52	25	10	12	4	—	1
结构	膨胀	6	5	1	—	—	—	
	钳失效	1	1	0	—	—	—	
	屈曲	5	0	1	4	—	—	
	合计	12	6	2	4	—	—	
材料	焊缝缺陷	8	4	2	1	—	—	1
	钢材缺陷	10	5	2	2	1	—	
	合计	18	9	4	3	1	—	1
自然灾害	振动	10	1	2	5	—	2	
	风暴	1	0	0	—	—	1	
	冲刷	1	0	1	—	—	—	
	沉降	1	1	0	—	—	—	
	合计	13	2	3	5	0	3	

续表

事件原因	合计	立管	平台安全区	中段	井区	上岸区	SPM
燃烧爆炸	0	0	0	—	—	—	
建造	2	0	0	1	1		
维修维护	1	1	0	—	—	—	
人为因素	2	2	0	—	—	—	
误操作	1	0	0	1			
其他	12	2	2	6	1	—	1
总计	209	60	47	84	10	4	4

表 1.2　柔性管道运行期间的事故因素统计结果

事件原因		合计	立管	安全区	中段	井区	海岸区	SPM
抛锚	钻机或建造	1	—	—	1	—	—	
	其他	1	—	—	0	1	—	
	合计	2	—	—	1	1	—	—
冲击	网拖	6	—	—	3	3	—	—
	坠物	1	—	—	—	1	—	—
	其他	2	—	—	2	0	—	—
	合计	9	—	—	5	4	—	—
结构		2	—	—	1	1	—	—
材料		12	2	2	5	3	—	—
建造		2	—	—	—	2	—	—
维修维护		1	—	—	1	—	—	
其他		11	3	—	2	1	—	5
总计		39	5	2	15	12		5

PARLOC 数据库基于管道运行时间及失效次数计算出了失效频率，计算的失效频率满足如下准则：

（1）根据零概率事件不存在原理，如果某管道分段的统计事故数为零，则假定 0.7 个实际事件数为最佳估计值，并进行管道的泄漏概率计算。

（2）事故频率的“最佳值”是用统计的事故数除以管道的运行经验得到的。而事故频率的“上界”和“下界”值是根据泊松分布计算的 95% 的置信区间的上下界。

1.2.2 欧洲天然气管道事故数据组织（EGIG）

受文化、历史和地理因素的影响，虽然欧洲各国的同类法律可能有所不同，但为建设、运营和维护安全的管道系统，欧洲各地的天然气工业都建立了类似的基本安全做法。1982 年，六家欧洲天然气输送系统运营商主动收集管道输送系统中天然气意外泄漏的数据。这一合作是通过建立 EGIG（European Gas Pipeline Incident Data Group，欧洲天然气管道事故数据组织）来实现的。现在，EGIG 是一个由欧洲 17 家主要输气系统运营商组成的合作组织，它建立并维护着一个庞大的输气管道事故数据库。

在第 8 版的 EGIG 数据库报告中，主要结论为：

（1）EGIG 统计了 15 个欧洲国家的不少于 135000km 的管道失效数据。综合考虑管道的运行时间，共计 3.55×10^6km · a。

（2）EGIG 管道事故统计数据库不仅包括陆地管道，同样给出了海底管道事故次数，自 1970—2010 年间的管道总失效频率为 0.35 次 /（1000km · a）。

（3）2010 年的 5 年移动平均失效频率为 0.16 次 /（1000km · a）。管道总失效频率和 5 年移动平均失效频率都有所下降。

（4）1970—2010 年 40 年间，EGIG 报告共记录了 1249 次管道事故（图 1.4 至图 1.6）。

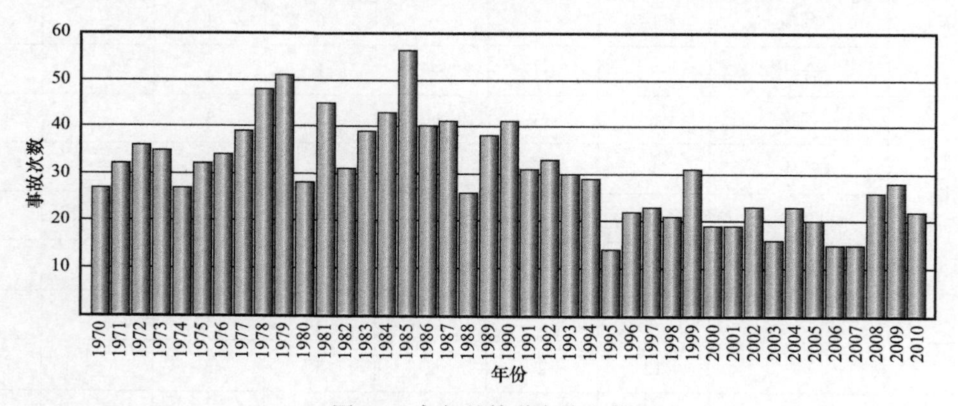

图 1.4　各年的管道事故次数

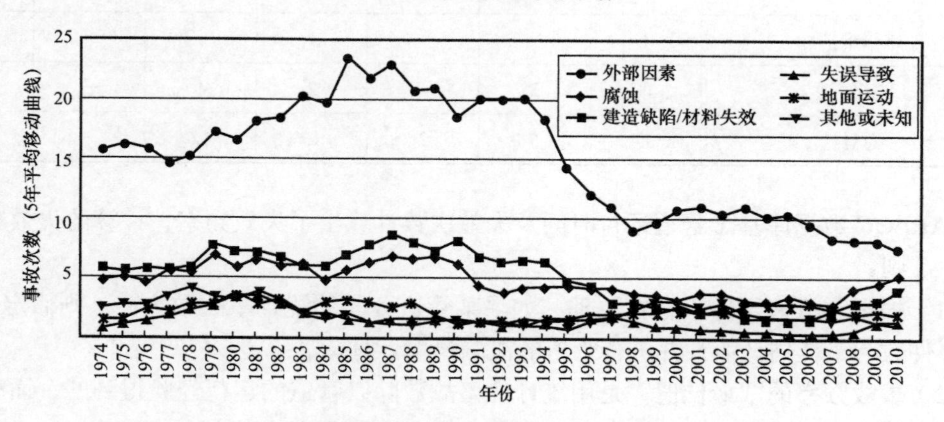

图 1.5　事故次数：5 年平均移动曲线

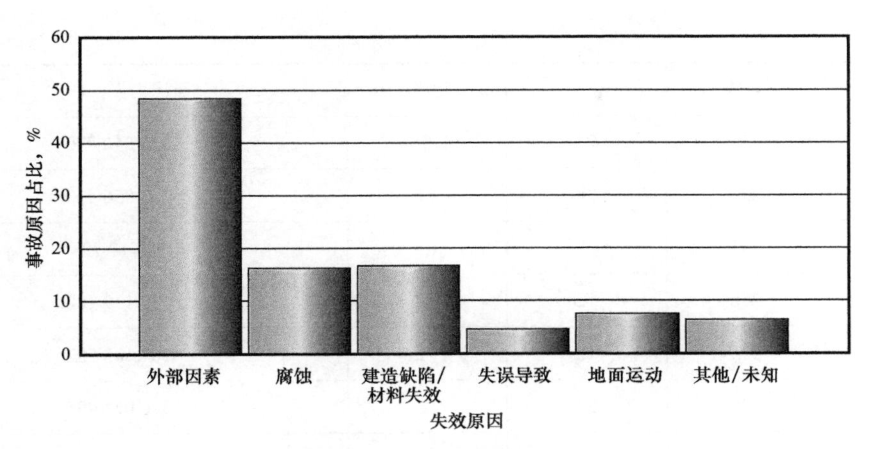

图 1.6 管道失效原因分布

表 1.3 给出了不同失效原因对应的失效频率。

表 1.3 管道失效频率

失效原因	失效频率，次 /（10^3km・a）	
	1970—2011	5 年移动平均
外部因素	0.170	0.057
腐蚀	0.057	0.040
建造缺陷 / 材料失效	0.059	0.031
失误导致	0.017	0.011
地面移动	0.026	0.015

1.2.3 PHMSA

PHMSA 的管道安全部门提供了关于美国联邦政府控制下的天然气管道、危险液体管道和液化天然气设施的各类数据。自 1995 年至 2014 年这 20 年间，PHMSA 统计的重大管道事故案例见表 1.4、图 1.7 和图 1.8。

表 1.4 近 20 年管道重大事故统计

年份	数量	死亡	致伤	经济损失，USD
1995	259	21	64	74 291 229
1996	301	53	127	160 065 297
1997	267	10	77	108 382 011
1998	295	21	81	171 394 251

续表

年份	数量	死亡	致伤	经济损失，USD
1999	275	22	108	175 046 770
2000	290	38	81	253 056 430
2001	233	7	61	77 717 793
2002	258	12	49	125 139 262
2003	295	12	71	164 185 502
2004	309	23	56	310 022 995
2005	333	16	46	1 450 016 946
2006	257	19	34	155 251 632
2007	267	16	46	149 573 489
2008	278	8	54	580 381 948
2009	275	13	62	177 659 032
2010	263	19	103	1 602 282 547
2011	288	12	51	438 139 551
2012	251	10	54	228 389 550
2013	300	9	45	345 669 427
2014	304	19	95	323 557 583
合计	5598	360	1365	7 070 223 246

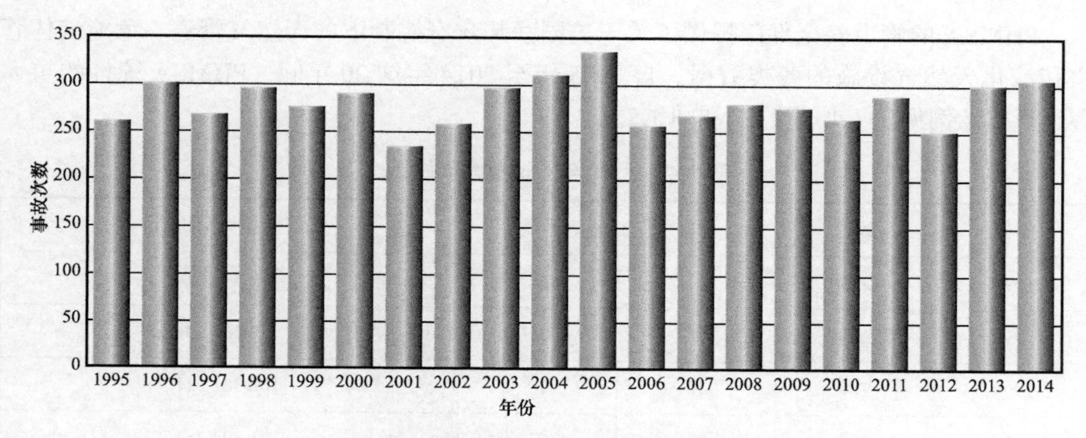

图 1.7 近 20 年管道重大事故频数统计

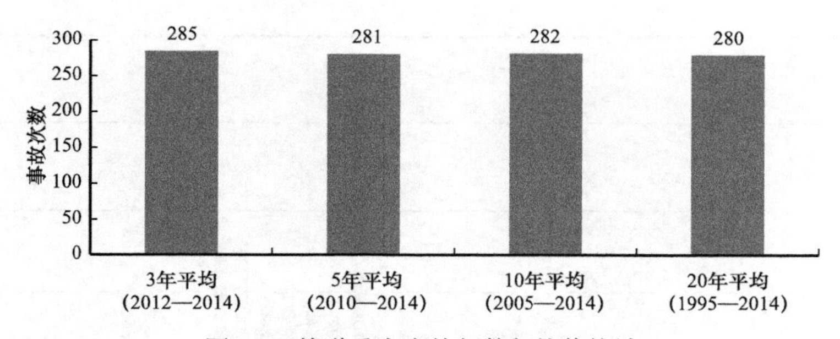

图 1.8 管道重大事故频数年均值统计

自 1995 年至 2014 年这 20 年间，海底天然气输送管道的重大事故统计见表 1.5 和图 1.9。

表 1.5 近 20 年海底天然气输送管道重大事故统计

年份	数量	死亡	致伤	经济损失，USD
1995	10	2	0	4 076 309
1996	9	0	0	2 757 804
1997	7	0	0	2 105 084
1998	11	0	0	10 016 533
1999	4	0	0	1 094 879
2000	9	0	0	2 217 352
2001	5	0	0	1 887 680
2002	16	0	0	12 475 638
2003	8	0	0	3 848 576
2004	19	0	0	29 204 958
2005	47	0	0	120 033 710
2006	19	0	0	10 804 232
2007	20	0	0	20 366 473
2008	26	0	0	153 521 452
2009	13	0	0	12 659 865
2010	21	0	0	11 619 189
2011	13	0	0	15 254 229
2012	14	0	0	6 370 066
2013	10	0	0	5 353 098
2014	12	0	0	6 220 622
合计	293	2	0	431 887 749

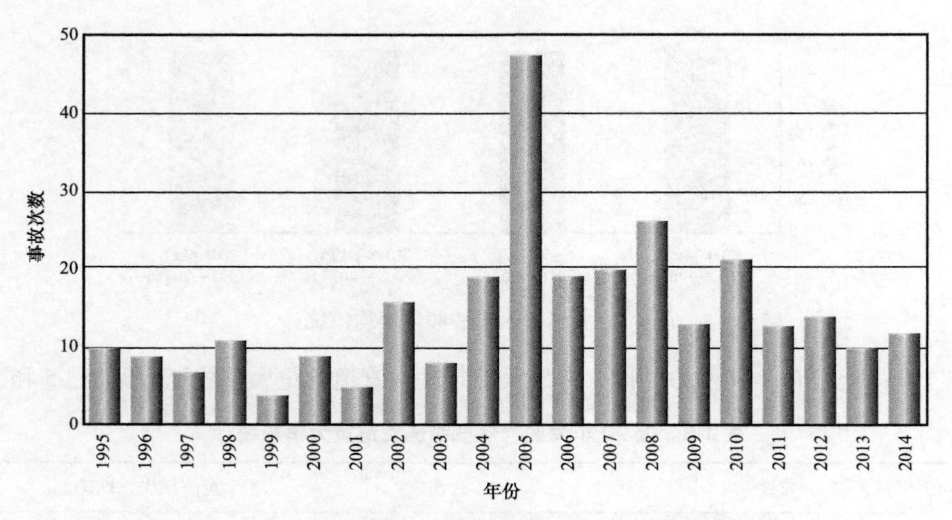

图 1.9　近 20 年海底天然气输送管道重大事故频数统计

海底天然气输送管道重大事故频数统计见图 1.10 和表 1.6，2010—2014 年管道失效原因分布如图 1.11 所示。

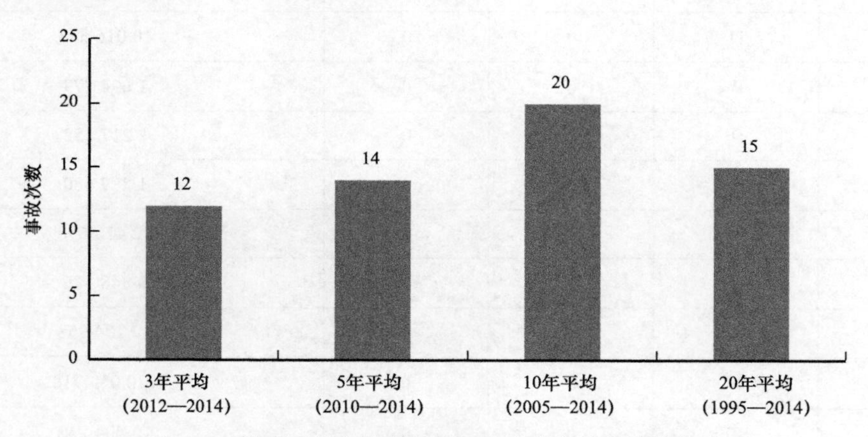

图 1.10　海底天然气输送管道重大事故频数年均值统计

表 1.6　2010—2014 年管道统计长度

年份	海底管道里程 mile	总里程 mile
2014	3917.3	301 747.8
2013	4490.3	302 777.4
2012	4769.2	303 340.5
2011	5328.5	305 058.0
2010	5447.4	304 805.4

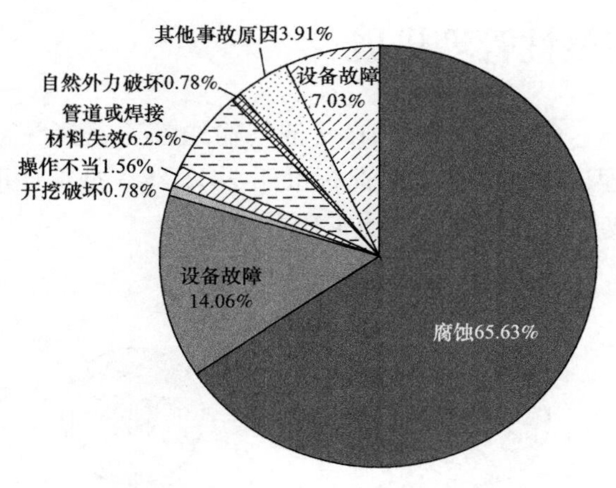

图 1.11　2010—2014 年管道失效原因分布

1.3　我国油气管道建设规划

中华人民共和国国家发展和改革委员会、国家能源局制订的《中长期油气管网规划》（发改基础［2017］965 号，以下简称《规划》）是我国从国家层面首次制订的系统性油气管网发展规划。《规划》对今后十年我国油气管网的发展做出了全面战略部署，并对远期进行了展望，是推进油气管网建设的重要依据，具有重要的现实意义和战略意义（表 1.7）。

表 1.7　油气供需预测和管道发展预期目标

指标	2015 年	2025 年	年均增速
原油管道，10^4km	2.7	3.7	3.2%
成品油管道，10^4km	2.1	4.0	6.7%
天然气管网，10^4km	6.4	16.3	9.8%
原油管道进口能力，10^8t	0.72	1.07	4.0%
原油海运进口能力，10^8t	6.00	6.60	1.0%
天然气管道进口能力，10^8m^3	720	1500	7.6%
LNG 接卸能力，10^4t	4380	10000	8.6%
天然气（含 LNG）储存能力，10^8m^3	83	400	17%
城镇天然气用气人口，10^8	2.9	5.5	6.6%

1.4 我国管道完整性管理进展

2015 年 10 月 13 日，GB 32167—2015《油气输送管道完整性管理规范》发布，代表着国内管道完整性管理进入了新时期。此标准于 2016 年 3 月 1 日正式实施，管道企业实施管道完整性管理已成为强制性要求（图 1.12）。

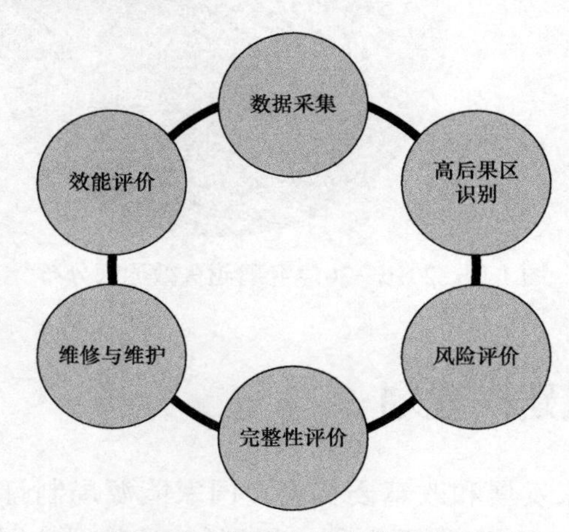

图 1.12　管道完整性管理流程

1.4.1 政府监管情况

1.4.1.1 全面推行油气输送管道完整性管理

中华人民共和国国家发展和改革委员会等五部委颁布了《关于贯彻国务院安委会要求 全面推行油气输送管道完整性管理的通知》（发改能源［2016］2197 号），按照国务院安全生产委员会《关于印发 2016 年油气输送管道安全隐患整治攻坚战工作要点的通知》（安委〔2016〕6 号）要求，依据《中华人民共和国石油天然气管道保护法》和 GB 32167—2015《油气输送管道完整性管理规范》等相关标准规范，为持续做好油气输送管道安全管理，保障油气输送管道安全平稳运行，有效防范管道事故发生，全力维护人民群众生命财产安全，就全面推行油气输送管道全生命周期完整性管理提出了相关要求，主要包括：

（1）明确目标，建立完善工作体系。

（2）提高认识，加强组织领导。

（3）扎实推行，落实企业主体责任。

（4）规范管理，建立长效管理机制。

1.4.1.2 油气输送管道途经人员密集场所高后果区安全管理

国家安全生产监督管理总局等八部门颁布了《关于加强油气输送管道途经人员密集场所高后果区安全管理工作的通知》（安监总管三〔2017〕138 号），按照国务院安委会办公室《关于印发标本兼治遏制重特大事故工作指南的通知》（安委办〔2016〕3号）和《实施遏制重特大事故工作指南构建双重预防机制的意见》（安委办〔2016〕11号）要求，为加快建立健全油气输送管道安全风险管控和隐患排查治理工作机制，深化巩固油气输送管道安全隐患整治攻坚战成果，突出加强油气输送管道途经人员密集场所高后果区（以下简称人员密集型高后果区）安全管理工作，有效防范油气输送管道重特大生产安全事故，要求：

（1）及时准确掌握人员密集型高后果区状况。

（2）各有关企业要落实主体责任，有效防控人员密集型高后果区安全风险。

（3）各有关部门要落实监管责任，加强人员密集型高后果区监管执法。

（4）不断提升人员密集型高后果区应急处置能力。

1.4.2 企业执行情况

1.4.2.1 中国海洋石油集团有限公司完整性管理规划

根据中华人民共和国国家发展和改革委员会等五部委《关于贯彻国务院安委会要求 全面推行油气输送管道完整性管理的通知》（发改能源［2016］2197号），中国海洋石油集团有限公司（以下简称“中国海油”）积极组织相关管道单位/部门开展管道完整性管理工作研究，形成了中国海油管道完整性管理实施计划。

中国海油从2014年9月开始，用了一年的时间对中国海油的设备设施完整性管理建设做了顶层设计，对中国海油的设备设施完整性工作进行了规划部署，计划通过5～10年的时间，基本完成中国海油设备设施完整性管理建设。“十三五”完成搭建中国海油的设备设施完整性管理体系和完整性管理信息平台，全面完成炼化企业的设备设施完整性管理建设，“十四五”基本完成中国海油主要设备单位设备设施完整性管理建设。

管道完整性管理是设备设施完整性管理的重要内容。近几年，中国海油的主要管道管理单位已经不同程度地开展了一些管道完整性管理工作，为全面开展管道完整性管理打下了良好基础。结合国家部委相关要求，对中国海油主要管道管理单位（气电集团、炼化公司和中联公司）的管道完整性管理工作进行了计划部署，从管理完整性、技术完整性、经济完整性及全生命周期管理四个方面系统开展管道完整性管理工作，主要内容如下：

（1）提高认识，落实管道完整性管理组织机构。

（2）明确目标，建立完善的管道完整性工作体系。

（3）扎实推行，加强管道完整性管理技术应用。

（4）规范管理，搭建管道完整性数据管理平台。

1.4.2.2 中国海油管道完整性管理企业标准制定

中国海油于2015年颁布了Q/HS 2091—2015《钢质海底管道完整性管理规范》，此标准规定了钢质海底管道完整性管理的内容和要求。此标准适用于海上油气田管道的完整性管理，复合管道和柔性管道可参照执行。

1.4.2.3 中海石油（中国）有限公司管道完整性管理

中海石油（中国）有限公司于 2014 年 5 月 21 日发布了《海底管道完整性管理解决方案》，并于 2017 年进行了修订。

海底管道完整性管理是中海石油（中国）有限公司设备设施完整性管理体系中的一部分，它处于该体系的第四层（即关键设备设施完整性管理解决方案），具体指导海底管道完整性管理的实施，可分为以下几个阶段：

（1）前期研究阶段：确定海底管道尺寸、设计条件、材质、壁厚、路由及运营维护期间的检 / 监测策略。

（2）工程建设阶段：包括设计、采办、预制、施工与机械完工。

（3）运营维护阶段：包括数据采集与整合、高后果区识别、风险评估、风险控制措施与完整性管理计划、内检测、外检测、完整性评价、维修与维护、效能评价。

（4）废弃阶段：废弃申请、废弃方案准备、备案、实施与检验。

从海底管道的前期研究开始，在各阶段进行风险分析和风险管控，通过对海底管道实施针对性的风险控制和管理、维修策略，从根本上保证海底管道物理和功能上的完整，确定中、高风险点，并加以控制，从而最大限度减少风险，降低风险损失，实现海底管道的完整性管理（图 1.13）。

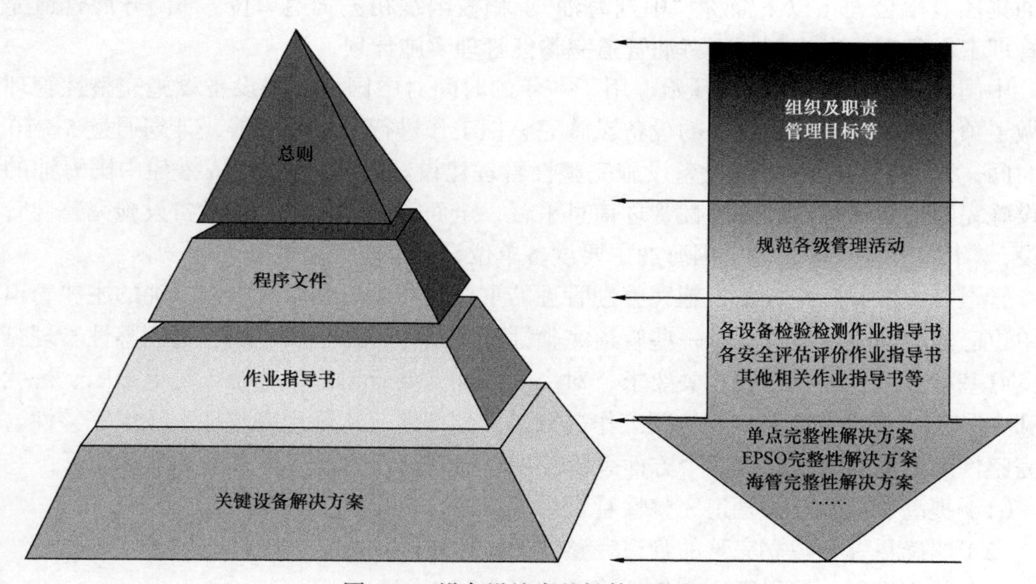

图 1.13　设备设施完整性体系构架

2 管道数据模型与基于风险评估技术的关键数据管控

2.1 管道数据模型

管道数据管理是管道完整性管理的基础，这些数据信息包括设计过程控制文件、设计质量记录、设计图纸、制造文件、安装记录、维修保养记录、事故事件记录、法定检验报告、评估报告、管道属性结构化信息等。管道的海量数据需要一种合理的数据模型进行组织与管理，其中地理信息系统（GIS，Geographic Information System）在管道完整性管理中的应用越来越广泛。目前应用较广的主要是管道开放数据标准 PODS（Pipeline Open Data Standard），基于 ArcGIS 的 APDM 管道数据模型（ArcGIS Pipeline Data Model）与 UPDM 管道数据模拟（Utility Pipeline Data Model）。

另一方面，各油气管道企业也制订了相关数据标准，如 JS–GD–01–02《天然气管网系统数字化技术规范》。

2.1.1 PODS 管道开放数据标准（Pipeline Open Data Standard）

管道开放数据标准（PODS，Pipeline Open Data Standard）是由美国天然气研究协会[GRI，Gas Reasearch Institue(现改为天然气技术协会，Gas Technology Institute，GTI)]资助，由 ADD 公司（Advanced Data Design，Inc.）在众多管道业界专家的指导下，用了三年的时间，在原 ISAT（Integrated Spatial Analysis Technique）模型的基础上进行扩展的一个管道数据标准。

这个模型中的所有特性都可以由三个类别组成：抽象类、核心类与可选类。抽象类定义模型的框架，模型中的所有其他类均从其中一个抽象类继承属性、关系和行为，抽象类是模型的必需元素。核心类是对象、特性和关系类及相关的域，它是管道中心线要素、桩号属性和其他模型元素。可选类是 PODS 关系模型中表的派生。

PODS 模型涉及管道的数据表见表 2.1 及图 2.1。

表 2.1 PODS 数据模型

序号	数据类型	
1	Core	核心要素
2	Location Metadata	位置元数据
3	Crossing Locations	交叉位置
4	Transformation	转换
5	Inline Inspections	内检测
6	Risk	风险
7	Line Range Definition	管线范围定义
8	Geographic Entities	地理
9	Alignment Sheet	管道定位
10	Network	网络
11	Event Group	事件
12	Product Transport Feature Condition	管道输送系统条件
13	Product Transport Features	管道输送系统
14	Physical Inspection Core	检测
15	Offline Feature Condition	离线特征条件
16	Offline Core	离线核心要素
17	Offline Features	离线要素参数
18	Offline Compression	压缩机
19	Attached Feature Reading	附属设施读数
20	Physical Condition	管道本体状况
21	Physical Environment	环境参数
22	Cathodic Protection Feature Reading	阴极保护系统读数
23	Cathodic Protection Features	阴极保护系统
24	Offshore	离岸
25	US Regulatory	监管
26	Operations	操作
27	Attached Feature	附属设施
28	Repair Feature	修复
29	Leak	泄漏
30	Work	工作

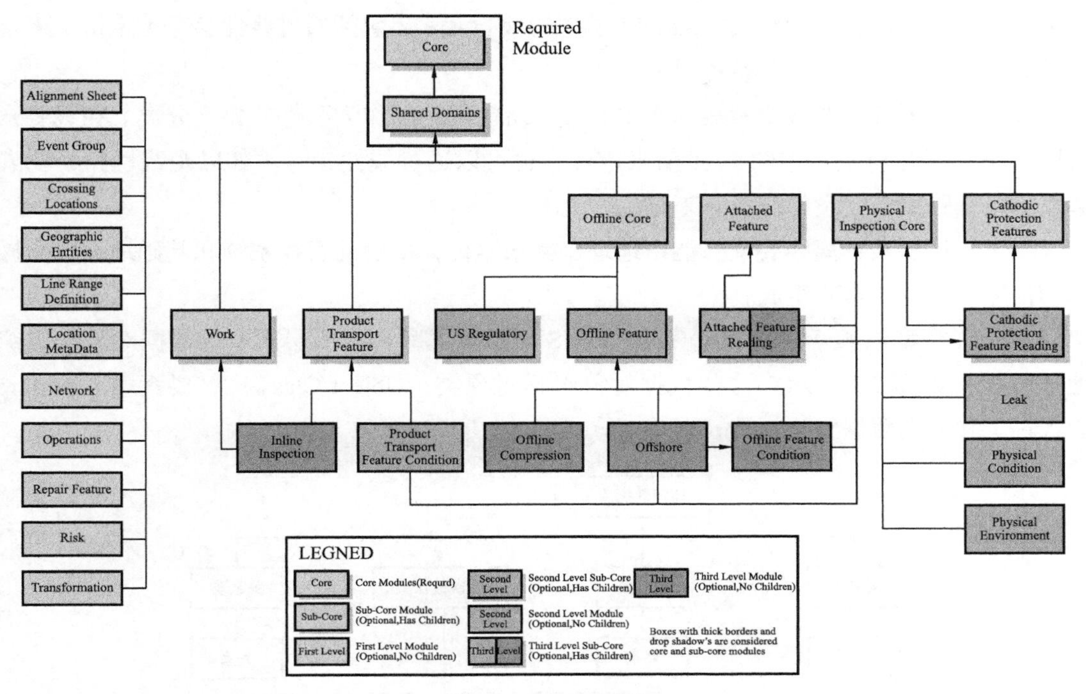

图 2.1 PODS 模型

2.1.2 APDM 管线数据模型（ArcGIS Pipeline Data Model）

ArcGIS 管线数据模型用于存储、收集和传输与管线（尤其是气体和液体系统）有关的要素的信息。APDM 是为了通过 ESRI 公司的 ArcGIS 和 ArcSDE 软件来实现 ESRI 地理数据库而专门设计的。地理数据库是一种将地理数据作为工业标准的关系型数据库管理系统中的要素来进行存储和管理的对象关系型构架。

APDM 模型部分源自已有的管线数据模型：集成空间分析技术（ISAT）、管线开放数据标准（PODS）和工业标准的管线数据管理（ISPDM）。这三种模型是为工业标准的关系型数据库管理系统而设计的，而 APDM 模型是为充分利用 ESRI 地理数据库技术而设计的。APDM 模型中的要素类来自 ISPDM、ISAT 和 PODS 模型中所包含的表；而 APDM 模型要素类中可找到的主要属性均可在 PODS、ISAT 和 ISPDM 模型的属性表中找到。地理数据库与 APDM 模型通过关系型数据库引擎合并在一起，可以存储扩展了标准 RDBMS 技术的对象关系型模型。

APDM 是一种地理数据库模型，是为实现（气体和液体）管线传输而设计的。APDM 模型中的所有要素可以分为三类：核心元素（中心线要素和定站属性）、参考要素（在线要素和离线要素）及非参考要素（地面基础和支持要素）。

（1）核心元素：核心元素是将模型定义为 APDM 适应模型的地理数据库中的标准对象或数据项（如要素类、对象类和属性）。核心元素包含构成中心线和等级的要素类 / 对象类——站列、控制点和环线。APDM 模型的核心元素还包括通过线性参考（定站）来定位的要素所必需的属性——参考要素。

（2）在线要素：在线要素表示在中心线上所能找到的作为事件的要素分类。在线要素可以通过要素几何坐标中的 x，y 值来定位，也可以通过线性参考（如以距线性路径要素起点的某一距离来度量的位置）来定位。

（3）离线要素：离线要素只能由地理坐标来定位，由辅助管线系统和基础地理数据操作和描述的任意要素所组成。

APDM 模型依赖于地理数据库，ArcGIS 地理数据库是按照层次型的数据对象来组织地理数据，如图 2.2 所示。这些数据对象包括对象类（Object Classes）、要素类（Feature Classes）和要素数据集（Feature Dataset）。

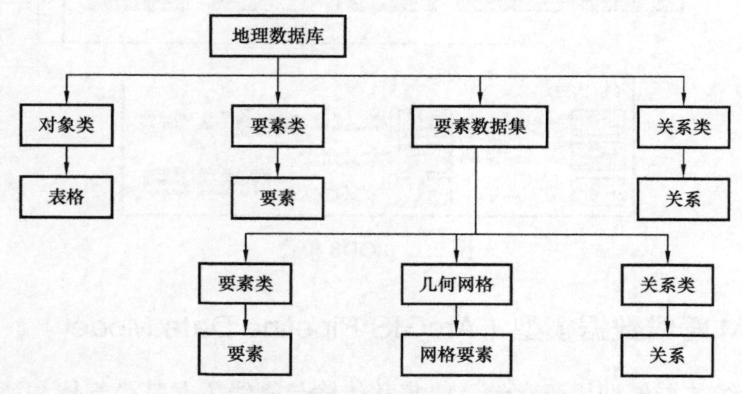

图 2.2　设备设施完整性体系构架

（1）对象类是指存储非空间数据的表格（Table），是管道数据模型中的各种表，如阴保系统检测数据表、内检测数据表等。

（2）要素类是具有相同几何类型和属性的要素的集合，即同类空间要素的集合，如河流、道路、用地、管道路由等。

（3）要素数据集是共享空间参考系统并具有某种关系的多个要素类的集合。

2.1.3　UPDM 管道数据模型（Utility Pipeline Data Model）

ESRI 在 2014 年 10 月发布了一个新的数据模型，即公用事业管道数据模型，这是一个用于管道资产管理的“现成”数据建模解决方案。UPDM 数据模型是一个预先配置好的 ArcGIS 地理数据库，在 XML 文件中提供一个示例模式，用于直接导入到独立数据库或通过服务器分发到所有桌面客户机，无须 UML。

UPDM 提供了一个基本模式，客户机可以在此基础上创建数据的多个表示形式。这是一种从井口到仪表的一体化方法，UPDM 被设计为一个附加模型，可以不断更新以满足客户的需求（图 2.3、图 2.4）。

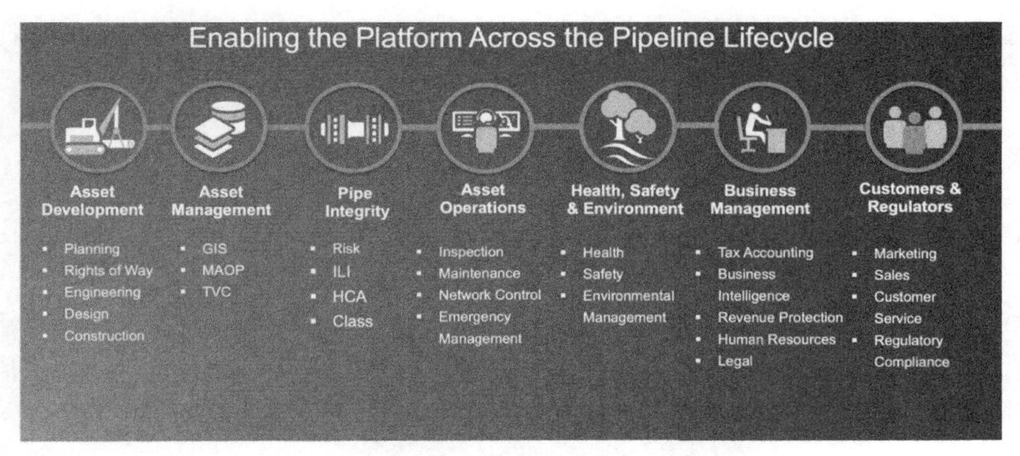

图 2.3 UPDM 模型在管道全生命周期的应用

图 2.4 ArcGIS 中 UPDM 模块

2.1.4 JS-GD-01-02《天然气管网系统数字化技术规范》

该规范规定了天然气管网系统进行数字化建设的基本要求，包括应用系统建设、数据采集与质量、控制、制图、数据管理与安全保密、系统运行维护及数字化项目验收等方面的要求。

该规范中的数据采用了 APDM 数据模型进行组织管理。核心要素 / 对象类应包括控制点（Control Point）、里程区间（Station Series）、管道线路（Line Loop）、管道线路的层级结构（Line Loop Hierarchy）、站场（Site）、子系统（Subsystem）、子系统范围（Subsystem Range）、子系统的层级结构（Subsystem Hierarchy）、产品（Product）、建设方或运营商（Owner Operator）、活动（Activity）及活动的层级结构（Activity Hierarchy）。

备选类宜包括设施（Facilities）、阴极保护（Cathodic Protection）、检测（Inspection）、运行（Operation）、线路管理（Line Loop Manage）及事件支持（Event Support）。

数据库表结构包括：核心要素 / 对象类数据库表结构、备选类数据库表结构（设施、阴极保护、检测、运行、线路管理、事件支持），共计 102 个表。

2.2 基于风险评估技术的关键数据管控

管道运行数据是后期风险评估与完整性评价的基础，基于管道的风险因素（设计建造缺陷、腐蚀、第三方破坏等）有不同的计算分析模型，涉及不同的数据，不同风险评估技术对应的动态关键数据见表 2.2。

表 2.2 评估所需管道动态关键数据

序号	评估类型	管道动态关键数据
1	管道周边第三方施工	工艺参数（温度、压力、流量）、介质组分、检测数据（阴极保护、管体缺陷）、管道埋深
2	内 / 外腐蚀	工艺参数（温度、压力、流量）、介质组分、腐蚀性介质含量（CO_2/H_2S 含量）、腐蚀监测数据（腐蚀挂片、电阻探针等）、含水率、含砂量、水质检测、油品检测、水露点、化学药剂注入量、管道高程剖面、清管通球记录、检测数据（阴极保护、管体缺陷）、土壤电阻率、防腐涂层质量
3	腐蚀缺陷	工艺参数（温度、压力、流量）、缺陷参数（长、宽、深）、腐蚀速率
4	裂纹	工艺参数（温度、压力、流量）、缺陷参数（裂纹类型、裂纹长度、裂纹深度）
5	凹坑	工艺参数（温度、压力、流量）、缺陷参数（凹坑距焊缝距离、凹坑长度、凹坑深度）

同时管道数据的变化趋势也是评估风险、调整管理措施的重要依据。以某管道腐蚀数据趋势分析为例（图 2.5），包括：

（1）工艺参数（温度、压力、流量），如图 2.6 所示。

（2）介质组分（原油、水、天然气），如图 2.7 所示。

（3）腐蚀检测数据（气体、腐蚀挂片），如图 2.8 到图 2.10 所示。

（4）化学药剂使用情况（化学药剂评价、注入量），如图 2.11 所示。

（5）出砂量统计与检测。

（6）常规清管通球情况（清管频率、清除物检测），如图 2.12 所示。

（7）内检测数据。

（8）外勘数据（绘制管道高程剖面），如图 2.13 所示。

（9）管道维修维护情况。

通过对数据梳理，该管道腐蚀加剧的主要问题为（图 2.14）：

（1）腐蚀挂片的腐蚀速率虽小于 0.076mm/a，但 2016 年后呈逐步升高趋势。

（2）化学药剂加注方面：

——缓蚀剂：加注浓度自 2014 年呈总体降低趋势，由之前的 30×10^{-6}，下降到 10×10^{-6}。

——防垢剂：自 2017 年才开始加注，且浓度远低于 20×10^{-6}。

——杀菌剂：很多月份均未加注杀菌剂，各月份加注量偏差很大。

（3）常规清管通球：自 2015 年通球频率减少，清除物为少量油泥，2018 年清除物质量明显升高，全年累计 220kg 油泥并含少量 FeS，2019 年通球次数明显提升，共计清除 867kg 油泥 + 固体 + 垢片。

（4）根据内检测数据，结合管道高程，严重腐蚀对应的位置为管道低洼区域。

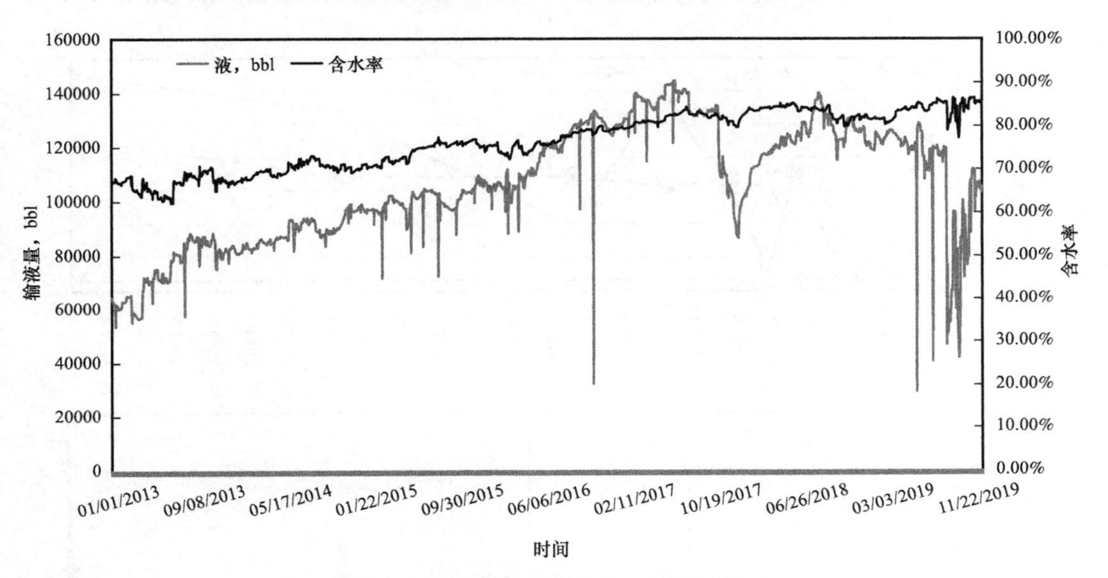

图 2.5　管道输液量（油 + 水）样例

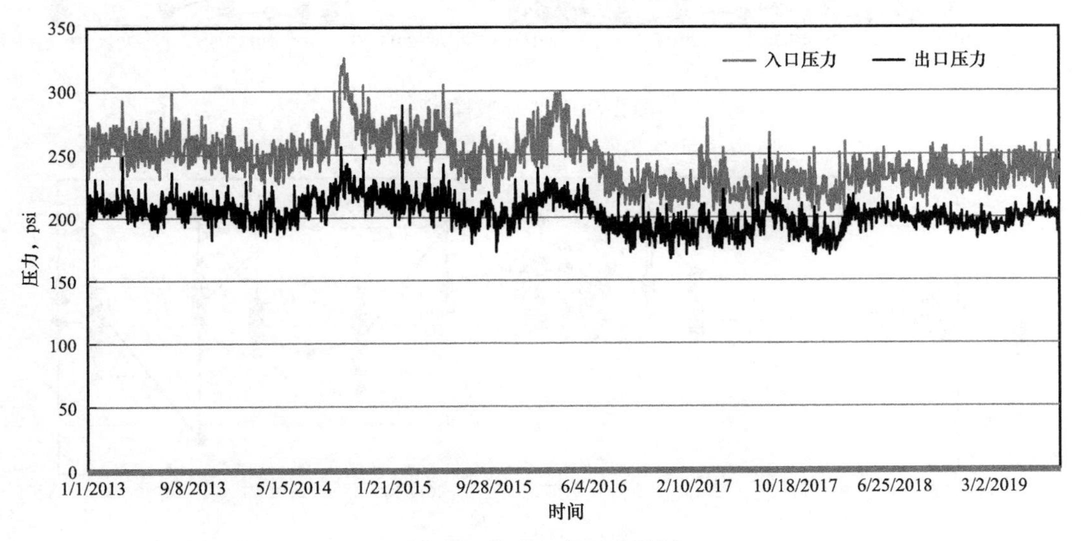

图 2.6　管道运行压力样例

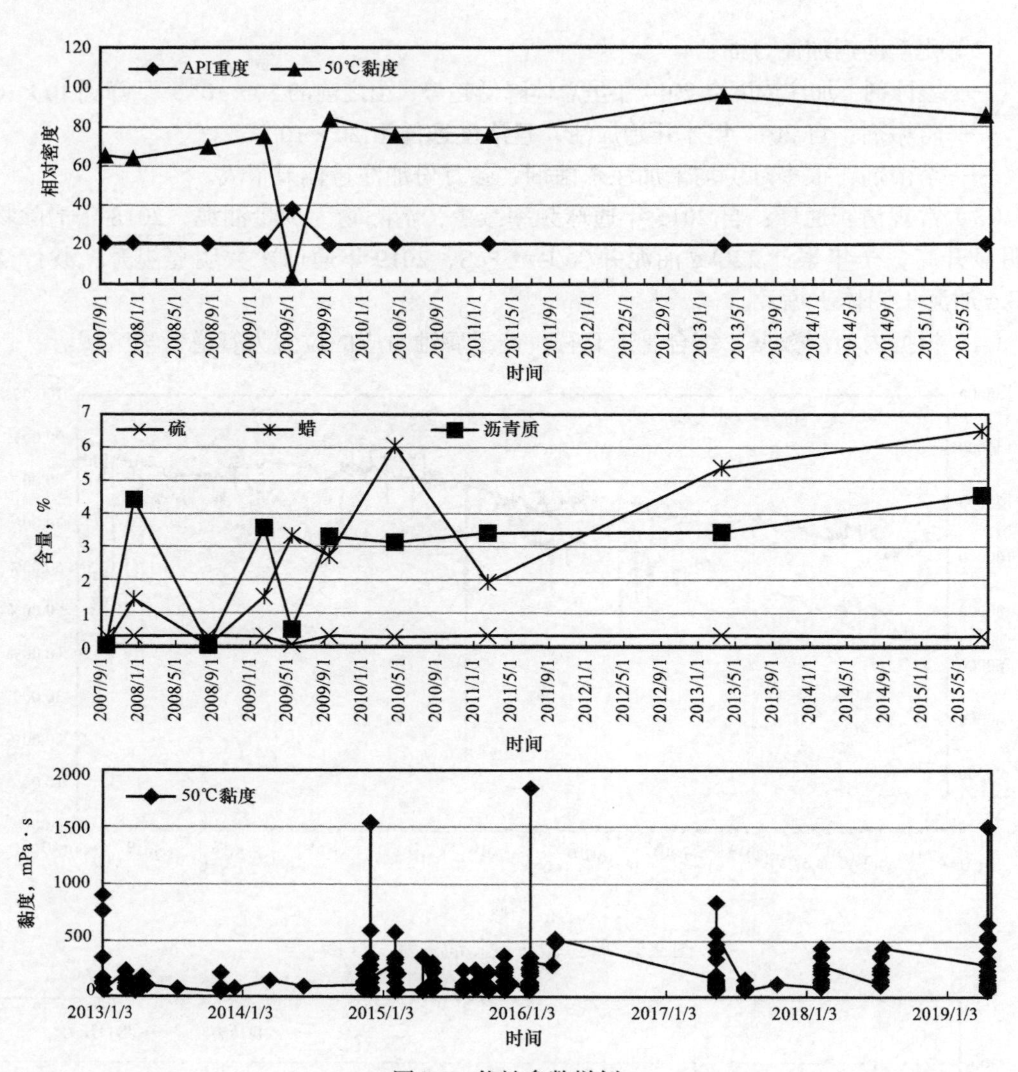

图 2.7 物性参数样例

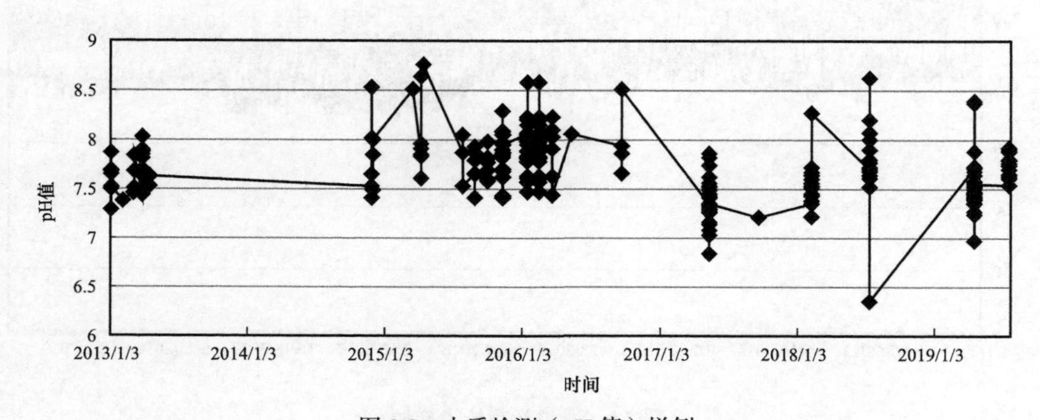

图 2.8 水质检测（pH 值）样例

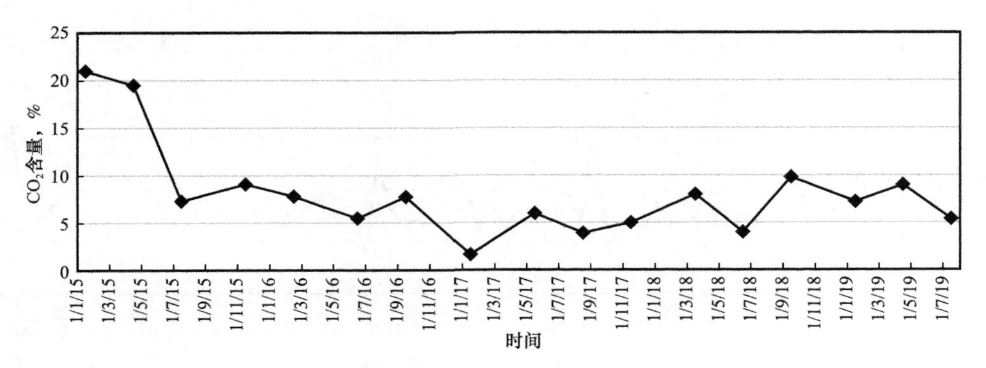

图 2.9　CO_2 含量样例

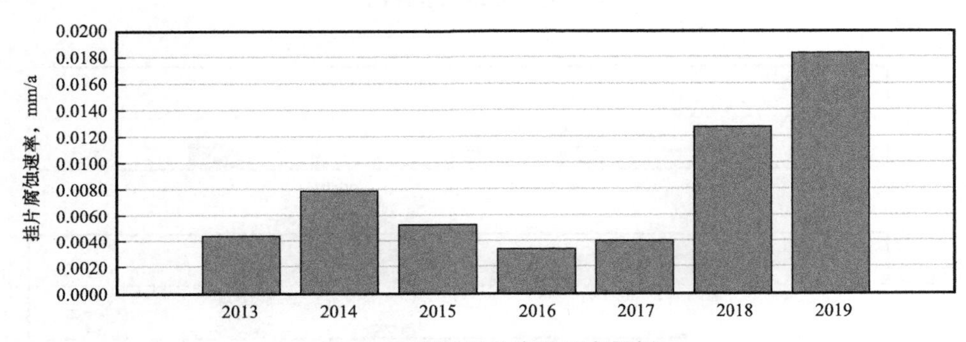

图 2.10　腐蚀挂片腐蚀速率样例

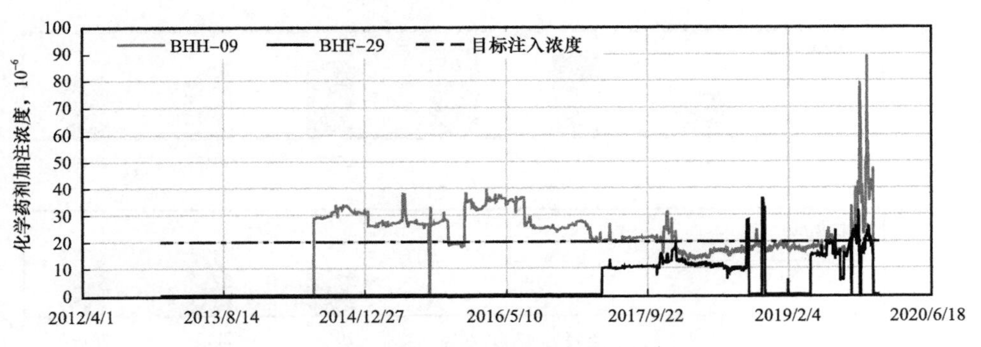

图 2.11　化学药剂加注浓度统计样例

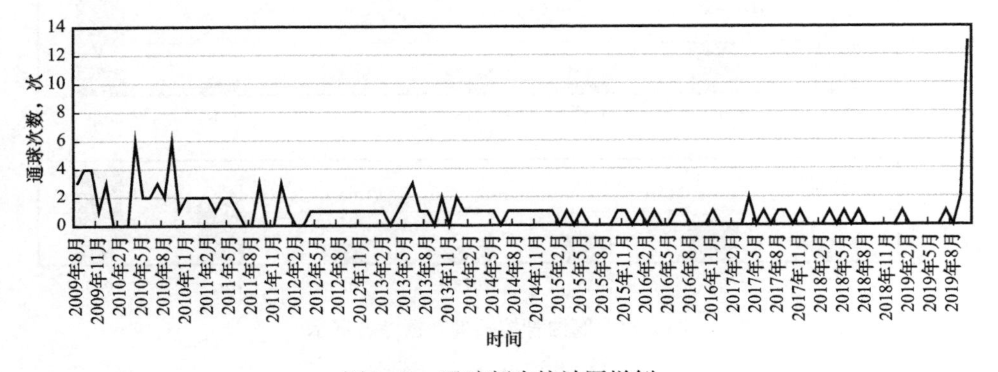

图 2.12　通球频次统计图样例

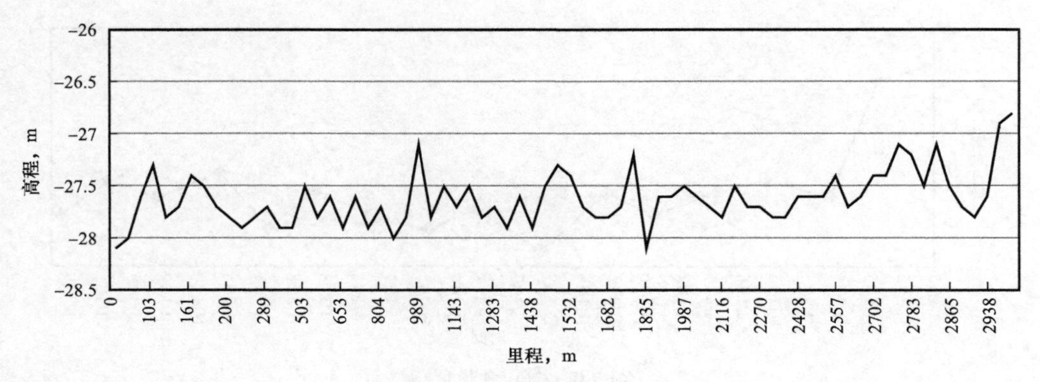

图 2.13　管线高程样例

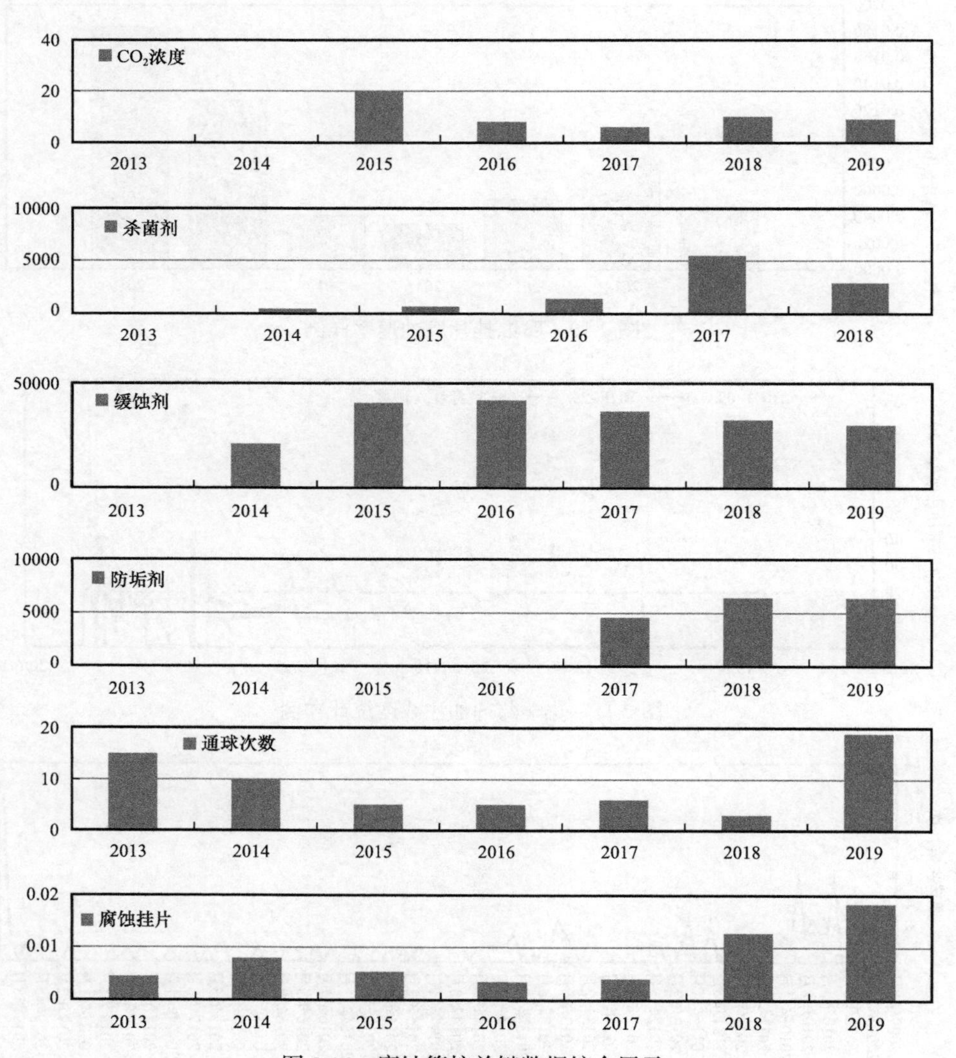

图 2.14　腐蚀管控关键数据综合展示

3 高后果区识别与风险评估

3.1 风险评估技术体系

3.1.1 风险评估技术体系概述

目前与风险管理有关的ISO标准包括如下三个：

——ISO 31000 *Risk management—Principles and guidelines*，规定了风险管理的原则、管理框架和过程。

——ISO/IEC 31010 *Risk management—Risk assessment techniques*，对风险评估技术进行了描述。

——ISO Guide 73，2009 *Risk management—Vocabulary*，对风险管理的术语的规定。

我国根据ISO的上述标准制定了相应的国家标准，分别是：

——GB/T 24353—2009《风险管理 原则与实施指南》。

——GB/T 27921—2011《风险管理 风险评估技术》。

——GB/T 23694—2013《风险管理 术语》。

风险管理过程（图3.1）包括：

（1）沟通与咨询：贯穿于风险管理的所有阶段，保持内部和外部利益相关方进行沟通与咨询。

（2）建立环境：通过建立环境，组织可以清晰地表达其目标，可以设定在管理风险时需考虑的内外部参数，还可以为风险管理的后续过程设定范围和风险准则。

（3）风险评估：是风险识别、风险分析和风险评价的全过程。ISO/IEC 31010 *Risk management—Risk assessment techniques*（GB/T 27921《风险管理 风险评估技术》的附录A）提供了风险评估技术的指南。

（4）风险应对：承接风险评估的输出，对需要进行风险应对的风险按有限次序实施风险应对。风险应对是风险管理过程的一个重要子过程，是风险评估的目的之一。

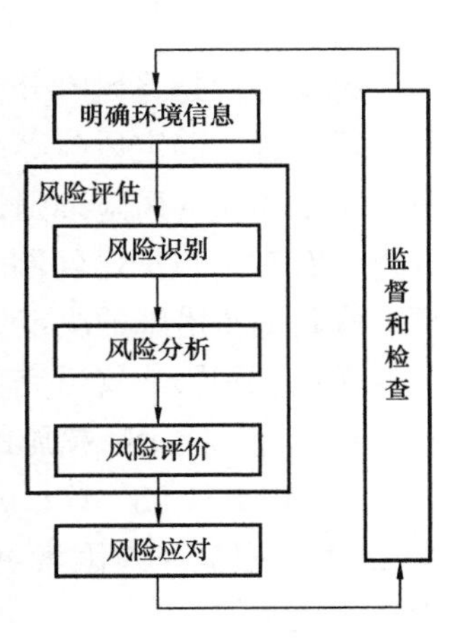

图3.1 风险管理过程

（5）监测与评审：对风险管理过程实施监测与评审，其目的是为了保证各种控制措施无论在设计方面还是在运行方面都是有效力、有效率的。

3.1.1.1 风险识别

危害因素识别是通过识别风险点、影响范围、事件及其原因和潜在的后果等，生成一个全面的危害因素清单。进行危害因素识别时要掌握相关的和最新的信息，必要时需包括适用的背景信息。不论事件的风险点是否在组织的控制之下或其原因是否已知，都应对其进行识别。此外，要关注已经发生的事件，特别是新近发生的事件。识别危害因素需要所有相关人员参与，组织采用的危害因素识别工具和技术应当适合于其目标、能力及其所处环境。

3.1.1.2 风险分析

风险分析是根据风险类型、获得的信息和风险评估结果的使用目的，对识别出的风险进行定性和定量的分析，为风险评价提供支持。风险分析不仅要考虑导致风险的原因和风险点、事件的正面和负面的后果及其发生的可能性、影响后果和可能性的因素、不同风险及其风险点的相互关系及风险的其他特性，还要考虑现有的管理措施及其效果和效率。在风险分析中，应考虑组织的风险承受度及其对前提和假设的敏感性，并适时与决策者和其他利益相关者有效地沟通。另外还要考虑可能存在的专家观点中的分歧及数据和模型的局限性。根据风险分析的目的、获得的信息数据和资源，风险分析可以是定性的、半定量的、定量的或以上方法的组合。一般情况下，首先采用定性分析，初步了解风险等级和揭示主要风险，适当时进行更具体和定量的风险分析。后果和可能性可通过专家意见确定，或通过对事件或事件组合的结果建模确定，也可通过对实验研究或可获得的数据推导确定。对后果的描述可表达为有形或无形的影响。在某些情况下，可能需要多个指标来确定描述不同时间、地点、类别或情形的后果。

3.1.1.3 风险评价

风险评价是将风险分析的结果与组织的风险准则比较，或者在各种风险的分析结果之间进行比较，确定风险等级，以便做出风险应对的决策。如果该风险是新识别的风险，则应当制定相应的风险准则，以便评价该风险。风险评价的结果应满足需要，否则应进一步分析。有时，根据已经制定的风险准则、风险评价使组织做出维持现有的风险应对措施，不采取其他新措施的决定。

通过识别影响管道完整性的危害因素，判定风险水平，对管段进行排序，确定完整性评价和实施风险消减措施的优先顺序。

ASME B31.8S *Gas transmission and distribution piping systems* 将管道的风险因素划分为 22 类。根据风险因素可能造成的管道失效模式，除去“未知因素”，其他 21 项又被归为 9 大类（图 3.2）。

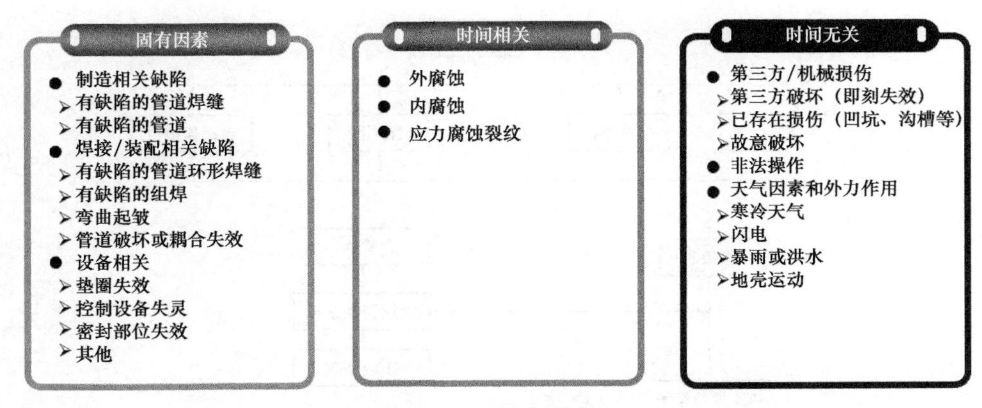

图 3.2 管道风险因素

针对管道的风险评估技术包括：

（1）指标体系法风险评估：根据管道所处环境采用半定量的方式分析管道的风险等级。

（2）定量风险评估：基于管道泄漏概率及外部人口密度，计算管道失效后对周边的影响。目前对于管道的安全距离没有明确标准，通常是采用定量风险评价的方法开展。中华人民共和国住房和城乡建设部明确了在 GB 50253—2014《输油管道工程设计规范》中没有管道和周围建筑安全距离的概念。如某个敏感位置确实需要确定一个安全距离，可根据当地风险可接受程度采用风险评价的方法进行确定。

（3）专项风险评估：基于物理、数学模型对管道的不同种类风险进行专项分析，如腐蚀风险评估、第三方破坏风险评估、地质灾害风险评估。

管道风险评价流程如图 3.3 所示。

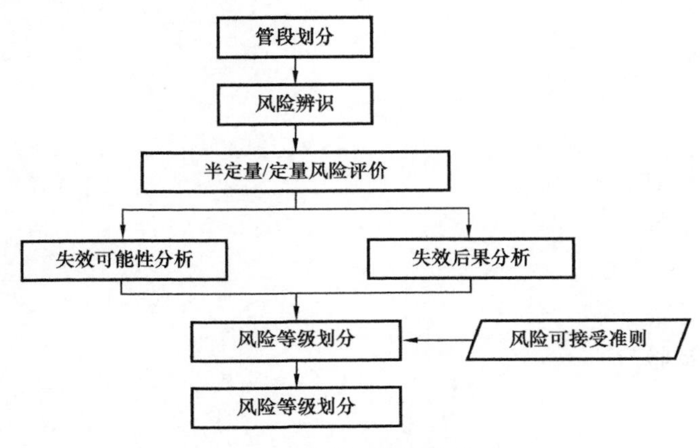

图 3.3 管道风险评价流程

3.1.2 指标体系法风险评估

指标体系法风险评估主要有 KENT 打分法与 SY/T 6891.1—2012《油气管道风险评价方法 第 1 部分：半定量评价法》及 GB/T 27512—2011《埋地钢质管道风险评估方法》等标准规定的方法（图 3.4）。

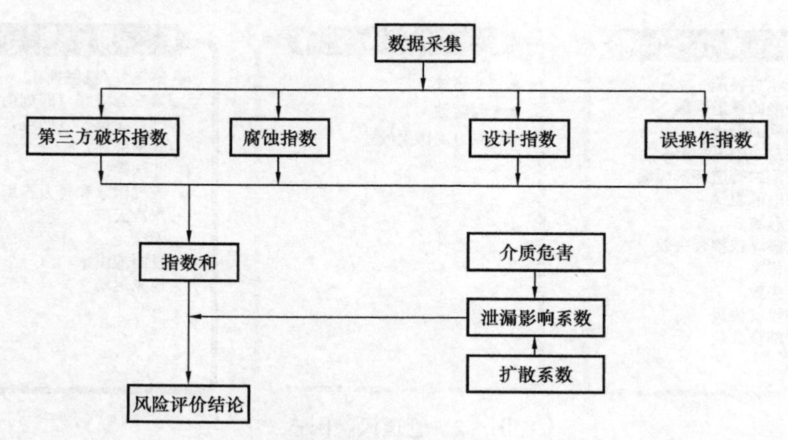

图 3.4　指标体系法管道风险评价流程

3.1.2.1　第三方破坏指数

主要包括：

——最小埋深。

——活动程度。

——地面设施。

——直呼系统。

——公共教育。

——管道用地标志。

——巡线频率。

3.1.2.2　设计指数

主要包括：

——管道安全系数。

——系统安全系数。

——疲劳。

——水击潜在危害。

——系统水压试验。

——土壤移动。

3.1.2.3　腐蚀指数

主要包括：

——大气腐蚀。

——管道内腐蚀。

——埋地金属腐蚀。

3.1.2.4 误操作指数

主要包括：

——设计（危害识别、达到 MAOP 的可能性、安全系统、材料选择、检查）。

——施工（检验、材料、连接、回填、搬运、包覆层）。

——运行（工艺规程、SCADA/ 通信、毒品检查、安全计划、检查、培训、机械失效防护措施）。

——维护（文件编制、计划、维护规程）。

3.1.2.5 泄漏影响系数

——介质危害（急剧危害分值 + 长期危害分值）。

——扩散系数（泄漏分值 / 人口密度分值）。

——泄漏影响系数（介质危害 / 扩散系数）。

3.1.3 定量风险评估

DNV 在多年积累的安全管理与技术评价领域工程经验的基础上，开发了应用于石化行业量化风险分析的 SAFETI TM 系列软件，至今已有超过二十年的历史，在全球同类软件中具有领先地位。

PHAST 软件的全名是工艺危险源分析软件工具（Process Hazard Analysis Software Tool）。主要功能是通过软件中的数学模型模拟和预测油气所产生的安全事故的危险后果和影响，包括：闪火、喷火、池火、火球、爆炸、有毒气体扩散。

PHAST RISK 软件是对岸上石油化工工艺装置实施定量风险评估（QRA）的专业软件。PHAST RISK 软件可以通过计算得到各种类型风险的排序，从而把有限的物力、人力集中投入到降低高风险的活动中。

目前，PHAST RISK 已经广泛应用于以下几个领域：

（1）模拟计算事故后果。

（2）厂区选址、厂区设计和平面布置。

（3）为有针对性地采取相应的安全措施提供参考。

（4）制订应急救援计划。

（5）保证与法律法规的相符性。

（6）提高安全意识。

（7）进行定量风险分析（QRA）。

PHAST RISK 的计算主要包括泄漏模块、扩散模块、后果影响模块（包括燃烧性和毒性）及风险模块，下面将对各个模块的功能进行详细的介绍：

3.1.3.1 泄漏模块

泄漏模块是用来计算物料泄漏到大气环境中的流速和状态。PHAST RISK 的泄漏计算考虑了多种可能的情况，包括有：

（1）液相、气相或者气液两相泄漏。

（2）纯物质或者混合物的泄漏。

（3）稳定的泄漏或随时间变化的泄漏。

（4）室内泄漏。

（5）长输管道泄漏。

3.1.3.2 扩散模块

扩散模块是通过对泄漏模块得到的结果及天气情况进行计算，来得到云团的传播扩散情况。在扩散模块中，也考虑了多种可能的情况，包括：

（1）云团中液滴的形成。

（2）云团中的液滴下落到（地）表面。

（3）下落后在表面形成液池。

（4）液池形成后可能会再次蒸发。

（5）与空气的混合、云团的传播。

（6）云团的降落。

（7）云团的抬升。

（8）密云的扩散模型。

（9）浮云的扩散模型。

（10）被动（高斯）扩散模型。

3.1.3.3 燃烧性模块

在 PHAST RISK 中可以计算得到以下可能的可燃性后果：

（1）沸腾液体膨胀蒸气云爆炸（BLEVE）和火球。

（2）喷射火。

（3）池火。

（4）闪火。

（5）蒸气云爆炸。

燃烧性模块计算得到的结果有以下几种表征形式：

（1）辐射水平。

（2）闪火区域。

（3）超压水平。

当计算晚期爆炸（云团扩散一段距离后发生的爆炸）产生的影响时，可燃物的质量是通过云团扩散模块提供的数据进行计算的。

3.1.3.4 毒性模块

毒性模块计算主要给出以下结果：

（1）浓度随下风向距离变化的曲线。
（2）某个位置浓度随时间的变化曲线。
（3）云团和剂量范围的俯视图。
（4）室内浓度的变化。
（5）毒性概率值或者云团中毒性载荷值。
（6）毒性致死率。

3.1.3.5 风险模块

通过分析上述计算得到的燃烧性和毒性后果，以及事件频率来计算风险值，有以下几种形式的风险结果：
（1）个人风险等高线。
（2）个人风险排序报告。
（3）社会风险 FN 曲线。
（4）社会风险排序报告。

3.2 公路与管道交叉工程风险评估技术

《中华人民共和国石油天然气管道保护法》（中华人民共和国主席令 2010 年第 30 号）对管道周边的施工作业提出了相关要求：

“第三十五条　进行下列施工作业，施工单位应当向管道所在地县级人民政府主管管道保护工作的部门提出申请：

“（一）穿跨越管道的施工作业；

“（二）在管道线路中心线两侧各 5～50m 和本法第五十八条第一项所列管道附属设施周边 100m 地域范围内，新建、改建、扩建铁路、公路、河渠，架设电力线路，埋设地下电缆、光缆，设置安全接地体、避雷接地体；

“（三）在管道线路中心线两侧各 200m 和本法第五十八条第一项所列管道附属设施周边 500m 地域范围内，进行爆破、地震法勘探或者工程挖掘、工程钻探、采矿。

“县级人民政府主管管道保护工作的部门接到申请后，应当组织施工单位与管道企业协商确定施工作业方案，并签订安全防护协议；协商不成的，主管管道保护工作的部门应当组织进行安全评审，做出是否批准作业的决定。

“第三十六条　申请进行本法第三十三条第二款、第三十五条规定的施工作业，应当符合下列条件：

“（一）具有符合管道安全和公共安全要求的施工作业方案；

“（二）已制订事故应急预案；

“（三）施工作业人员具备管道保护知识；

“（四）具有保障安全施工作业的设备、设施。”

通常管道企业要求施工单位开展第三方施工与管线风险评估，通过风险评估判断施工方案的合理性，明确管道保护措施，同时完善施工阶段的JSA分析。另一方面，《关于规范公路桥梁与石油天然气管道交叉工程管理的通知》（交公路发〔2015〕36号）第四条规定："油气管道穿（跨）越公路和公路桥梁自然地面以下空间，以及公路跨越油气管道前，各地公路管理机构或油气管道管理机构，应按照有关规定，委托具有相应资质的单位，开展安全技术评价，出具评价报告。"

该类专项风险评估技术应包括：

（1）合规性分析与风险因素辨识。

（2）打桩震动现场监测及安全评价。

（3）重车碾压对管道影响分析。

（4）施工过程风险分析。

（5）深基坑施工对管道影响分析。

（6）应急处置。

（7）管道保护措施建议。

3.2.1 法规规范关于公路与管道交叉工程保护的要求

目前，国内关于公路桥梁与油气管道交叉工程的有关法规及标准包括《中华人民共和国石油天然气管道保护法》（中华人民共和国主席令2010年第30号）、《关于规范公路桥梁与石油天然气管道交叉工程管理的通知》（交公路发〔2015〕36号）、GB 50423—2013《油气输送管道穿越工程设计规范》、JTG B01—2014《公路工程技术标准》、JTG D20—2017《公路路线设计规范》等。

3.2.1.1 《中华人民共和国石油天然气管道保护法》

目前，国内关于公路桥梁与油气管道穿越工程的法律为《中华人民共和国石油天然气管道保护法》（中华人民共和国主席令2010年第30号），相关的条款如下：

"第三十条　在管道线路中心线两侧各5m地域范围内，禁止下列危害管道安全的行为：

"（一）种植乔木、灌木、藤类、芦苇、竹子或者其他根系深达管道埋设部位可能损坏管道防腐层的深根植物；

"（二）取土、采石、用火、堆放重物、排放腐蚀性物质、使用机械工具进行挖掘施工；

"（三）挖塘、修渠、修晒场、修建水产养殖场、建温室、建家畜棚圈、建房，以及修建其他建筑物、构筑物。"

3.2.1.2 《关于规范公路桥梁与石油天然气管道交叉工程管理的通知》

由于公路和油气输送管道都是国家重要的基础设施，对于保障和改善民生、促进经济社会持续健康发展具有重要的作用，中华人民共和国交通运输部、国家能源局、中华人民共和国国家安全生产监督管理总局于2015年发布了《关于规范公路桥梁与石油天然气管

道交叉工程管理的通知》(交公路发〔2015〕36号),对公路与油气管道交叉工程的规定如下:

(1)油气管道从公路桥梁自然地面以下空间穿越时,必须严格遵循JTG B01—2014《公路工程技术标准》、JTG D20—2017《公路路线设计规范》、JTG D60—2015《公路桥涵设计通用规范》、GB 50423—2013《油气输送管道穿越工程设计规范》等有关标准规范,并同时满足下列条件:

① 不能影响桥下空间的正常使用功能。

② 油气管道与两侧桥墩(台)的水平净距不应小于5m。

③ 交叉角度以垂直为宜,必须斜交时,应不小于30°。

④ 油气管道采用开挖埋设方式从公路桥下穿越时,管顶距桥下自然地面不应小于1m,管顶上方应铺设宽度大于管径的钢筋混凝土保护盖板,盖板长度不应小于规划公路用地范围宽度以外3m,并设置地面标识标明管道位置;采用定向钻穿越方式的,钻孔轴线应距桥梁墩台不小于5m,桥梁(投影)下方穿越的最小深度应大于最后一级扩孔直径的4~6倍。

(2)新建或改建公路与既有油气管道交叉时,应选择在管道埋地敷设地段,采用涵洞方式跨越管道通过;受地理条件影响或客观条件限制时,可采用桥梁方式跨越管道通过。采用涵洞跨越既有管道时,交叉角度不应小于30°;采用桥梁跨越既有管道时,交叉角度不应小于15°。桥梁下墩台离开管道的净距、对埋地管道的保护措施(钢筋混凝土盖板、地面标识)依照该文件第二条规定执行。

3.2.1.3 GB 50253—2014《输油管道工程设计规范》

GB 50253—2014《输油管道工程设计规范》对埋地输油管道同地面建(构)筑物的最小间距进行了规定:

“4.1.6 埋地输油管道同地面建(构)筑物的最小间距应符合下列规定:

“1 原油、成品油管道与城镇居民点或重要公共建筑的距离不应小于5m。”

“4.2.12 输油管道通过人工或天然障碍物(水域、冲沟、铁路、公路等)时,应符合现行国家标准GB 50423《油气输送管道穿越工程设计规范》和GB 50459《油气输送管道跨越工程设计标准》的有关规定。液化石油气管道穿越铁路、公路管段的设计系数应按本规范附录F的规定选取。”

3.2.1.4 GB 50423—2013《油气输送管道穿越工程设计规范》

GB 50423—2013《油气输送管道穿越工程设计规范》对公路与油气管道交叉工程的规定如下:

“7.1.5 新建公路、铁路与已建管道交叉时,应设置保护管道的涵洞,涵洞尺寸应满足管道运营维护要求。

“7.1.6 油气管道与公路、铁路宜垂直交叉,在特殊情况下,交角不宜小于30°。油气管道与公路、铁路桥梁交叉时,在对管道采取防护措施后,交叉角可小于30°,防护长度应满足公路、铁路用地范围外 3m 的要求。”

“7.2.9　采用无套管的开挖穿越管段，距管顶以上 500mm 处应埋钢筋混凝土板；混凝土板上方应埋设警示带。”

“7.3.1　采用涵洞、套管等保护方法穿越公路、铁路时。宜采用钢筋混凝土涵洞、钢筋混凝土套管或者钢质套管。”

“7.3.2　钢筋混凝土涵洞、套管的设计应根据穿越公路、铁路的不同要求，分别执行现行行业标准《公路桥涵设计通用规范》JTG D60、《铁路桥涵设计基本规范》TB 10002.1 的有关规定。”

3.2.1.5　JTG B01—2014《公路工程技术标准》

JTG B01—2014《公路工程技术标准》对公路与油气管道交叉工程的规定如下：

“9.5.3　原油管道、天然气输送管道与公路相交叉时，宜为正交；必须斜交时，交叉角度应大于 30°。

“9.5.4　管道与各级公路相交叉且采用下穿方式时，应设置地下通道（涵）或套管。通道或套管应按相应公路等级的汽车荷载等级进行验算。”

3.2.1.6　JTG D20—2017《公路路线设计规范》

JTG D20—2017《公路路线设计规范》对公路与油气管道交叉工程的规定如下：

“12.5.5　公路与油气输送管道相交时，以正交为宜。必须斜交时，其交叉的锐角不宜小于 30°。

“12.5.6　油气输送管道与各级公路相交叉且采用下穿方式时，应设置地下通道（涵）或套管。

“12.5.7　穿越公路的地下专用通道（涵）的埋置深度，除应符合石油天然气行业标准的荷载相关规定外，尚应符合现行 JTG D60《公路桥涵设计通用规范》的有关规定，并按所穿越公路的车辆载荷等级进行验算。穿越公路的保护套管其顶面距路面底基层的底面应不小于 1.0m。”

3.2.1.7　油气管道与公路桥交叉时的设计要求

加强管道自身安全是管道及周围建筑物安全的重要保证。对于任何地区的管道，仅就承受内压而言，应是安全可靠的。如果存在有可能造成管道损伤的不安全因素，则需采取一定的措施以保证管道的安全。欧美国家输气管道设计采取的主要的安全措施是，随着公共活动的增加而降低管道应力水平，即增加管道壁厚，以强度确保管道自身的安全，从而对管道周围建筑物提供安全保证。这种“公共活动”的定量方法就是确定地区等级，并使管道设计与相应的设计系数相结合。

采用不同的设计系数来保证管道周围建筑物的安全，这种做法比采取安全距离适应性强，线路选择比较灵活，也较经济合理。

我国 GB 50253—2013《输油管道工程设计规范》中给出了相应的设计系数见式（3.1）：

$$\delta=\frac{pD}{2[\sigma]} \tag{3.1}$$

$$[\sigma]=K\cdot\varphi\cdot\sigma_s$$

式中 δ——钢管计算壁厚，cm；

p——设计压力，MPa；

D——钢管外径，cm；

$[\sigma]$——钢管许用应力，MPa；

σ_s——钢管的最低屈服强度，MPa，应按 GB 50253—2014 的规定取值；

φ——焊缝系数，应按 GB 50253—2014 的规定取值；

K——设计系数。

设计系数 K 的取值方法为：输送原油、成品油管道除穿跨越管段应按照现行国家标准 GB 50423《油气输送管道穿越工程设计规范》、GB 50459《油气输送管道跨越工程设计标准》的规定取值外，输油站外一般地段应取 0.72；城镇中心区、市郊居住区、商业区、工业区、规划区等人口稠密地区应取 0.6；输油站内与清管器收发筒相连接的干线管道应取 0.6；输送液化石油气（LPG）管道设计系数应按照 GB 50253《输油管道工程设计规范》附录 F 的规定取值。

3.2.2 交叉位置危害因素辨识

3.2.2.1 公路对管道的影响

1. 打桩风险

在一些大型的建设工程中，天然地基往往不能满足承载力和沉降量的设计要求，一般需要采用桩基基础。桩基基础从施工方法上来说一般可以分为两类：一类是现场或工厂预制加工的钢筋混凝土桩、钢管桩和 PHC 桩，并借助锤击或静力压力沉桩；另一类是现场浇筑的钻孔灌注桩、挖（扩）孔桩、深层搅拌桩及粉喷桩。传统最常用的是第一类用锤击或静力挤压下沉方法施工的预制桩。由于桩身入土要排开一定体积的土体，所以必然会扰动附近的土层，改变其应力状态，并对桩区四周一定范围内的邻近建（构）筑物及市政道路、管线等产生扰动影响并造成破坏，表现为建筑物发生开裂与倾斜、道路路面损坏、水管爆裂、煤气外泄、通信中断以及边坡失稳等一系列环境公害事故。

通常预制桩的沉桩工艺主要有锤击法、振动法和静压法三种。工程实践表明，采用锤击法和振动法沉桩，在沉桩过程中会在土体中产生应力波，引起周围土体的振动，从而对周边建筑物和地下管线的正常使用和安全造成威胁。在锤击法和振动法沉桩施工过程中，对周围环境的影响分为两种：振动和挤土效应。静压法沉桩施工对周围环境的影响主要为挤土效应。且离桩越近管道受的影响越大，若引起管线的应力和变形超过允许值，将造成管道破裂。

打桩引起的振动与桩的尺寸及桩型有一定关系，但并不明显，主要与土体的特征有关，土体坚硬、质匀、密实时衰减较小，松散或断层中衰减较大；振动法沉桩的振动影响范围较小，仅为5m左右，而锤击法沉桩的振动影响范围较大，可以达到振动法沉桩的2～3倍。

在工程中，打桩产生的位移是最值得关注的问题，打桩过程中产生较大的位移会造成周边管线的开裂。有研究表明，打桩产生的水平径向应力沿径向迅速衰减，其影响范围大致为20～30倍的桩半径，水平径向位移随距桩心的距离加大而迅速衰减，而随深度的增加，径向位移有所增加，但变化幅度很小，其影响范围大概在15～20倍桩半径。打桩顺序对桩区外围的位移场有较大的影响，已打入桩侧土体，由于桩的遮蔽效应，水平向和竖向位移都有一定程度的降低。因此，如有需保护的建（构）筑物时，应采取背对保护物打桩的施工顺序。

2. 基坑开挖风险

在基坑开挖过程中，由于基坑内土体被移除，打破了原来土体的应力平衡，使得基坑底部和基坑周围土体的应力得到释放，对坑内产生"挤压"作用，坑底产生一个向上的位移，使得基坑底部发生隆起变形。同时，在支护结构的两侧土压发生变化，形成压力差，使墙体发生侧移。土体的位移会随着与基坑的距离及土层的深度发生变化。当临近基坑周围有管线时，在管线上不同位置处管线的位移随着土体位移的产生而产生，且同时会对管线内部产生一个附加应力。当这个附加应力达到一定程度后，管线将会随之发生弯曲，甚至开裂，最终导致管线发生破坏（图3.5）。

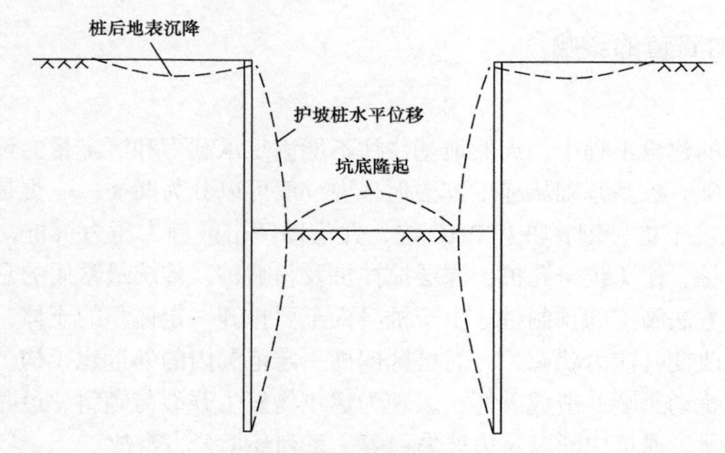

图3.5　基坑变形形态图

钢板桩支护结构作为垂直开挖的一种支护方法，已取得了较好的经济效益和环境效应。它具有承载力高、施工速度快、止水性能优越、经济、环保、作业高效等优点。根据有关研究，在对某钢板桩支护结构进行试验和有限元分析后，得到在挖深为4.3m时钢板桩的位移如图3.6所示，由图可知钢板桩支护在基坑开挖过程中的作用明显，能够起到很好的作用。

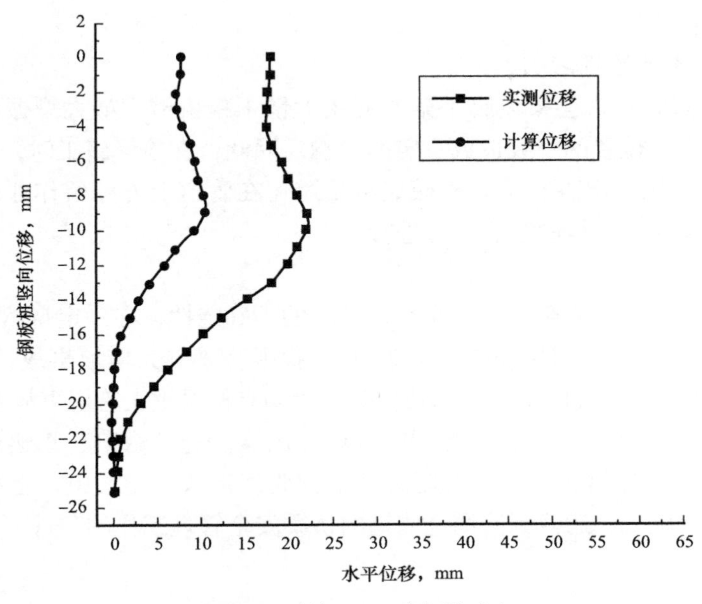

图 3.6 开挖 4.3m 时变形对比

3. 高架桥振动影响

油气管道与公路、铁路桥梁交叉时，高架桥在运营过程中，除了自身重力对桥墩下部土壤产生影响，运营过程中的车辆荷载为周期性载荷，引发高架桥振动，通过桥墩影响周围的土壤，进而影响管道应力状态及土体稳定性。通过对高架桥汽车荷载及地面交通荷载引起的环境振动的实测与分析发现，相对于地面交通荷载引起的振动而言，高架桥引起的振动相对较小，高架桥行车荷载引起的振动增量可忽略不计，且规范要求高架桥墩台基础距石油管线净距不小于 5m，因此高架桥振动对管道的影响较小。

4. 地基沉降风险

公路在运营过程中因自身的重力和车辆动荷载必然会对其下卧土层产生一定的附加应力，在该附加应力的作用下，土体骨架颗粒间的孔隙被压缩，进而导致土层持续而缓慢地压缩、压密、变形，最终形成地基沉降。当管道穿越高速公路地基或高架桥时，这种不均匀沉降将使管道发生变形导致管道内应力产生。

5. 重车碾压或重物占压风险

公路施工过程中，施工现场进料过程会有重车出入，对管道造成潜在碾压风险；开挖的土方或其他重物堆放在管道的上方，也存在损伤管道的风险。因此，在高速公路施工过程中需要加强管理，开挖的土方不能堆弃在管道的上方，应堆放于管道中心线 5m 范围外，施工时的任何工程机械都禁止在管道上方碾压，必须穿越管道时，需要修筑满足施工机械荷载的管涵。

6. 落物砸伤风险

高架桥在施工过程中，可能会由于作业人员操作不慎导致高空落物风险，而高架桥正式通车运行后，潜在车辆或货物也有从桥上坠落的风险。这些对于管道的安全都造成威胁，因此需要进行关注。

7. 高架桥检修对管线影响

在高架桥检修时常常会搭设脚手架并使用大量工程机械，如大型振动压路机、吊车等，这些均会对交叉位置的管线造成一定的影响。因此，在检修施工时，应禁止大型施工机械在管道上方碾压，起重和吊装机械应尽量避免在管道上方停留作业。如作业无法避免，应先征得专职安全人员同意后方可进行。

8. 桥梁垮塌风险

由于桥梁施工方式的复杂性，以及运营环境的不确定性，在一定自然或人为因素下有可能导致垮塌事故。表 3.1 是 2007 年至 2010 年我国桥梁重大垮塌事故统计。统计说明，2007 年至 2010 年，在建设施工、使用及拆除阶段均有桥梁重大垮塌事故发生。

桥梁垮塌的原因有很多，其主要原因有设计因素、施工缺陷、车辆超载、外力撞击破坏桥墩等。桥梁垮塌后，必然会对附近的输油管线造成一定影响。但桥梁垮塌概率较低，在加强设计、施工、运营到监测全周期的桥梁安全管理工作的条件下，桥梁垮塌风险较小。

表 3.1　2007 年至 2010 年我国桥梁重大垮塌事故列表

日期	事故桥梁名称	阶段	事故原因	人员伤亡
2007-3-18	阜康市境内某铁路桥	运营	—	无
2007-5-9	江西省铅山县鹅湖镇傍罗大桥	运营	—	无
2007-5-13	常州运村运河大桥西半幅	运营	超载车速度过快，桥梁震动	无
2007-6-15	南海九江大桥	运营	运砂船撞击桥墩	2 伤
2007-8-13	凤凰县堤溪沱江大桥	建造	施工队改设计，拱圈材料不满足要求	64 死 22 伤
2007-8-15	208 国道太原市东柳林桥西半幅桥	运营	一辆六轴货车严重超载	无
2008-6-20	临近韶关南雄附城的全女镇某桥	运营	洪水冲垮桥墩	无
2008-8-21	甬台温铁路浙江境内某高架桥	建造	—	1 死 1 伤
2009-1-15	西宁市某高架桥	建造	桥墩钢筋骨架坍塌	2 死
2009-4-11	从江县恰里二桥	运营	雨水侵蚀和超限车辆超负荷碾压	无
2009-4-12	漯河市 107 国道澧桥	运营	货车严重超载	无
2009-5-10	河卡基娃电站场交通工程 5 号桥	建造	预应力 T 形梁张拉时发生垮塌	4 死 5 伤
2009-5-17	株洲市红旗高架桥	拆除	拆迁队无相应资质，野蛮拆迁	9 死 16 伤
2009-6-29	铁力市西大桥	运营	车辆超载	4 死 4 伤
2009-7-2	会同县城 209 国道反修桥	运营	桥基被洪水洗空	无
2009-7-15	津晋高速公路港塘互通立交 A 匝道	运营	超载车辆偏离行车道形成巨大偏载	6 死 7 伤

续表

日期	事故桥梁名称	阶段	事故原因	人员伤亡
2009-8-24	清涧县玉家河乡前张家河大桥	建造	偷工减料，采用木架支撑系统，存在缺陷	5死7伤
2009-11-15	温州绕城高速北线前京村C匝道	建筑	箱梁失衡导致工作台滑落	1死7伤
2009-11-19	沪杭铁路专线海航特大桥	建造	桥墩倒塌	1死5伤
2009-12-26	无锡市丽新路复新桥	运营	车辆超载	无
2010-1-3	昆明市新机场配套引桥	建造	钢架搭建不稳	7死8伤
2010-5-26	319国道彭水段红泥桥	运营	某大工程车行驶过桥面时，桥面坍塌	1伤
2010-6-9	朝长线白山市锦江段	运营	重车超过限载压垮桥面	无
2010-11-4	绥棱县努敏河危桥	拆除	拆除过程中突然坍塌	4伤
2010-11-26	快速内环西线	建造	建造防撞墙施工时，钢箱梁发生倾覆	3伤

3.2.2.2 管道对公路的影响

1. 原油泄漏喷射至高速公路、高架桥路面

交叉位置处管线位于高速公路和高架桥下方，一旦管道泄漏，由于管道压力较高，喷出的原油有可能落于路面影响过往车辆通行。过往车辆行驶在原油上，有发生打滑失控的风险，进而造成坠车、碰撞等次生灾害。

2. 原油泄漏有毒气体影响

原油中可能含有硫化氢，一旦发生原油泄漏，存在硫化氢扩散风险。硫化氢是一种急性剧毒物质，吸入少量高浓度硫化氢可于短时间内致命。低浓度的硫化氢对眼、呼吸系统及中枢神经都有影响。为避免发生硫化氢中毒事件，应树立警示牌，要求一旦发生原油泄漏，周围人员应迅速撤离，现场抢险人员应配备硫化氢检测仪，明确作业环境的安全性。

3. 原油泄漏火灾影响

原油泄漏后产生火灾的模式包括：

（1）池火：原油泄漏聚集形成液池，原油液池表面油气由于对流而蒸发，遇到引火源会发生池火灾。

（2）喷射火：原油泄漏时着火形成喷射火，火灾通过辐射热的方式影响周围环境。当火灾产生的热辐射强度足够大时，可使周围的物体燃烧或变形，辐射强度与损失等级相对应。

（3）蒸气云爆炸：当可燃蒸气（或可燃气体）与空气预先混合后，遇到点火源发生点火，由于存在某些特殊原因或条件，火焰加速传播，产生蒸气云爆炸。

3.2.3 打桩震动现场监测分析

为确定桩基施工过程中钻孔产生的地震动对埋地输油管道的影响，保障管道的安全运行，采用DH5908N无线动态应变测试分析系统，搭配磁电式震动传感器在施工作业的同一区域内进行模拟钻孔实验，获取钻孔过程中地震动的峰值加速度、速度及震动频率参数，按照管道设计相关抗震标准进行管道承载力校核，给出打桩施工过程中的最小控制距离。

DH5908N无线动态应变测试分析系统是为大型机械结构的强度和寿命评估试验专门设计的，它采用独立分布式模块结构，利用WIFI无线/有线以太网通信扩展（图3.7）。

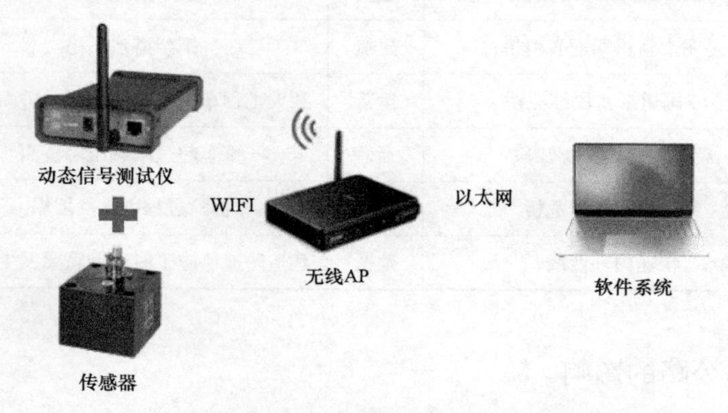

图3.7　无线动态应变测试分析系统示意图

搭配传感器的采集仪与计算机通过以太网通信，通过网络技术，可实现多达16台仪器扩展并行采样，实时进行信号采集、存储、显示和分析等。该技术广泛应用于土木工程、桥梁工程、机械工程、航空航天等行业各种结构的性能测试和分析。

基于检测数据，根据GB/T 50470—2017《油气输送管道线路工程抗震技术规范》，地震作用下管道的轴向组合应变应包括地震动引起的管道最大轴向应变和内压、温差等操作荷载引起的轴向应变（图3.8至图3.11）。

图3.8　现场测试准备

图 3.9　传感器布置位置

图 3.10　钻头下入与提升

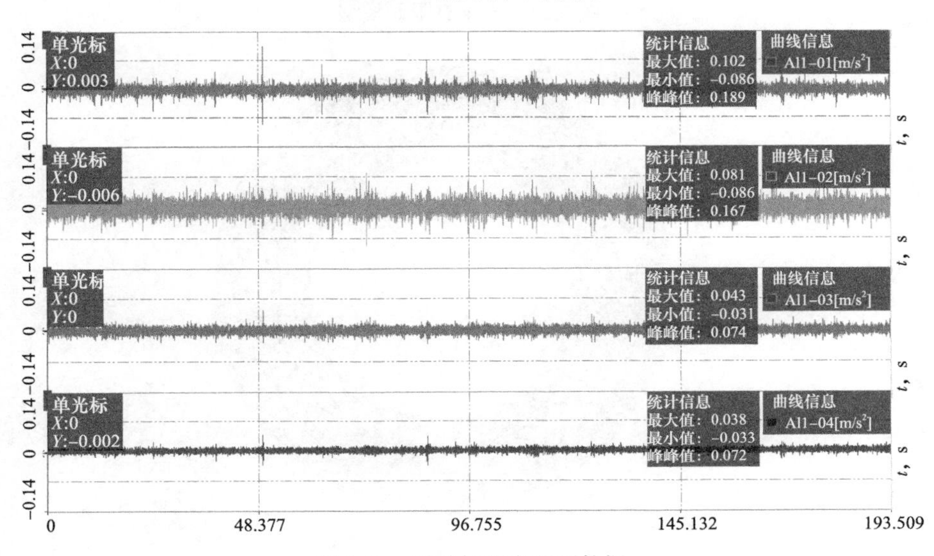

图 3.11　震动加速度监测数据

3.2.4 重车碾压对管道影响分析

采用有限元的方法对重车碾压对管道的影响进行分析。计算模型由油气输送管道、临时施工便道（钢筋混凝土路面）、黏土组成。采用三维八节点减缩积分单元 C3D8R，其依据为 GB 50253—2014《输油管道工程设计规范》，校核时选取输油管道直管段的许用应力设计系数为 0.6。

在进行模型分析计算前已完成网格无关性验证，排除网格数量、形状和大小等尺寸因素对计算模型结果的影响，本次有限元模型计算分为三步分析，影响结果顺次叠加（图 3.12 至图 3.16）：

——第一步，初始地应力平衡，选择 Geostatic 分析建立土壤的初始应力状态。

——第二步，一般静态分析，施加管道内压。

——第三步，在路面施加车辆周期性载荷，构建车辆均布载荷和地层自重产生的线性地应力场。

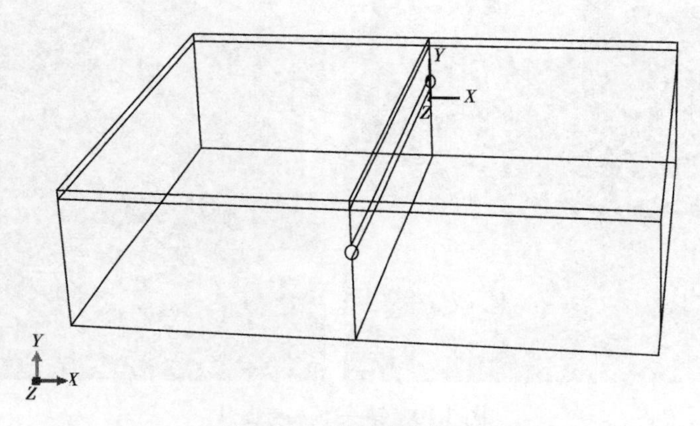

图 3.12　三维有限元模型

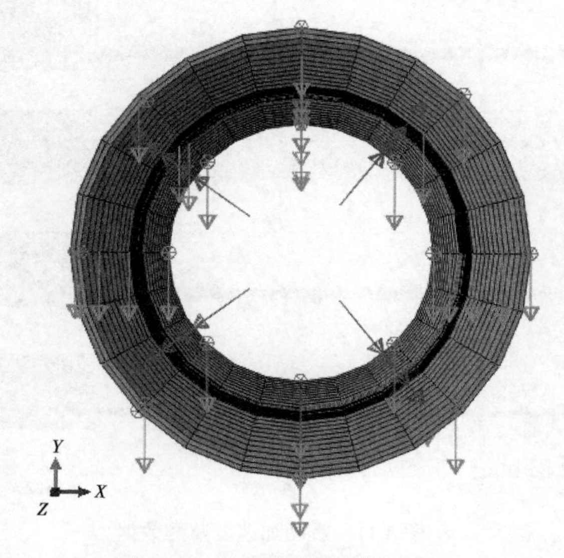

图 3.13　管道受力网格模型图

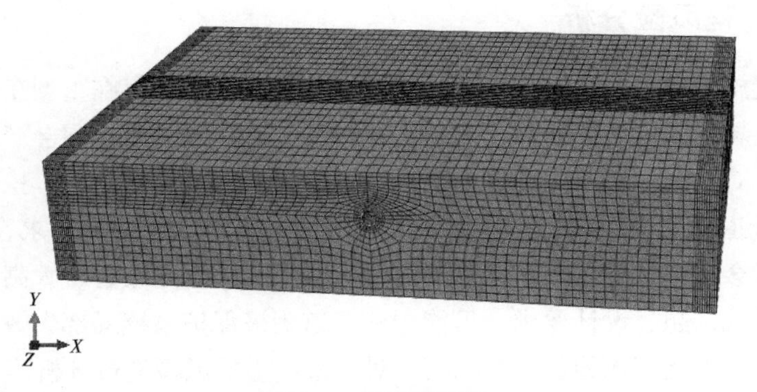

图 3.14 网格模型图

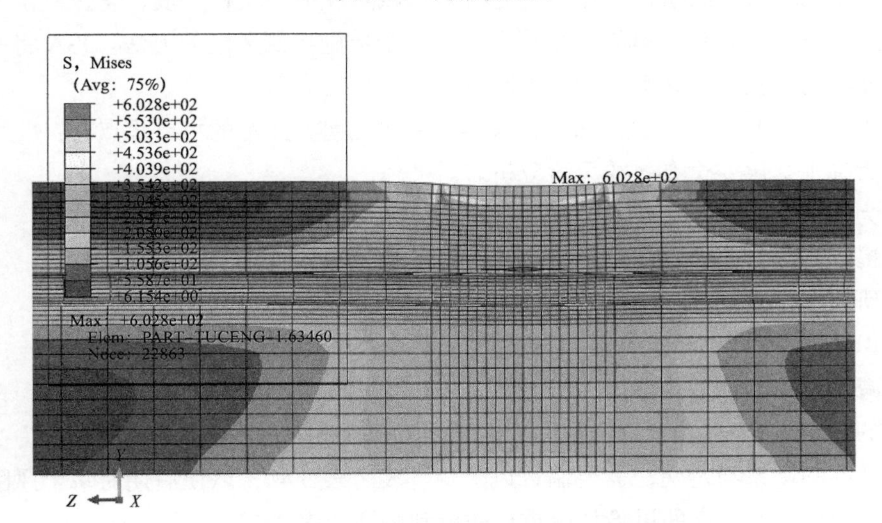

图 3.15 承受车辆载荷时地层应力云图

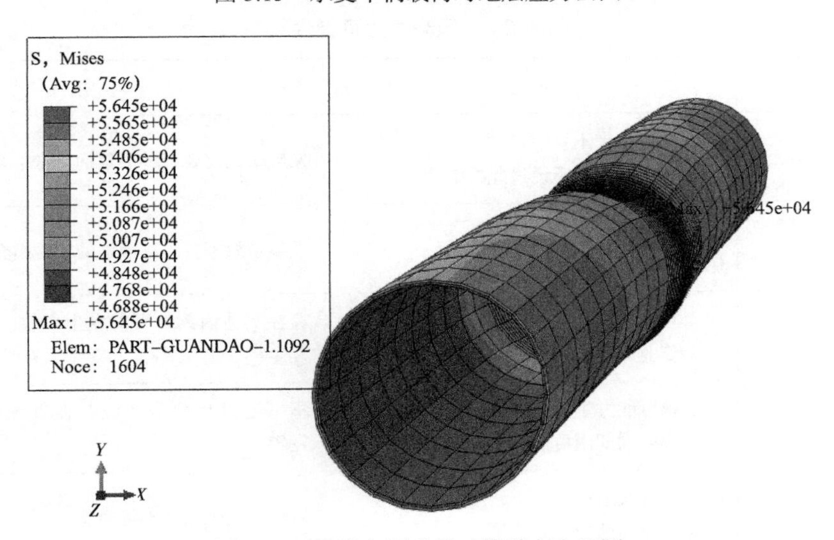

图 3.16 承受车辆载荷时管道应力云图

3.2.5 施工过程风险分析

在交叉位置施工准备阶段，施工便道与管道并行或交叉，存在重型车辆碾压管道的风险；如果施工现场安全及防护设施布置不到位，管道泄漏未及时发现会产生人员受伤、现场失火的风险；对管道位置、埋深测量不准确，会导致施工精度不够；挖掘机超挖、野蛮施工，会导致管道损伤甚至破裂；压路机压实过程中压实度未达到要求，后期道路变形，车辆载荷变动大会导致管道变形；开挖处的土方堆积距离管道太近、太高，会导致管道变形；基坑开挖过低，超过设计要求，可能导致管道阴极保护系统局部失效。因此需要对交叉位置施工过程中可能存在的各种影响因素对管道产生的风险进行分析。

JSA（Job Safety Analysis 工作安全分析）是风险评估的一种手段，它提供了一种系统性的回顾工作步骤，是识别风险并采取有效的安全措施控制风险的方法。JSA 将一项工作分成若干连续的步骤，并逐个识别相关风险。

使用 JSA 方法可以用来预防事故的发生，减少伤害，JSA 的主要优点有：

（1）为施工提供安全有效的风险分析。

（2）为安全观察做准备。

（3）提供了工作前的安全指引。

（4）研究工作方法改进的可能性。

（5）识别存在的安全措施。

（6）减少事故，增加效益。

风险的大小与其发生的可能性（表 3.2）及后果（表 3.3）有很大的关系，为了更加明确各等级之间的联系与定义，需要制订风险矩阵表（表 3.4），以便后期对每个风险进行评定，并找出级别相对较高的风险加以重点防范和关注（表 3.5）。

表 3.2 风险发生可能性

可能性（等级）	描述	说明
非常低（1）	（1）事件几乎不发生； （2）行业内很少听说过此类事故	发生事故需要多种因素的反常组合
低（2）	（1）极少发生； （2）不太可能发生	发生事故需要多种因素的非常组合
中等（3）	（1）可能发生； （2）作业周期内有可能发生不超过一次	存在其他因素时可能发生事故，否则不可能发生
高（4）	（1）很可能发生； （2）作业周期内可能很多次发生	不一定发生事故，但存在其他因素时可能发生
非常高（5）	（1）经常发生； （2）作业周期内常有发生	事故的发生几乎不可避免

表 3.3 风险发生后果

后果（等级）	安全	环境	直接经济损失
轻微（1）	伤害可以忽略，不用离岗	危险物质泄漏，不影响现场以外区域，微损，可很快清除	$<1\times10^4$CNY
有限影响（2）	轻微伤害，需要一些急救处理	现场受控制的泄漏，没有长期损害	$1\times10^4\sim<10\times10^4$CNY
很大影响（3）	受伤，造成损失工时事故	应报告的最低量的失控性泄漏，对现场有长期影响，对现场以外区域无长期影响	$10\times10^4\sim<100\times10^4$CNY
国内影响（4）	单人死亡或严重受伤	10～100t 烃类及危险物质泄漏，对现场以外某些区域有长期伤害	$100\times10^4\sim<1000\times10^4$CNY
国际影响（5）	多人死亡	100t 以上烃类及危险物质泄漏，现场以外地方长期受影响	$\geqslant1000\times10^4$CNY

表 3.4 风险大小评判矩阵图

指标		风险发生可能性				
		1	2	3	4	5
风险发生后果		非常低	低	中等	高	非常高
轻微	1	1	2	3	4	5
有限影响	2	2	4	6	8	10
很大影响	3	3	6	9	12	15
国内影响	4	4	8	12	16	20
国际影响	5	5	10	15	20	25

表 3.5 风险级别定义

风险区域	分数	处理要求
P1	15～25	工作任务不可以进行，工作任务应重新定义，或设置更多的控制措施进一步降低风险，在开始工作任务之前，应对这些工作措施重新评价，看是否充足
P2	8～14	只有咨询专业人员和风险评估人员后，经过相应管理层授权才能开展工作
P3	1～7	可以接受，但是要审查工作任务，看风险是否可以进一步降低

根据辨识的风险并参考如图 3.17 所示的 JSA 风险分析流程，最终得出每个阶段的风险相对大小和应对措施。施工准备阶段的 JSA 分析结果见表 3.6。

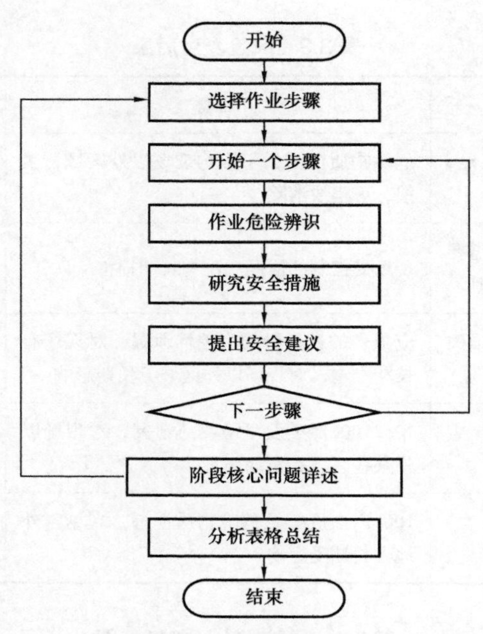

图 3.17 JSA 风险分析流程图

表 3.6 施工准备阶段 JSA 分析结果样例

序号	作业步骤	主要危险事件	发生概率	事件后果	分值	风险等级	措施 / 建议
1	技术准备工作	施工方未准确理解设计要求、设计有误或设计与实际偏差较大	2	3	6	低	设计文件做好校对审核工作，并与甲方项目组、管线权属公司确认； 施工单位在施工前与设计方、监理方、甲方项目组、管线权属公司做好技术交底
2	施工现场准备	施工便道与管线并行或交叉，施工便道上重型车辆碾压管线	2	2	4	低	标识出管线位置； 避免将施工便道设置在输油管线上方，避免重型车辆在管线上方施工便道行驶，在输油管线附近便道上铺设钢板； 施工时的任何工程机械都禁止在管道上方碾压，必须穿越管道时，需要做满足施工机械荷载的管涵
3	现场安全及防护设施布置	管线泄漏未及时发现	2	3	6	低	配备专职安全员，观测管线周围环境
		管线泄漏导致人员受伤、中毒	2	3	6	低	配备可燃气体探测仪、硫化氢探测仪； 编制应急预案，施工前进行应急演练
		管线泄漏导致现场失火	2	3	6	低	配备消防器材，控制点火源； 编制应急预案，施工前进行应急演练

续表

序号	作业步骤	主要危险事件	发生概率	事件后果	分值	风险等级	措施 / 建议
4	人员配置	施工人员素质较低，导致未按要求施工	3	3	9	中等	选择技术水平高、施工经验丰富的专业队伍，对施工队伍资质、施工人员资质进行审查，确保施工人员的高素质； 做好安全培训，告知埋地输油管线信息和风险，提高警惕
		野蛮施工，导致管线损伤	3	4	12	中等	做到管线企业相关人员不在施工现场时不施工，管线企业现场人员有权随时叫停危及管线安全的作业
5	管线探明	对管线位置、埋深测量不准确，施工放样精度不够，导致探坑开挖时损伤管线	2	3	6	低	施工时邀请石油管线现场管理人员进行现场协助； 组织测量经验丰富的人员成立测量队伍，并明确各自职责； 配备测量仪器设备满足施工测量要求； 探坑开挖前技术人员向施工人员交代管线情况及相关注意事项； 开挖过程中，探坑附近应采取临时性保护措施，设临时护栏，并设警示标志
		探坑处管线曝晒及施工时模板、架管等物件撞到管线	2	3	6	低	管线暴露时按要求进行保护
6	标明施工区域	未按规定设立隔离区	2	2	4	低	按要求设立隔离区，并对隔离区进行标识

3.2.6 高架桥与管道交互影响分析

部分交叉位置管道位于公路的高架桥下方，一旦发生交通事故，存在车辆或货物从桥上坠落的风险。坠落的车辆或货物会对管道安全造成威胁。因此需要对不同落物对管道冲击的影响进行计算，确定在设计保护方案条件下落物坠落后管道的安全性。

3.2.6.1 车辆坠落数据统计情况

车辆行驶在高架桥上，可能发生坠落并砸到管道上方位置的情况。坠落形式主要分为两类，一是车辆坠落，二是翻车后货物坠落。根据公安部交通管理局“2011 年道路交通事故统计年报”，2011 年全国高速公路坠车和翻车事故统计见表 3.7 所示。表 3.8 为全国高速公路事故形态四项指数，表 3.9 为各辖区高速公路事故形态四项指数。

表 3.7　全国高速公路坠车和翻车事故统计汇总

年份	坠车事故数量	翻车事故数量
2011	94	814

表 3.8　全国高速公路事故形态四项指数

项目	事故起数		死亡人数		受伤人数		直接财产损失	
	数量	百分比	数量	百分比	数量	百分比	数量，CNY	百分比
合计	9700	100%	6300	100%	13739	100%	315895723	100%
正面相撞	428	4.41%	366	5.81%	638	4.64%	11237162	3.56%
侧面相撞	644	6.64%	347	5.51%	1024	7.45%	15668068	4.96%
尾随相撞	3918	40.39%	2691	42.72%	5992	43.61%	150790120	47.73%
对向刮擦	35	0.36%	18	0.29%	58	0.42%	439329	0.14%
同向刮擦	359	3.70%	193	3.06%	534	3.89%	10646678	3.37%
刮撞行人	887	9.15%	667	10.59%	331	2.41%	9153691	2.90%
碾压	69	0.71%	64	1.02%	64	0.47%	1956469	0.62%
翻车	814	8.39%	506	8.03%	1566	11.40%	28052762	8.88%
坠车	94	0.97%	77	1.22%	161	1.17%	3798569	1.20%
失火	36	0.37%	16	0.25%	16	0.12%	5320415	1.68%
撞固定物	1590	16.39%	690	10.95%	2143	15.60%	43032706	13.62%
撞静止车辆	538	5.55%	433	6.87%	818	5.95%	23707502	7.51%
撞动物	2	0.02%	0	0.00%	5	0.04%	40525	0.01%
其他	286	2.95%	232	3.68%	389	2.83%	12051727	3.82%

表 3.9　各辖区高速公路事故形态四项指数

项目	次数		死亡人数		受伤人数		直接财产损失	
	数量	百分比	数量	百分比	数量	百分比	数量，CNY	百分比
合计	9700	100%	6300	100%	13739	100%	315895723	100%
北京	190	1.96%	121	1.92%	217	1.58%	4244643	1.34%
天津	88	0.91%	94	1.49%	128	0.93%	4027505	1.27%
河北	421	4.34%	330	5.24%	642	4.67%	16885764	5.35%
山西	327	3.37%	189	3.00%	554	4.03%	13448284	4.26%

续表

项目	次数		死亡人数		受伤人数		直接财产损失	
	数量	百分比	数量	百分比	数量	百分比	数量，CNY	百分比
内蒙古	133	1.37%	125	1.98%	225	1.64%	7028928	2.22%
辽宁	229	2.36%	178	2.83%	326	2.37%	6634790	2.10%
吉林	133	1.37%	102	1.62%	217	1.58%	4450827	1.41%
黑龙江	216	2.23%	127	2.02%	246	1.79%	10499559	3.32%
上海	57	0.59%	67	1.06%	72	0.52%	1799759	0.57%
江苏	428	4.41%	349	5.54%	479	3.49%	14679490	4.65%
浙江	412	4.25%	401	6.36%	542	3.95%	27510208	8.71%
安徽	296	3.05%	240	3.81%	507	3.69%	7194299	2.28%
福建	767	7.91%	258	4.09%	773	5.63%	23147257	7.33%
江西	802	8.27%	367	5.83%	1286	9.36%	32200795	10.19%
山东	387	3.99%	338	5.36%	510	3.71%	10055417	3.18%
河南	269	2.77%	162	2.57%	369	2.69%	9543284	3.02%
湖北	414	4.27%	302	4.79%	814	5.92%	22471596	7.11%
湖南	524	5.40%	367	5.83%	935	6.81%	19192912	6.08%
广东	817	8.42%	518	8.22%	1120	8.15%	21877941	6.93%
广西	138	1.42%	141	2.24%	206	1.50%	3547568	1.12%
海南	103	1.06%	48	0.76%	200	1.46%	2160316	0.68%
重庆	220	2.27%	30	0.48%	179	1.30%	1092703	0.35%
四川	671	6.92%	247	3.92%	928	6.75%	17660390	5.59%
贵州	274	2.82%	219	3.48%	557	4.05%	4472676	1.42%
云南	367	3.78%	319	5.06%	528	3.84%	9881328	3.13%
西藏	0	0.00%	0	0.00%	0	0.00%	0	0.00%
陕西	515	5.31%	274	4.35%	515	3.75%	13540203	4.29%
甘肃	275	2.84%	209	3.32%	383	2.79%	4363334	1.38%
青海	33	0.34%	27	0.43%	56	0.41%	508535	0.16%
宁夏	72	0.74%	52	0.83%	108	0.79%	945976	0.30%
新疆	122	1.26%	99	1.57%	117	0.85%	829436	0.26%

根据上述统计数据，全国高速公路坠车事故在所有事故中占比较低，仅为0.97%。

3.2.6.2 落物对管道影响

1. 管道损伤分级

参考标准 DNV–RP F107 *Risk assessment of pipeline protection*，视管道的受损程度，损坏可分为三级：

（1）轻微损伤（D1）：管道损伤既不需要修复，也不会导致泄漏。管壁上有小的凹坑，凹坑的最大深度为管径的 5%，通常不会立即影响管道的运营，不过应该采取检验和技术评估手段确认管道的结构完整性和通过清管球的能力。

（2）中等损伤（D2）：管道损伤需要修复，但也不会导致泄漏。当管壁上的凹坑会限制其内部检验时（如凹坑的最大深度超过管径的 5%），通常需要进行修复。如果经过结构完整性评定后可以继续运行，其修复可以延期。

（3）重大损伤（D3）：管道发生泄漏。管壁被砸穿孔或者管道破裂，必须立即停止油气输送并进行线路修复，受损部分必须移除替换。

2. 落物冲击能

车辆在高架桥上行至管道附近，可能出现翻车导致货物坠落，甚至整个车辆坠落，坠落到地面时达到极限速度，此时车辆或货物的撞击动能（E_E）按式（3.2）计算：

$$E_E = \frac{1}{2}mv_T^2 = mgh \tag{3.2}$$

式中 m——车辆或货物的重量，kg；

v_T——车辆或货物到地面时的竖向极限速度，m/s；

h——下落高度，m；

g——重力加速度，m/s^2，取 9.8m/s^2。

3. 混凝土盖板保护能力

高架桥下的管道采用混凝土盖板进行保护，混凝土盖板能使管道免受潜在的冲击损伤。混凝土盖板吸收能量是凹陷体积和混凝土压碎强度（Y）乘积的函数。标准密度的混凝土压碎强度是混凝土立方体强度的 3～5 倍，轻质混凝土压碎强度是混凝土立方体强度的 5～7 倍。典型混凝土立方体强度范围为 35～45MPa。式（3.3）是混凝土吸收动能（E_k）公式：

$$E_k = Ybhx_0 \tag{3.3}$$

式中 Y——混凝土压碎强度，N/m^2;

b——坠落物的宽度，m；

h——凹陷长度，m；

x_0——凹陷深度，m。

4. 管道覆土保护能力

管道覆土在一定程度上可以保护管道免受落物砸伤损坏，其保护能力主要取决于管道埋深和落物的尺寸。

（1）根据实体试验，管状坠落物被回填材质吸收的能量（E_p）关系为式（3.4）：

$$E_{p}=\frac{1}{2}\gamma' DN_{r}A_{p}z+\gamma' z^{2}N_{q}A_{p} \tag{3.4}$$

式中 γ' ——回填材质的有效重度，kN/m^3；

D——坠落管子的直径，m；

A_p——坠落管子的投影面积，m^2；

z——贯入深度，m；

N_r，N_q——承载系数。

（2）对于非管状物体，如集装箱，当其某一个边接触地面后砸入土层，则坠落物被覆土层吸收的能量（E_p）关系可表示为式（3.5）：

$$E_{p}=\frac{2}{3}\gamma' LN_{r}z^{3} \tag{3.5}$$

式中 L——触地边的长度，m。

（3）当坠落物某一个尖角接触地面后砸入土层，则坠落物被覆土层吸收的能量关系可表示为式（3.6）：

$$E_{p}=\frac{\sqrt{2}}{4}\gamma' S_{r}N_{r}z^{4} \tag{3.6}$$

式中 S_r——形状系数，取0.6。

（4）管道被撞凹坑吸收能。由于有混凝土盖板和覆土层的保护，落物撞击管道的实际能量按式（3.7）计算：

$$E_{0}=E_{E}-E_{p}-E_{k} \tag{3.7}$$

式中 E_p——覆土层吸收的能量。

撞击的典型失效模式是在管壁上形成凹坑或穿孔。假设刃型载荷垂直作用于管道上，凹坑极深，几乎贯穿整个横断面（图3.18），则管道吸收能（E）的计算按式（3.8）：

$$E=16\left(\frac{2\pi}{9}\right)^{\frac{1}{2}}\cdot m_{p}\cdot\left(\frac{D}{t}\right)^{\frac{1}{2}}\cdot D\cdot\left(\frac{\delta}{t}\right)^{\frac{3}{2}} \tag{3.8}$$

$$m_{p}=\frac{1}{4}\sigma_{y}\cdot t^{2}$$

式中 m_p——管壁的塑性弯矩，N；

σ_y——屈服应力，N/m^2；

δ——管的变形凹坑深度，m；

t——管道壁厚，m；

D——管道外径，m。

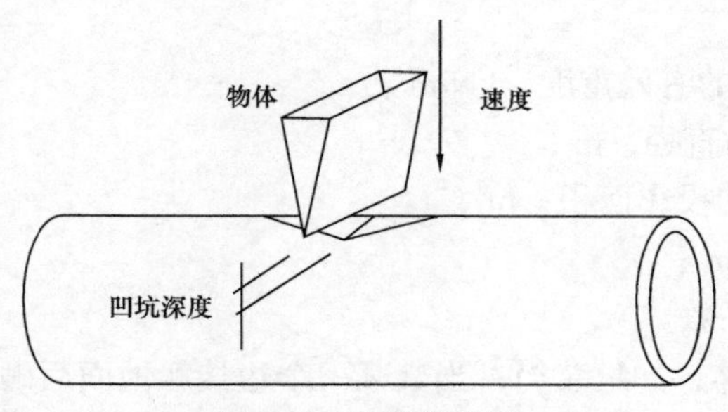

图 3.18 凹坑示意图

对比 E_0 和 E 的结果，就能判断管道受落物撞击后的损坏情况。

3.2.7 交叉位置管道失效后果分析

管道失效后果可以采用专业风险评估软件 PHAST SAFETI 进行分析，PHAST SAFETI 采用的是统计分析的方法收集各类事件与事故的影响范围，所以其计算所采用的方程均是经验状态方程，即是将各类实验结果数据进行回归分析，通过回归分析获得计算各类危险事件事故的计算经验方程。

评估过程中将用到 PHAST SAFETI 软件进行喷火辐射及晚期爆炸的模拟计算。火灾的危害包括对人、物及周围环境所造成的危害，主要来源于热量和烟气，其中热辐射是热量传播的主要形式。热辐射对人体的影响与热辐射强度、持续时间及人的年龄、性别、皮肤暴露程度、身体健康状况有关；热辐射对设备的影响与破坏取决于作用时间的长短。不同强度的热辐射对人和设备的影响情况请见表 3.10 和表 3.11。

采用 PHAST SAFETI 计算得出的设备喷火影响有 3 个等级的热辐射值，分别为 $37.5kW/m^2$、$12.5kW/m^2$、$4.0kW/m^2$ 这三个热辐射影响范围。

表 3.10 热辐射强度的影响

辐射强度，kW/m^2	结果
37.5	足以造成设备损坏
25	无火焰直接加热，长时间可使木材燃烧的最小能量
12.5	有火焰直接加热，可使木材燃烧、塑料熔化的最小能量
4.0	无火焰直接加热，20s 内可引起疼痛，可能造成二度烧伤，不致死
1.6	较长时间暴露，无不舒适感

表 3.11 热辐射与暴露时间对致死率的影响

辐射强度，kW/m²	暴露时间，s		
	致死率		
	1%	50%	99%
37.5	8	20	50
25	30	80	200
4.0	150	370	930

3.2.7.1 泄漏场景及频率分析

定量风险评价工作（以下简称 QRA）针对交叉位置处的管段，管段采用 ϕ813mm × 12.7mm 钢管。根据 AQ/T 3046—2013《化工企业定量风险评价导则》中 8.1.3 条规定，QRA 评价管线泄漏场景见表 3.12。

表 3.12 原油管线泄漏场景表

事故管段	管线参数	泄漏物料	泄漏场景	代表泄漏孔径
交叉位置	工作压力：2.6MPa 运行温度：25℃ 管线内径：813mm	原油	小孔泄漏	5mm
			中孔泄漏	25mm
			大孔泄漏	100mm
			完全破裂	—

3.2.7.2 喷火事故情形模拟

利用事故后果分析软件 PHAST 对表 3.13 所列出的火灾爆炸事故情景进行喷火后果模拟。火灾爆炸事故位置全年平均风速取 3.5m/s，大气稳定度 D 级（中性）。

表 3.13 原油在不同泄漏孔径泄漏后喷射火影响范围

泄漏孔径	压力 MPa	温度 ℃	风速 m/s	喷火影响，m		
				37.5kW/m²	12.5kW/m²	4kW/m²
5mm	2.6	25	3.5	—	—	—
25mm	2.6	25	3.5	1.2	1.2	1.2
100mm	2.6	25	3.5	47.6	112.1	188.2
完全破裂	2.6	25	3.5	—	—	—

中孔泄漏喷火事故模拟图如图 3.19 所示。

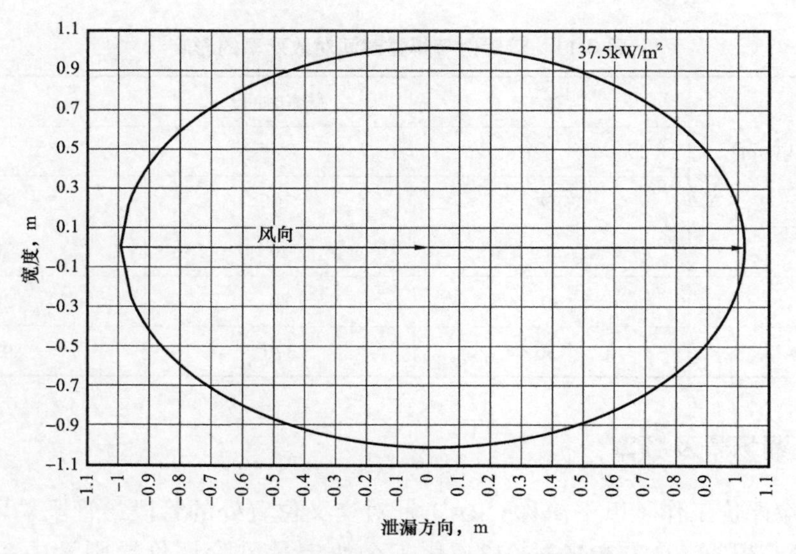

图 3.19　原油中孔泄漏后喷射火影响范围

3.2.7.3　晚期爆炸事故情形模拟

有关爆炸冲击波超压对人体伤害的作用和阈值的相关说明见表 3.14。

表 3.14　晚期爆炸超压冲击波影响范围

超压 Δp，bar	伤害作用	冲击波超压阈值的取值
＞1	大部分人员死亡	Δp_1=1
0.5～1	内脏严重损伤或死亡	Δp_2=0.75
0.3～0.5	听觉器官损伤或骨折	Δp_3=0.4
0.2～0.3	轻微损伤	Δp_4=0.25

注：据中国就业培训中心、中国安全生产协会编《安全评价师》，北京：中国劳动社会保障出版社，2010。

由表 3.14 可知，超压大于 1bar 会导致大部分人员死亡、超压 0.5bar 会导致内脏严重损伤或死亡、超压 0.2bar 会导致轻微损伤。因此，在计算过程中选取 1bar、0.5bar、0.2bar 三个阈值范围，用 PHAST 软件计算事故后果，分析所假定的 4 种泄漏事故情形，晚期爆炸超压影响范围见表 3.15。大孔泄漏晚期爆炸事故模拟图如图 3.20 所示。

3.2.7.4　原油管道泄漏后硫化氢扩散风险分析

标准状况下硫化氢是一种易燃的酸性气体，无色，低浓度时有臭鸡蛋气味，是一种剧毒物质，在高浓度环境下会在极短时间内麻痹人的嗅觉神经。此外，硫化氢的相对密度大于空气（1.19），因此会在低处环境富集，在空气环境下遇明火即爆炸。不同浓度硫化氢气体下的人体中毒情况见表 3.16 所示。

表 3.15 晚期爆炸超压影响范围

泄漏孔径	压力 MPa	温度 ℃	风速 m/s	超压影响，m		
				1 bar	0.5 bar	0.2 bar
5mm	2.6	25	3.5	—	—	—
25mm	2.6	25	3.5	—	—	—
100mm	2.6	25	3.5	117.2	130.3	159.8
完全破裂	2.6	25	3.5	1975.8	2113.2	2424.1

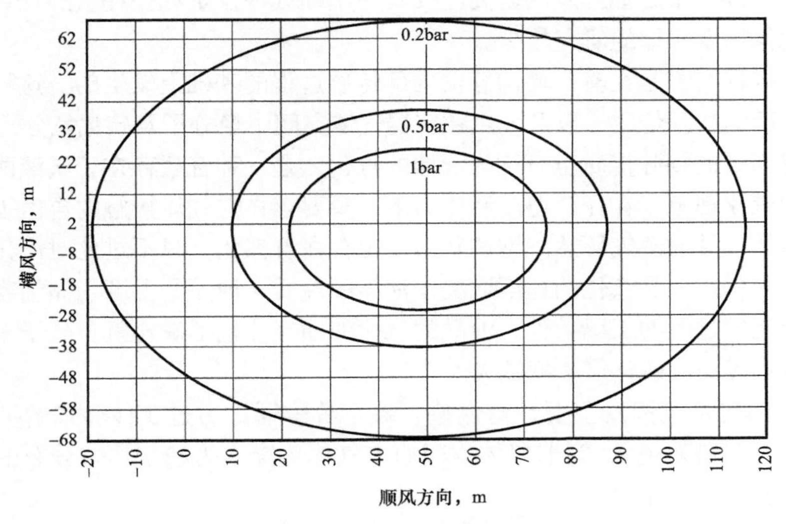

图 3.20 原油大孔泄漏后晚期爆炸影响范围

表 3.16 不同浓度硫化氢气体下的人体中毒情况

H_2S 在空气中的浓度		有关硫化氢的典型特例
体积分数 10^{-6}	浓度 mg/m^3	
10	15	可嗅到一种明显的臭鸡蛋气味道
20	30	允许 8h 暴露值，即安全临界浓度值（SCC），超过安全临界浓度必须戴上防毒面具。美国标准 10×10^{-6}，中国标准 20×10^{-6}，日本标准 15×10^{-6}
100	150	在 3～15min 之内，可抑制嗅觉，能刺痛眼睛和喉道
200	300	立即破坏嗅觉系统，眼睛、咽喉有灼烧感。长时间接触会使眼睛和喉咙遭到灼伤并可能导致死亡
500	750	短期暴露就会不省人事，如不迅速处理就会停止呼吸，失去理智和平衡感，如果不及时采取抢救措施，可能导致中毒者死亡

续表

H_2S 在空气中的浓度		有关硫化氢的典型特例
体积分数 10^{-6}	浓度 mg/m^3	
700	1050	很快失去知觉，停止呼吸，如果不立即采取抢救措施，将导致中毒者死亡
1000	1500	立即失去知觉，结果将会产生永久性的脑伤害或脑死亡；必须迅速进行营救，否则导致中毒者死亡

目前，国内外对于原油挥发的研究主要集中于油气挥发量和损耗量的计算，对于高含硫原油中硫化氢挥发规律的研究较少。

任何油品的挥发都是在输、储油容器内部传质过程的基础上发生的。这种传质包括发生在气液接触面的相际传质，以及发生在容器气体空间中烃分子及硫化氢分子的扩散。

气、液界面处的相际传质也可称为液体的汽化，是一种普遍存在于气液两相共存体系中的液体表面汽化现象。在任一温度和压力下，只要存在与气体接触的自由表面，就存在汽化现象，即使油品的蒸气压达到饱和状态，也存在着汽化，只不过此时汽化与冷凝处于一个动态平衡过程。油品汽化的速度取决于油品的性质、油品的温度、储油容器内油品的自由表面积及运输过程的工况条件。油品的汽化使油气（包括硫化氢）分子聚集在气液界面处，即越接近界面处硫化氢浓度越大。

目前，考虑硫化氢挥发主要针对储罐、罐车等容器。通过 3 种形式的扩散（分子扩散、热力扩散、强制对流），容器气体空间原有气体逐渐变为趋于均匀分布的油气、空气与硫化氢气体的混合气体。

由于原油泄漏后处于开敞空间，不同于储罐等密闭空间，因此发生硫化氢中毒的风险较低。采用 PHAST 软件，考虑硫化氢含量 10×10^{-6} 时的扩散影响，经计算，小孔、中孔、破裂状态下扩散浓度远小于油品中的硫化氢含量（图 3.21 至图 3.23）。

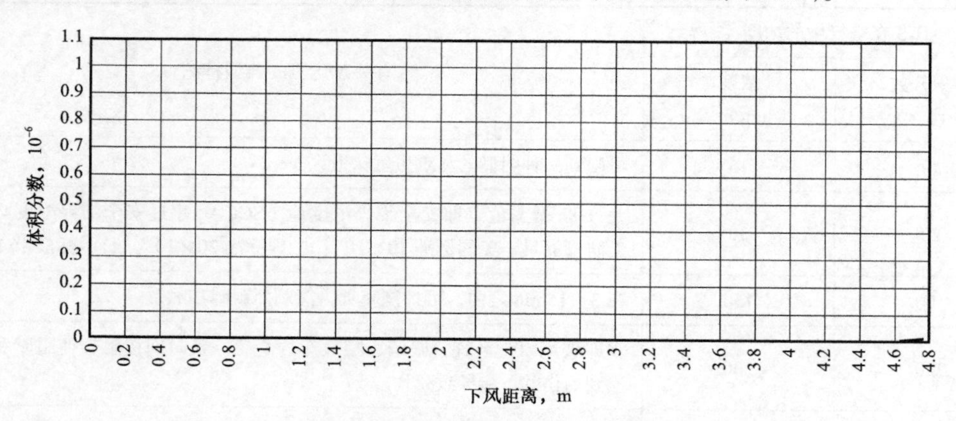

图 3.21　小孔泄漏硫化氢影响范围

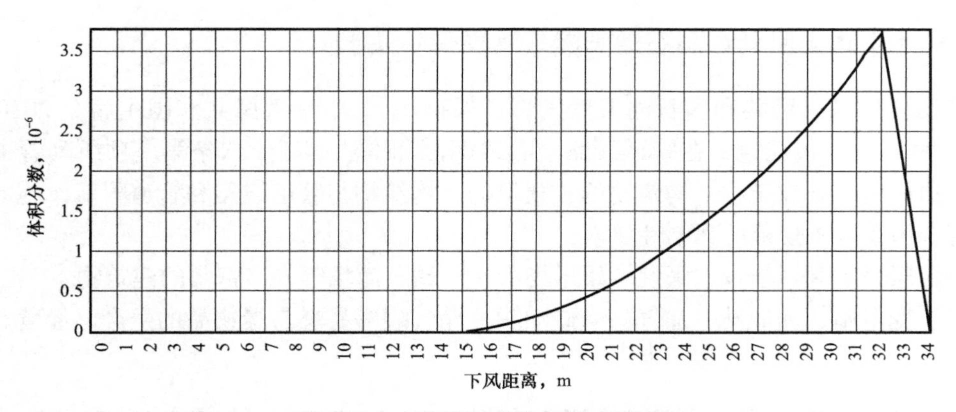

图 3.22　中孔泄漏硫化氢影响范围

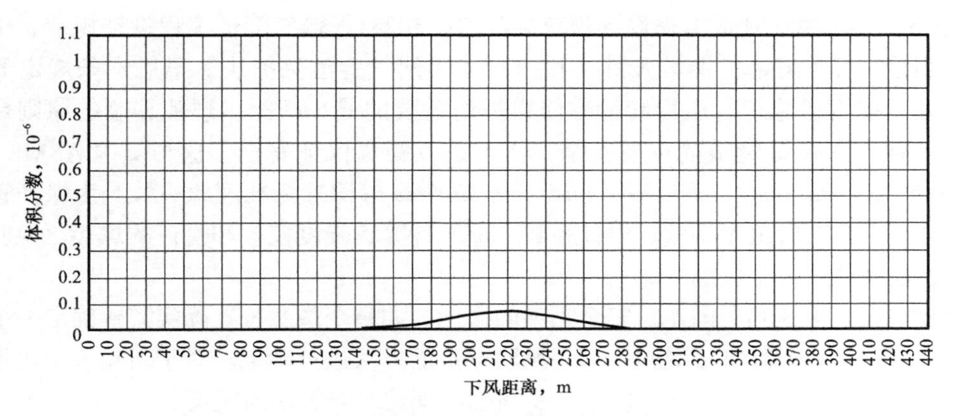

图 3.23　破裂工况硫化氢影响范围

另一方面，应从管理角度，在原油泄漏后应立即执行应急预案，在抢修过程中配备硫化氢检测仪，监测作业环境是否满足安全工作要求。

3.3　新建人口密集型高后果区风险评估

3.3.1　相关法律、法规及标准的规定

根据国家安全监管总局等八部门《国家安全监管总局等八部门关于加强油气输送管道途经人员密集场所高后果区安全管理工作的通知》（安监总管三〔2017〕138 号），各有关部门要认真落实油气输送管道保护和安全监管职责分工，按照归口管理、分级负责的原则，充分考虑油气输送管道输送介质的易燃易爆特性，依法加强涉及大口径、高压力油气输送管道项目的可行性论证和审核，认真管好人员密集型高后果区存量，严格控制人员密集型高后果区增量。

但基于地方建设合理用地的需求，仍存在新建高后果区的情况，从法律法规角度目前尚未明确禁止新建高后果区。

3.3.1.1 《中华人民共和国石油天然气管道保护法》

依据《中华人民共和国石油天然气管道保护法》(中华人民共和国主席令 2010 年第 30 号)第三十一条规定，在管道线路中心线两侧和本法第五十八条第一项所列管道附属设施周边修建下列建筑物、构筑物的，建筑物、构筑物与管道线路和管道附属设施的距离应当符合国家技术规范的强制性要求：

(1)居民小区、学校、医院、娱乐场所、车站、商场等人口密集的建筑物。

(2)变电站、加油站、加气站、储油罐、储气罐等易燃易爆物品的生产、经营、存储场所。

3.3.1.2 GB 50253《输油管道工程设计规范》与 GB 50251《输气管道工程设计规范》

GB 50253《输油管道工程设计规范》与 GB 50251《输气管道工程设计规范》中要求的 5m 间距系指在满足《中华人民共和国石油天然气管道保护法》第三十条规定的前提下，统筹考虑管道施工、运行和检维修维护所需要的最小间距。规范编制的原则是以控制管道的强度来保证管道的本质安全，而不是以距离保证安全，这与美国 ASME B31.4 *Pipeline transportation systems for liquids and slurries* 等国外标准理念一致。为保证管道的本质安全，规范对管道用钢管、设计系数、壁厚计算、强度校核和管道的焊接、检验、试压及腐蚀控制等进行了规定。

规范中没有管道和周围建筑安全距离的概念。如某个敏感位置确实需要确定一个安全距离，可根据当地风险可接受程度采用风险评价的方法进行确定。对于新建人口密集型高后果区通常需要进行风险评估，以进一步明确周围建筑与管道的距离。

因此从法律法规角度，未明确禁止新建高后果区。针对新建高后果区的情况，可采用定量风险评估方法进行分析，下面以某项目为例进行分析(图 3.24)。

图 3.24 某新建小区(新增管道高后果区)

3.3.2 后果模拟

根据 AQ/T 3046—2013《化工企业定量风险评价导则》和 SY/T 6859—2012《油气输送管道风险评价导则》，管道若泄漏的介质被点燃，就可能出现以下后果：

——喷射火。

——蒸气云爆炸。

根据历次事故情况，通常发生垂向喷火。水平方向喷火模型仅作参考（表3.17、表3.18）。

（1）垂直方向泄漏（破裂情况）下，4kW/m^{2}热辐射强度（轻伤）区域半径为354.603m，轻伤区域半径与GB 32167—2015《油气输送管道完整性管理规范》计算的影响范围基本一致，12kW/m^{2}热辐射强度（重伤）区域半径为115.02m。

（2）水平方向泄漏（破裂情况）下，4kW/m^{2}热辐射强度（轻伤）区域半径为603.905m，12kW/m^{2}热辐射强度（重伤）区域半径为413.456m，37.5kW/m^{2}热辐射强度（死亡）区域半径为312.949m。

表3.17　喷射火计算结果

计算工况	泄漏场景	影响范围，m		
		4kW/m^2	12.5kW/m^2	37.5kW/m^2
垂直方向泄漏	小孔	3.9612	n/a	n/a
	中孔	22.159	n/a	n/a
	大孔	135.941	28.8272	n/a
	破裂	354.603	115.02	n/a
水平方向泄漏	小孔	7.89611	6.91098	5.95532
	中孔	44.0594	34.6354	27.5117
	大孔	244.116	171.962	128.189
	破裂	603.905	413.456	312.949
向下撞击地面泄漏	小孔	3.57429	3.08172	2.60389
	中孔	28.9084	15.9686	10.3762
	大孔	173.248	98.7723	52.7103
	破裂	425.677	242.679	135.642

表3.18　晚期爆炸超压计算结果

计算工况	泄漏场景	影响范围，m			
		0.1bar	0.25bar	0.45bar	0.75bar
水平方向泄漏	小孔	19.0615	14.6757	13.3008	12.5345
	中孔	62.2675	46.6498	41.7538	39.0251
	大孔	276.283	210.321	189.643	178.118
	破裂	648.284	499.072	452.296	426.226

续表

计算工况	泄漏场景	影响范围，m			
		0.1bar	0.25bar	0.45bar	0.75bar
垂直方向泄漏	小孔	n/a	n/a	n/a	n/a
	中孔	n/a	n/a	n/a	n/a
	大孔	72.1924	42.0908	32.6543	27.3951
	破裂	188.217	111.639	87.6323	74.2528
向下撞击地面方向泄漏	小孔	20.4959	15.4158	13.8233	12.9357
	中孔	103.304	82.3447	75.7741	72.1121
	大孔	254.218	189.256	168.89	157.54
	破裂	586.212	438.003	391.541	365.647

3.3.3 风险计算

SY/T 6859—2012《油气输送管道风险评价导则》附录B对于管道失效的个人风险可接受准则为：

——如果个体风险水平高于容许上限（10^{-4}/a），该风险不能被接受。

——如果个体风险水平低于容许上限（10^{-6}/a），该风险可以接受。

——如果个体风险水平基于上限和下限之间，可考虑风险的成本与效益分析，采取降低风险的措施，使风险水平“尽可能低”。

根据GB 32167—2015《油气输送管道完整性管理规范》7.4.2对于风险可接受性的标准及《危险化学品重大危险源监督管理暂行规定》(国家安全监管总局令2011年第40号)，图3.25是我国社会可接受风险的标准F—N曲线。

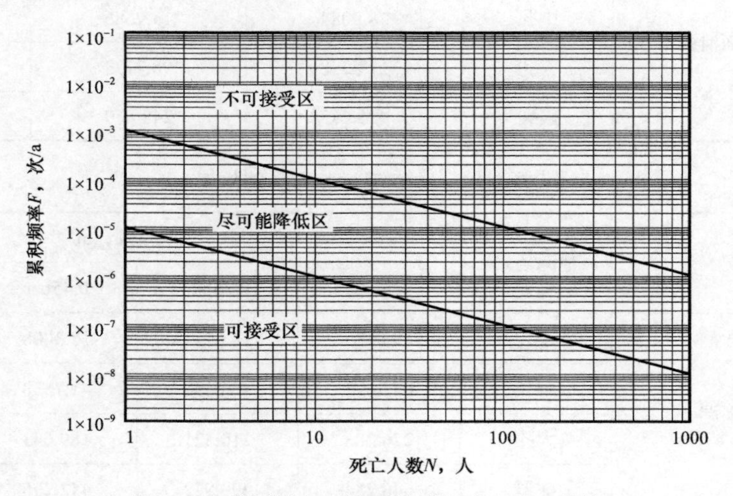

图3.25　我国社会可接受风险标准F—N曲线

影响管道安全的因素大抵可以分为以下几类：

（1）腐蚀，包括内腐蚀、外腐蚀和应力腐蚀开裂（SCC）。

（2）管体缺陷，包括制管缺陷和施工期间造成的缺陷。

（3）第三方破坏。

（4）误操作。

（5）设备缺陷。

（6）地质灾害，包括滑坡、泥石流、崩塌、地表沉陷等。

（7）疲劳。

根据 GB/T 34346—2017《基于风险的油气管道安全隐患分级导则》，结合天然气管道的公称壁厚，选取平均失效概率 4.1×10^{-5} 次 /（km · a）进行计算，管道失效概率计算按式（3.9）、式（3.10）：

$$P_{OF}=a_{ff}\cdot F_M\cdot F_D \tag{3.9}$$

$$F_D=F_C\cdot V_C+F_L\cdot V_L+F_V\cdot V_V+F_P\cdot V_P+F_F\cdot V_F \tag{3.10}$$

式中 P_{OF}——管道失效概率；

a_{ff}——油气管道平均失效概率；

F_M——管理措施修正因子；

F_D——损伤修正因子；

F_C——腐蚀环境修正因子；

V_C——腐蚀环境修正因子的权重；

F_L——管道本体缺陷修正因子；

V_L——管道本体缺陷修正因子的权重；

F_V——第三方破坏修正因子；

V_V——第三方破坏修正因子的权重；

F_P——制管与施工修正因子；

V_P——制管与施工修正因子的权重；

F_F——疲劳修正因子；

V_F——疲劳修正因子的权重。

经计算，该段管道修正后的管道失效概率为 2.186×10^{-5} 次 /（km · a），具体修正情况参见表 3.19。

根据现场调研结果，针对不同场景，进行风险计算和敏感性对比分析，特别是针对建筑物距管道中心线不同最小距离时的风险等级变化：

（1）房屋建筑距离管道中心线最小距离 30m 之外（当前实际情况），见表 3.20、表 3.21。

（2）房屋建筑距离管道中心线最小距离 60m 之外（假定工况），见表 3.22、表 3.23。

表 3.19　概率修正

项目			得分	备注
管理措施修正因子		埋深	75	实测数据
		地区等级	0	—
		公众教育	100	企业访谈
		地面标识	100	企业访谈
		巡线频率	100	企业访谈
		监测预警系统	0	企业访谈
损伤修正因子	腐蚀环境修正因子	土壤腐蚀性	2	检测报告
		外防腐层整体状况	0.8	实测数据
		阴极保护有效性	0.1	实测数据
		杂散电流干扰	1.5	实测数据
		介质腐蚀性	0.5	企业访谈
		内腐蚀防护有效性	0.4	企业访谈
		应力水平	0.1	—
	本体缺陷修正	—	0	企业访谈
	第三方破坏修正因子	打孔盗油	0	企业访谈
		违章占压	1	企业访谈
		恐怖活动	1	企业访谈
		防范措施有效性	0.5	企业访谈
	制管与施工修正因子	—	0.2	企业访谈
	疲劳修正	—	2.5	企业访谈
平均失效概率			4.10×10^{-5}	参见 GB/T 34346—2017
修正后管道失效概率			2.186×10^{-5}	

表 3.20 风险计算结果（30m 距离修正管道失效概率）

失效概率水平	个人年度风险	社会风险 F—N 曲线
修正后管道失效概率 2.186×10^{-5} （垂向泄漏）	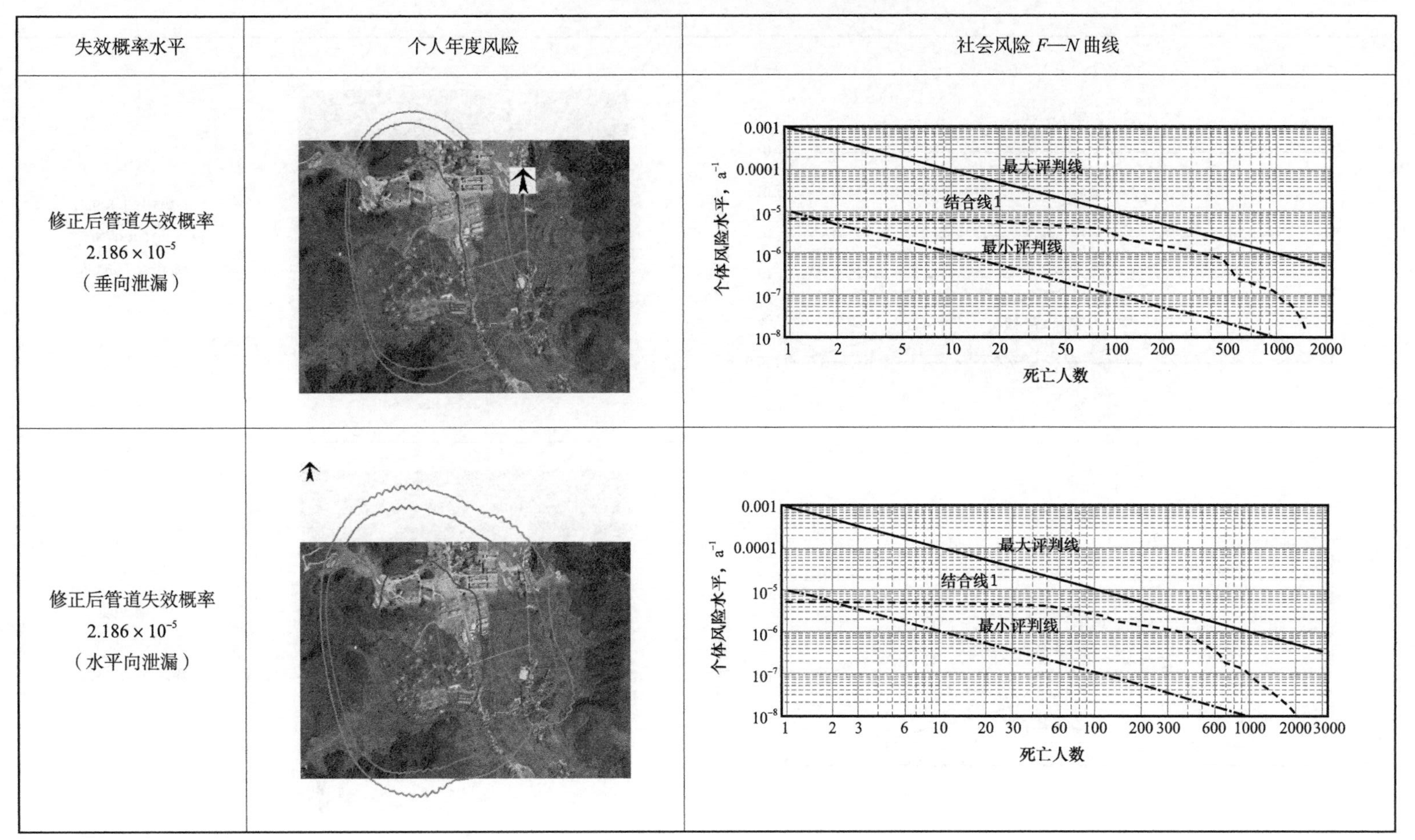	
修正后管道失效概率 2.186×10^{-5} （水平向泄漏）		

表 3.21 风险计算结果（30m 距离未修正管道失效概率）

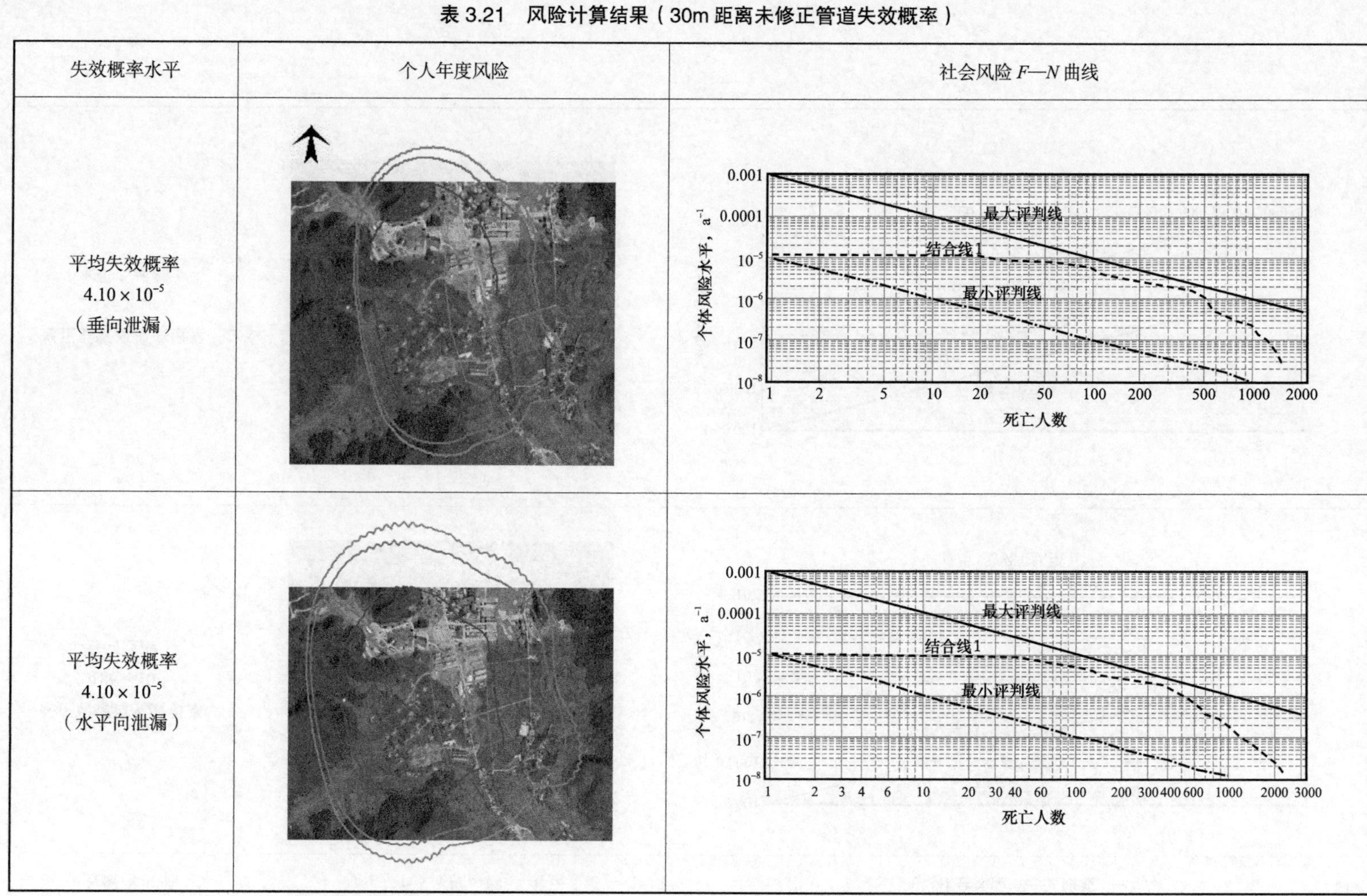

失效概率水平	个人年度风险	社会风险 F—N 曲线
平均失效概率 4.10×10^{-5} （垂向泄漏）		
平均失效概率 4.10×10^{-5} （水平向泄漏）		

表 3.22　风险计算结果（60m 距离修正管道失效概率）

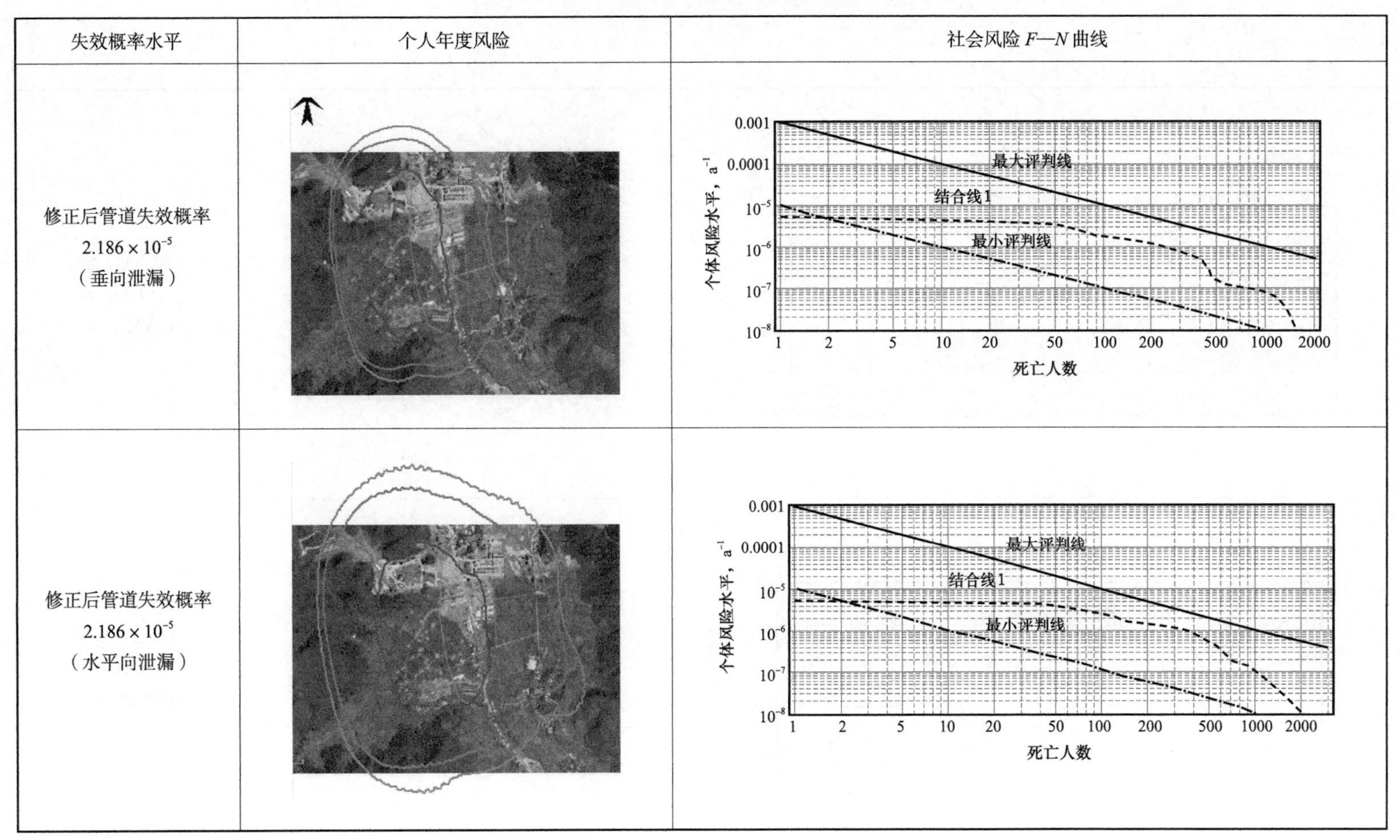

失效概率水平	个人年度风险	社会风险 F—N 曲线
修正后管道失效概率 2.186×10^{-5} （垂向泄漏）		
修正后管道失效概率 2.186×10^{-5} （水平向泄漏）		

表 3.23　风险计算结果（60m 距离未修正管道失效概率）

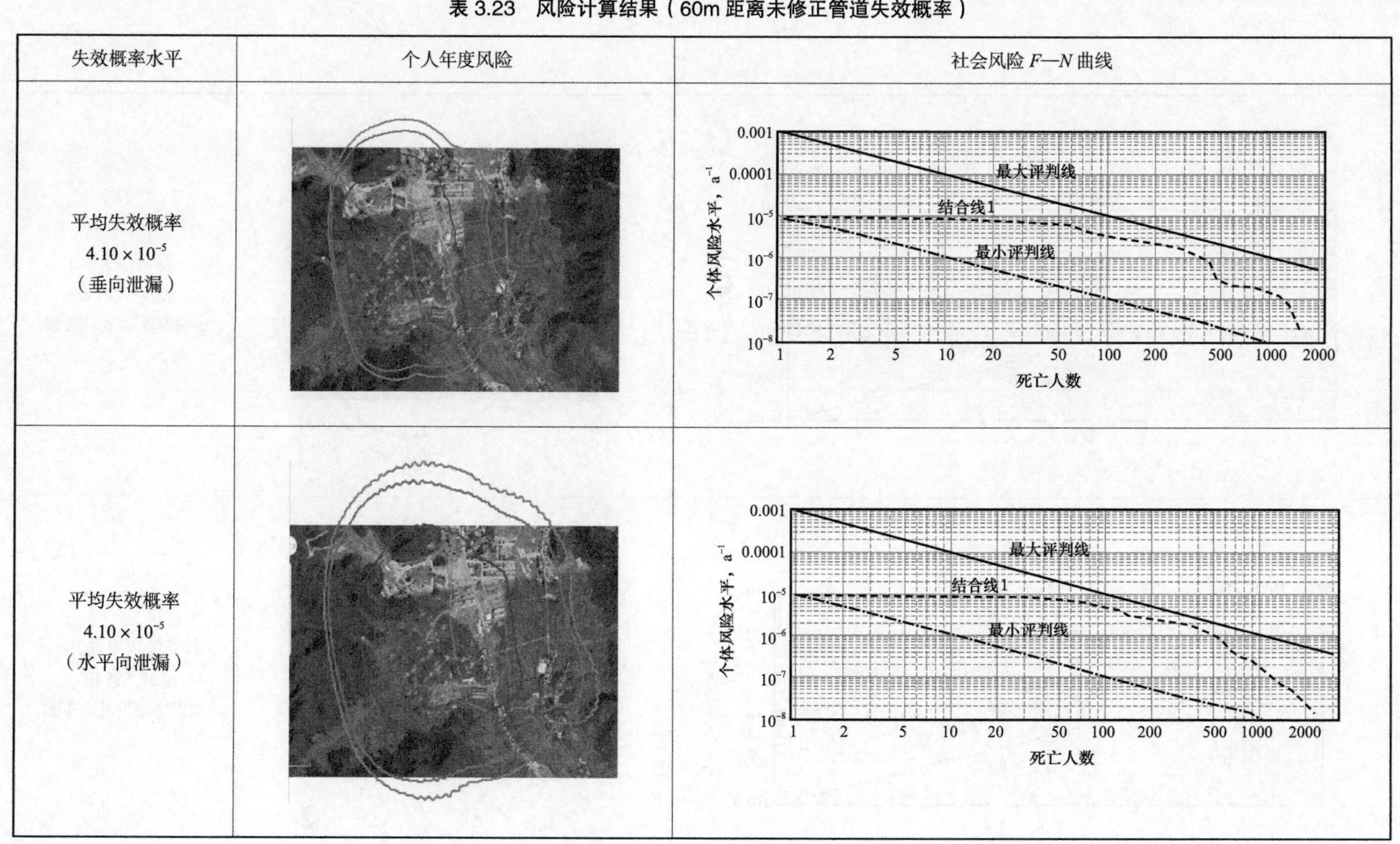

失效概率水平	个人年度风险	社会风险 F—N 曲线
平均失效概率 4.10×10^{-5} （垂向泄漏）		
平均失效概率 4.10×10^{-5} （水平向泄漏）		

对比不同失效工况，风险等级一致，计算结果见表 3.24。

表 3.24　不同工况下管道失效风险对比

泄漏方向	管道失效概率	房屋建筑距离管道中心线两侧 30m 之外（建设项目规划范围）		房屋建筑距离管道中心线两侧 60m 之外	
		个人风险	社会风险	个人风险	社会风险
垂向泄漏	2.186×10^{-5}	可接受区	尽可能降低区	可接受区	尽可能降低区
水平方向泄漏		可接受区	尽可能降低区	可接受区	尽可能降低区
垂向泄漏	4.10×10^{-5}	可接受区	尽可能降低区	可接受区	尽可能降低区
水平方向泄漏		可接受区	尽可能降低区	可接受区	尽可能降低区

通过分析可知：

（1）根据定量风险计算结果，高后果区个人风险可接受，社会风险处于“尽可能降低区”。

（2）当管道发生泄漏喷火时，距离管道 30m 或 60m 其热辐射水平均处于 12kW/m^2 热辐射强度（重伤）区域半径内，因此建筑物与天然气管道相距 30m 与 60m 对应的风险等级一致。

（3）通过对比不同失效概率（平均概率与修正概率）下对应的风险等级得出，通过管理提升，能有效管控管道失效风险。

（4）定量计算的失效概率是基于管道平均失效概率，而失效概率水平直接影响最终的风险等级。由于第三方破坏干扰或管道企业自身管理水平导致管道失效概率提升，存在风险不可接受的情况。

4 监测与检测

4.1 基于失效模式的监 / 检测内容

管道的完整性是指管道始终要处于完全可靠受控的工作状态，且管理人员要不断采取措施防止管道事故的发生，管道完整性与管道的设计、安装、运行、维护、检修的各过程密切相关，贯穿于管道运行全周期。

无论是老管道还是新建管道，在服役期间都存在失效带来的各种风险，如因安装和材料缺陷、腐蚀、第三方损伤、地质灾害、人为误操作等因素导致的管道运行失效、泄漏，进而发生爆炸、火灾等事故，带来严重的财产损失甚至人员伤亡。管道的监测 / 检测可以有效避免事故的发生。

管道的主要缺陷有金属损失、凹痕、裂缝、划痕、自由悬跨、局部屈曲、整体屈曲、裸露、位移、涂层破坏、阳极破坏等。由于管道失效模式较多，因此针对不同的管道失效模式，采用的监测 / 检测方法有所区别。如对于材料的失效和制造、安装过程产生的缺陷，可采用压力试验方法发现；对于外腐蚀缺陷及第三方破坏损伤，可采用外腐蚀检测评价方法进行确定。

4.1.1 外腐蚀检测

防腐层脱落、阴极保护系统失效都会导致管道发生外腐蚀，外腐蚀最终体现在管道壁厚减薄。针对管道外腐蚀风险，主要对外防腐层状态、保护电位及壁厚进行检测，开展的监 / 检测手段包括：

（1）可视检查。

（2）CP 检测。

（3）MTM 检测。

（4）超声波测厚。

（5）超声导波测厚。

（6）智能内检测。

（7）泄漏监测。

4.1.2 内腐蚀检测

管道输送介质具有腐蚀性，导致管道发生内腐蚀，内腐蚀最终体现在管道壁厚减薄。针对管道内腐蚀风险，主要对输送介质的腐蚀性、壁厚进行检测，开展的监 / 检测手段包括：

（1）介质样品检测。

（2）腐蚀挂片监测。

（3）电阻探针监测。

（4）水露点监测。

（5）环路监测。

（6）超声波测厚。

（7）超声导波测厚。

（8）MTM 检测。

（9）智能内检测。

（10）泄漏监测。

4.1.3 在位状态检测

受海流冲刷，地质灾害，高温高压产生的总体屈曲，都将使管道的在位状态发生变化，因此应对管道在位状态进行检测。

（1）管道的位移。管道稳定性不足或当运行温度升高产生屈曲变形时，管道中将产生弯曲和拉伸应力，叠加在先前的工作应力上，使管道应力状态改变，造成工程事故。

（2）管道悬空或变形。水下管道一般埋深 1.5m 左右，其周围土体易受到波、流等荷载的作用而发生物理或力学特性的变化。如饱和砂土地基在承受地震或波浪等往复荷载发生液化。由于土性的变化，埋设在土中的管道可能上浮或下沉，形成不稳定状态。另外管道在铺设阶段受地形条件影响，有可能存在悬跨。当管道发生悬跨时，由于支撑条件改变，管道中将产生弯曲和拉伸应力，叠加在先前的工作应力上，使管道中应力状态改变，造成工程事故。

（3）针对管道的在位状体，开展的监 / 检测手段包括：

① 压力、温度监测。

② ROV 外部检测：旁侧声呐、水深测量、浅地层探测、磁力探测。

4.1.4 第三方破坏

管道周边的渔业、船舶活动可对海底管道造成威胁，拖锚、落物可能对管道产生过大载荷导致管道发生塑性变形甚至泄漏。针对管道第三方破坏风险，开展的监 / 检测手段包括：

（1）AIS 系统监测。

（2）ROV 外部检测：旁侧声呐、水深测量、浅地层探测、磁力探测。

（3）可视检查。

（4）潜水员水下检测：缺陷几何尺寸、超声波测厚、ACFM 检测。

（5）MTM 检测。

4.2 监 / 检测方法介绍及技术要求

4.2.1 可视检查

由检验员本人或携带录像机，对水上（下）结构进行一般性外观检查。以了解管道的损伤、损坏，或涂层脱落情况。

检验员要随时报告，路线、方位及发现的情况，对重要发现要做好记录。潜水员出水后要立即同记录人员核对，以便及时纠正错误的记录、并且在 24h 内写出第一手检测报告。

4.2.2 磁粉探伤（MPI，Magnetic Particle Inspection）

4.2.2.1 技术介绍

MPI 适用于对钢铁等磁性材料的表面附近进行探伤。它利用铁受磁力吸引的原理进行检查。在进行 MPI 检测时，被测物受到磁力作用，当磁粉散布于其表面时，被测物含缺陷区域表面泄漏出的漏磁力会将磁粉吸住形成指示图案。指示图案比实际缺陷大数十倍，因此较容易找出缺陷位置。该技术适用于金属材质压力容器的原材料、零部件和焊缝的探伤。

1. 适用对象

适用于铁磁性材料和工件：包括锻件、焊缝、型材、铸件等；能发现表面和近表面的裂纹、折叠、夹层、夹杂、气孔等缺陷。一般能确定缺陷的位置，大小和形状，但难以确定缺陷的深度。

2. 不适用对象

非铁磁性材料，如奥氏体钢、铜、铝等。

4.2.2.2 技术要求

MPI 的主要步骤包括：

（1）充分清理被探伤的金属表面或焊缝。

（2）在被探伤区域建立合适的磁场。

（3）将磁粉施于被探区域。

（4）检查磁粉聚集形貌。

1. 设备和磁粉

MPI 设备必须符合 JB/T 8290《无损检测仪器　磁粉探伤机》的规定。当采用湿磁法检测时，交流检测机必须配备断电相位控制器；当采用荧光法检测时，所使用的紫外线灯在工件表面的紫外线强度应不低于 1000μW/cm^2，紫外线的波长应在 0.32～0.40μm。退磁装置应能保证工件退磁后表面磁场强度小于 160A/m。

2. 表面准备

被检工件的表面粗糙度 Ra 不大于 12.5μm，被检工件表面不得有油脂或其他黏附磁粉的物质，被检工件上的孔隙在检测后难于清除磁粉时，则应在检测前用无害物质堵塞。为了防止电弧烧伤工件表面和提高导电性能，必须将工件和电极接触部分清除干净，必要时应在电极上安装接触垫。

3. MPI 效果评定和质量分类

（1）不允许存在任何裂纹和白点。

（2）质量分级见表 4.1、表 4.2。

表 4.1　焊接接头 MPI 质量分级

等级	线性缺陷磁痕	圆形缺陷磁痕评定（框尺寸为 35mm × 100mm）
Ⅰ	不允许	d≤1.5，且在评定框内不大于 1 个
Ⅱ	不允许	d≤3.0，且在评定框内不大于 2 个
Ⅲ	L≤3.0	d≤4.5，且在评定框内不大于 4 个
Ⅳ	大于Ⅲ级	
L 表示线性缺陷磁痕长度，mm；d 表示圆形缺陷磁痕直径，mm		

表 4.2　受压加工部件和材料 MPI 质量分级

等级	线性缺陷磁痕	圆形缺陷磁痕评定（框尺寸为 35mm × 100mm）
Ⅰ	不允许	d≤2.0，且在评定框内不大于 1 个。
Ⅱ	L≤4.0	d≤4.0，且在评定框内不大于 2 个。
Ⅲ	L≤6.0	d≤6.0，且在评定框内不大于 4 个。
Ⅳ	大于Ⅲ级	
L 表示线性缺陷磁痕长度，mm；d 表示圆形缺陷磁痕直径，mm		

（3）综合评级。圆形缺陷评定区内，同时存在多种缺陷时，应进行综合评级。对各类缺陷进行分别评级，以质量级别最低级别为综合评定级别；当各类质量评定级别相同时，则降低一级为综合评定级别。

4. 检测报告

MPI 报告应客观、准确、完整、清晰和及时。报告的内容应至少包括：

（1）委托单位。

（2）被检工件：名称、规格、材质、编号、焊接方式、热处理状况。

（3）检测设备：名称、型号。

（4）检测规范：磁化方法及磁化规范，磁粉种类及磁悬液浓度和施加方法，检测灵敏度校验及标准试片。

（5）磁痕记录及工件草图（或示意图）。

（6）检测结果及质量分级、检测标准名称及验收等级。

（7）检测人员和责任人员签字及技术等级。

（8）检测日期。

5. 后处理

检测工作结束后，应及时处理工件及检测过程产生的废弃物，使设施及仪器、仪表恢复到初始状态。

评定发现超标的磁痕时，应在工件相关位置上标识出清晰的标记并记录，以便实施打磨等修补措施及另行处理。

4.2.2.3 实施计划

通常，焊缝的磁粉检测应安排在焊接工序完成之后进行。对于有延迟裂纹倾向的材料，磁粉检测应安排在焊后 24h 进行。除另有要求外，对于紧固件和锻件的磁粉检测应安排在最终热处理之后进行。

4.2.3 超声波测厚

4.2.3.1 技术介绍

探头发射的超声波脉冲到达被测物体并在物体中传播，到达材料分界面时被反射回探头，通过精确测量超声波在材料中传播的时间来确定被测材料的厚度。

4.2.3.2 技术要求

1. 设备要求

超声波测厚设备分为超声波测厚主机、检测探头、校准试块及耦合剂。

1）测厚仪分类

（1）用 A 扫描显示的检测仪。

（2）用 A 扫描显示且能直接显示厚度值的检测仪。

（3）数字直读式超声测厚仪。

2）检测探头

使用超声波测厚仪器，多数脉冲回波型探头均可适用（接触法直声束、延时块和双晶片）。若厚度显示仪器有能力显示薄部件的厚度，则一般使用高阻尼、高频率探头。高频

（10MHz或更高）延迟块探头可用于厚度小于大约0.6mm（0.025in）的场合。在高温下测量材料要求专为此设计的探头。当使用双晶探头时，其固有非线性通常要求对薄部件进行特殊修正。仪器和探头、电缆之间必须匹配以获得最佳性能。

3）校准试块

要求校准试块有已知的声速或与有被检件相同材料的声速，并且还要求在被测厚度范围内有精确的厚度测量值。一般要求厚度是整数，而不是零散值。其中一个试块的厚度值应接近测量范围最大厚度，而另一个试块的厚度值应接近测量范围最小厚度。

4）耦合剂

应根据被测件的表面状态及声阻抗，选用无气泡、黏度适宜的耦合剂。对于表面粗糙试件，应适当增加耦合剂的用量，选择比较稠的耦合剂，使探头和试件之间有良好的声耦合。

2. 超声波检测注意事项

检测仪器的基线应是线性的，以使材料厚度的变化产生厚度指示的相应变化，它的水平线性必须进行校准。对于厚度值为数字直读式的测厚仪，若读数超过仪器允许误差，则前1h的测量数据应予以复测。

1）耦合剂因素

耦合剂选型应严格遵循上一节的要求执行。

2）探头与试件的接触

探头与试件接触时，应在探头上加一定压力（20～30N），保证探头与试件之间有良好的耦合，并且排出多余的耦合剂，使测量面形成一层极薄的耦合剂膜，减少声波通过耦合层的时间，提高测量精度。

3）测量粗糙表面的试件

表面平行或同心的试件可得到较高的测量精度。粗糙表面会影响测量灵敏度（一般应作局部修磨，以便声耦合良好）。如果尚能得到测量结果，在这种情况下应以一个测量点为中心，在直径30mm圆内做多点测量，把显示的最小值作为测量结果。

4）测量衰减较大的试件材料

测量材料不均匀、衰减较大的试件，将影响测量结果。有时在测量区域存在微小夹杂物或分层，会得到异常的厚度显示值，这时应采用A扫描超声检测仪来测量厚度。

5）高温材料

温度最高到100℃的高温材料测厚，可以采用特殊设计的，具有耐高温元件的仪器、探头装置和耦合剂。在温度升高时，需要对厚度读数进行校正。经常使用的经验法则如下：温度升高时，对钢壁厚测得的读数是高的（即过厚），每55℃增加大约1%厚度。因此，如果仪器在一块相同材料且温度为20℃上校好，则在表面温度为80℃材料上测得的读数，一般减少8%的厚度值。这种校正方法是对许多类型钢材测量取的平均值。其他校正方法必须对其他材料进行经验测定。

6）背反射回波幅度

直接厚度显示仪器可在超过一定幅度和固定时间的波列的第一个半周期内读出厚度值。如果被检材料的背面反射回波幅度与校准试块的背面反射回波幅度不同，厚度读数可能对应波列中不同的半周期，因此会产生一个误差。该误差可以通过下列方法减少：所使用的校准试块应与被检材料有相同的衰减特性或调整背面反射回波幅度使校准试块和被检材料的幅度相同。

3. 仪器的标定和调整

超声波检测过程中，鉴于计时电路的线性及稳定性对测量精度的影响，要求在检测之前必须对设备进行校准和调整。

1）A 扫描显示的检测仪（直接接触单晶片探头）

（1）显示起焦与初始脉冲同步，所有显示单元都是线性的。整个厚度范围都在 A 扫描上显示。

（2）要求对延时控制进行微调，减去磨损片中的时间。本程序要求校准试块至少提供覆盖所用厚度范围的两个厚度，以校准整个测量范围的精度。

（3）将探头放在已知厚度的试块上，加入适当的耦合剂。然后调整仪器控制（声速校准，范围，扫描或声速）直到回波显示适当的厚度读数。再在厚度小于该厚度值的试块上检查和调整，以提高系统的精度。

2）A 扫描显示的检测仪（延时块单晶片探头）

（1）使用这种探头时，仪器设备必须能校正通过延时块的时间，以便延时结束时能对应零厚度。这要求仪器中应有所谓的“延时”控制，或电子自动调零。

（2）在大多数仪器中，如果声速校准电路预先调整到某给定材料的声速，则应调整延时控制直到仪器显示正确的厚度值。如果仪器必须用延时块探头进行整个校准时，本程序推荐下述方法：

① 至少使用两个试块。一个试块厚度接近测量范围的最大值，另一个试块厚度应接近测量范围的最小值。为方便起见，要求厚度应是整数，以使厚度之差也是整数值。

② 将探头分别放在两个试块上，然后取得两者读数。应计算这两个读数间的差值。如果厚度读数差小于实际厚度差，将探头放在厚试块上，然后调整声速校准控制扩大厚度范围。如果厚度读数差大于实际厚度差，将探头放在厚试块上，然后调整声速校准控制减少厚度范围。通常推荐一定量的过校准，再将探头依次放在两个试块上，进行进一步适当的校准时注意读数差。当厚度读数差等于实际厚度差时，材料厚度范围已调整正确，然后单独调节延时控制以得到厚度范围的高低厚度值的正确读数。

③ 另一种延时块探头的调整方法是进行一系列顺次调整，使用延时控制在薄试块上提供正确读数，使用“范围”控制在厚试块上校准读数。有时适度的过校准是有用的，当两个读数均正确时，仪器就调整完毕。

3）A 扫描显示的检测仪（双探头）

（1）在单晶片探头中叙述的方法也适用于用双探头测量大于 3mm（0.125in）厚度范围的设备。由于声束传播的声程是 V 字型，因此对于小于 3mm 厚度测量存在固有的误差。传播时间不再线性地与厚度成比例，测量的厚度越小，这种非线性越严重。

（2）如果在接近刻度线上最薄点的有限范围内进行测量，可以在适当的薄试块上采用单晶片探头中的方法校准仪器，得出在有限范围内近似正确的校准曲线。注意，此时测量较大厚度将会存在误差。

（3）如果测量厚度范围较大，按延时块单晶片探头校准较合适，使用试块的厚度为测量范围的最大厚度和测量范围的中点。遵循这点，可对测量范围的最薄端建立实验校准值。

4）厚部件

（1）当测量厚部件并要求高精度时使用。

（2）使用直接接触式探头并使初始脉冲同步。显示起始按规定延时。所有显示单元应是线性的。厚度的增量在A扫描上能显示。

（3）扫描的基本校准按直接接触单晶片探头校准规定进行。校准试块应具有能精确地校准整个扫描距离的厚度值，即满屏大约10mm（0.4in）或25mm（1.0in）。

（4）基本校准后，需要扫描延时。例如，如果零件标称厚度是50～60mm（2.0～2.4in），校准试块是10mm（0.4in），厚度显示也是从50～60mm，则调整延时控制使校准试块的第五次背面反射（相当于50mm或2.0in）与A扫描显示上参考零点重合，第六次背面回波应位于校准扫描线的右边。

（5）这一校准可以在已知近似总厚度的试块上进行校验。

（6）在未知试样上取得的读数必须加上被延时在荧光屏以外的值。例如，如果读数是4mm（0. 16 in），则总厚度为54mm（2. 16 in）。

5）数字直读式超声测厚仪

（1）仪器应具有“声速设定”（有的仪器为“材料选择”或“声速校正”）和“零位校正”功能。

（2）通常采用和被检件材料相同的试块，一块厚度接近待测厚度最大值，另一块接近待测厚度的最小值。

（3）将探头置于较厚试块上，加入适量的耦合剂，调整仪器的“声速设定”，使测厚仪显示读数接近已知值。

（4）将探头置于较薄试块上，加入适量的耦合剂，调整仪器的“零位校正”，使测厚仪显示读数接近已知值，反复进行，直到厚度量程的高低两端都得到正确读数为止。

（5）若已知材料声速，则可预先设定声速值，然后测量仪器附带的薄钢试块，调节“零位校正”，使仪器显示出不同材料换算后的显示值。

（6）带有厚度值数字直读的A扫描检测仪的校准可参照上述两种方法执行。

4. 检测结果

在检测记录和报告中应包括以下内容：

（1）检测方法：

——仪器的型号。

——校准试块，尺寸和材料类型。

——探头的尺寸，频率和类型。
——扫查方法。
（2）结果：
——检测的最大厚度值和最小厚度值。
——检测位置及其命名法则。
（3）检测人员的情况、资格等级。

4.2.3.3 实施计划

超声波测厚属于外部检测，通常在管道安装阶段对焊缝进行检测，在役阶段对弯头与立管进行厚度测量。

目前大多数作业区海管的超声测厚与平台的腐蚀检测同时开展。

4.2.4 超声导波检测（UGW，Ultrasonic Guided Wave）

4.2.4.1 技术介绍

UGW 的工作原理：如图 4.1 所示，探头阵列发出一束超声能量脉冲，此脉冲充斥整个圆周方向和整个管壁厚度，向远处传播，导波传输过程中遇到缺陷时，缺陷在径向截面上有一定的面积，导波会在缺陷处返回一定比例的反射波，因此可由同一探头阵列检出返回信号—反射波来发现和判断缺陷的大小。管壁厚度中的任何变化，无论内壁或外壁，都会产生反射信号，并被探头阵列接收到，因此可以检出管子内外壁由腐蚀或侵蚀引起的金属缺损（缺陷），根据缺陷产生的附加波型转换信号，可以把金属缺损与管子外形特征（如焊缝轮廓等）识别开来。

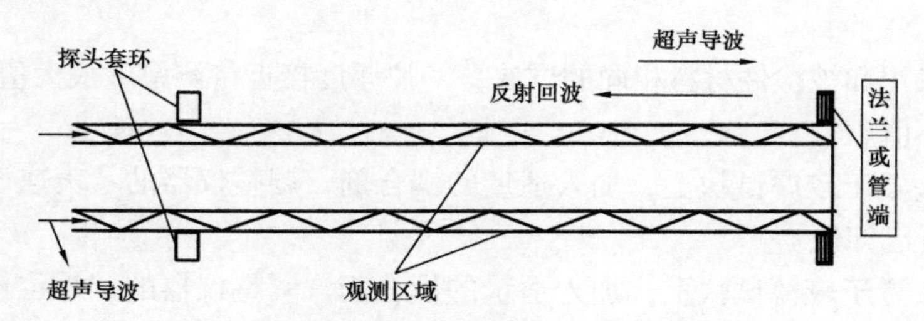

图 4.1 管道的长距离 UGW 原理示意图

导波的检测灵敏度用管道环状截面上的金属缺损面积的百分比评价（测得的量值为管子断面积的百分比），导波设备和计算机结合生成的图像可供专业人员分析和判断。

UGW 装置主要由固定在管子上的探伤套环（探头矩阵，图 4.2）、检测装置本体（低频超声探伤仪）和用于控制和数据采样的计算机三部分组成。

UGW 与传统超声波技术相比，具有以下优势：

（1）在构件的一点处激励超声导波，由于导波本身的特性（沿传播路径衰减很小），它可以沿构件传播非常远的距离，最远可达几十米。接收探头所接收到的信号包含了有关

图 4.2　现场安装柔性探头套环

激励和接收两点间结构整体性的信息，因此超声导波技术实际上是检测了一条线，而不是一个点。

（2）由于超声导波在管（或板）的内、外（上、下）表面和中部都有质点的振动，声场遍及整个壁厚（板厚），因此整个壁厚（或板厚）都可以被检测到，这就意味着既可以检测构件的内部缺陷也可以检测构件的表面缺陷。

利用 UGW 管道具有快速、可靠、经济且无须剥离外包层的优点，是管道检测的新兴和前沿发展方向。同时，由于压力管道的广泛应用，管道的长距离超声导波快速检测研究近年来受到国内外无损检测学者的极大关注。因此研究超声导波在结构中的激励、接收及应用与缺陷定位等问题，对于导波技术在工程中的应用具有重大的意义。

UGW 的局限性体现在以下几方面：

（1）需要通过实验选择最佳频率，需要采用模拟管壁减薄的对比试样管（据目前最新技术资料介绍，采用扫频技术，即在设定频率范围内进行全频扫查，通过比较后确定最合适的实验频率，可以大大提高缺陷的检出率）。

（2）因为在检测中是以法兰、焊缝回波做基准，因此受焊缝余高（焊缝横截面）不均匀而影响评价的准确程度。

（3）多重缺陷会产生叠加效应。

（4）对于外壁带有涂防锈油的防腐包覆带或浇有沥青层等的管道，UGW 可检范围将明显缩短，这是因为防腐带（层）能引起导波较大衰减。

（5）导波通过弯头后使回波信号的检出灵敏度和分辨力受到影响。因为导波在圆周方向声程发生变化或者由于壁厚有变化而发生散射、波型转换和衰减，因此在一次检测距离段不宜有过多弯头。

（6）对于有多种形貌特征的管段，例如在较短的区段有多个 T 字头，就不可能进行可靠的检验。

（7）最小可检缺陷、检测范围随管子状态而异，对于有严重腐蚀的管道，检测的长度范围有限。

（8）导波检测数据的解释要由训练有素、特别是对复杂几何形状的管道系统有丰富经验的技术人员来进行。

4.2.4.2 技术要求

1. 设备要求

（1）设备性能应满足超声导波检测仪器使用说明书的要求。

（2）仪器应当避开雨天、雪天等潮湿的环境。

2. 被检测管道要求

（1）导波探头应放置在管道直管段上，并远离管道焊缝和特殊结构（弯头、三通、大小头、膨胀节等）1m 以上。

（2）管道表面须达到一定要求：

——管道采用沥青、环氧粉末、环氧煤沥青、环氧粉末、三层 PE、硬质绝缘泡沫等外覆盖层厚度较大、且具有黏结性的材料防腐或保温时，应将探头位置的管道一周外覆盖层完全去除，管道露出金属光泽，表面粗糙度 *Ra* 值应不低于 6.3μm，磁致伸缩探头轴向长度 100mm 以上，压电陶瓷探头轴上长度大于 400mm。

——在放置探头前，应当利用测厚仪对管道一周壁厚进行测量，根据实际测量的实际壁厚确定激励频率；如果管道一周的壁厚差别较大，应适当考虑更换导波探头的位置。

3. 实施步骤要求

UGW 的一般程序包括：原始资料查阅、编制导波检测作业方案、检测准备、检测、数据分析和解释，以及缺陷验证与评定。

1）原始资料查阅

了解被检管道的规格、防腐层类型、材质、走向等。

2）编制 UGW 作业方案

根据原始资料情况和检测要求，制订 UGW 作业方案。

3）检测准备

（1）依据 UGW 仪器说明书要求，确定导波仪器处于完好可用状态。

（2）根据现场工矿条件和管道实际走向，确定探头固定位置，并进行表面处理，并画路由图。

4）检测

（1）确定管道表面状况是否满足检测要求。

（2）利用测厚仪确认管道周向 0 点、3 点、6 点、9 点的壁厚。

（3）安装探头，并根据探头的位置确定检测的基准位置。

（4）开机，启动软件，输入管道基本参数。

（5）选择激励模态和激励频率，进行数据采集。

（6）调整模态和频率，进行数据采集。

5）数据分析和解释

根据管道检测数据信号分析结果的距离—波幅曲线图，依据缺陷发射信号当量幅值，判定缺陷的大小：

（1）法兰或管道端部为近全反射，可以设置为绝对参考灵敏度，该参考一般为 0dB

反射，即为 0dB 曲线。

（2）现场的环焊缝提供典型 20%（–14dB）管道端部的当量反射率，同时从焊缝到焊缝有少量的变异，定义为 –14dB 曲线。

（3）管道壁厚截面损失的 9% 与管道端部反射率的 5%（–26dB）相当，判为异常线。异常接近但没有超过 –26dB 曲线，一般被判定为小缺陷，超过 –26dB 曲线为中等曲线，大于 –26dB 线直到 –14dB 线为严重缺陷。

（4）–32dB 曲线为有效的测试范围的决定因素，该因素使得可重复的异常有一个 6dB 的或更好的信噪比。

6）缺陷验证与评定

（1）对异常位置的验证，可采用管道漏磁设备 PIPESCAN 或高频导波对缺陷位置准确定位，并用测厚仪准确测量管道的剩余壁厚。

（2）依据《在用工业管道定期检验规程》〔国质检锅［2003］108 号〕和 TSG D7003《压力管道定期检验规则——长输（油气）管道》中管道局部减薄的评定标准对局部缺陷进行安全等级评定。

4.2.4.3 实施计划

可把 UGW 用作识别怀疑区的快速检测手段，它对检出缺陷的定量只是近似的，因此在有可能的条件下还应采用更精确但速度较慢的 NDT 方法进行补充评价确认。亦即采用两步法：先用导波快速检测管子，发现腐蚀减薄区，然后用普通直探头纵波法进行定量测定，这取决于需要的精度及壁厚减薄的局部性或普遍性，也可直接用导波遥控法定量测定壁厚。

4.2.5 射线检测（RT，Radiographic Testing）

4.2.5.1 技术介绍

RT 依据的是被检工件由于成分、密度、厚度的不同，对射线产生不同的吸收或散射的特性，采用适当的检测器（胶片、数字式射线感光板 CR 和 DR 等），拾取射线照射被检工件所形成的透射强度分布图像，从而评定被检工件有无缺陷或其他某些特性。

1. 适用对象和能力

（1）焊缝。能发现焊缝中的未焊透、气孔、夹渣等缺陷。对于裂纹和未熔合，由于其缝隙宽度极窄，且射线照射方向不易与裂纹和未熔合的方向一致，故射线法较难发现焊缝中的裂纹和未熔合。射线检测的穿透深度主要由射线能量决定。400kV X 射线透照钢铁的厚度可达 85mm 左右，钴 60γ 射线的透照厚度可达 200mm 左右。射线照相法一般能确定缺陷平面投影的位置、大小及缺陷的种类。

（2）铸件。能发现铸件中的缩孔、夹渣、气孔、疏松、热裂等缺陷。一般能确定缺陷平面投影的位置、大小及缺陷的种类。

2. 不适用对象

锻件与型材。

4.2.5.2 技术要求

1. 防护要求

（1）X射线和γ射线对人体有不良影响，应尽量避免射线直接照射和散射线的影响。

（2）从事RT的人员应备有剂量仪或其他剂量测试设备，以测定工作环境的射线照射量和个人受到的累计剂量。γ射线检测操作中，每次都应测定工作场所和γ射线源容器附近的射线剂量，以便了解射线源位置，免受意外照射。

（3）现场进行RT时应设置安全线。安全线上应有明显警告标志、夜间应设红灯。

（4）检测人员每年允许接受的最大射线照射剂量为5×10^{-2}Sv，非检测人员每年允许接受的最大剂量为5×10^{-3}Sv。

2. 透照方式

按射线源、工件和胶片三者间的相互位置关系，透照方式分为纵缝透照法、环缝外透法、环缝内透法、双壁单影法和双壁双影法五种。

3. 表面要求

焊缝的表面质量（包括焊缝余高）应经外观检查合格。表面的不规则状态在底片上的图像应不掩盖焊缝中的缺陷或与之相混淆，否则应做适当的修理。

4. 焊缝缺陷等级评定

根据缺陷的性质和数量，将焊缝缺陷分为四个等级：

（1）Ⅰ级焊缝内不允许裂纹、未熔合、未焊透和条状夹渣存在。

（2）Ⅱ级焊缝内不允许裂纹、未熔合和未焊透存在。

（3）Ⅲ级焊缝内不允许裂纹、未熔合及双面焊或相当于双面焊的全焊透对接焊缝和加垫板单面焊中的未焊透存在。Ⅲ级焊缝中允许一定数量和尺寸的条状夹渣和圆形缺陷及未焊透（指非氩弧焊封底的不加垫板的单面焊）存在。

（4）超过Ⅲ级的焊缝缺陷定为Ⅳ级。

5. 射线检测报告

检测报告至少应包括下述内容：

（1）委托单位。

（2）被检工件：名称、编号、规格、材质、焊接方法和热处理状况。

（3）检测设备：名称、型号和焦点尺寸。

（4）检测标准和验收等级。

（5）检测规范：技术等级、透照布置、胶片、增感屏、射线能量、曝光量、焦距、暗室处理方式和条件等。

（6）工件检测部位及布片草图。

（7）检测结果及质量分级。

（8）检测人员和责任人员籤字及其技术资格。

（9）检测日期。

4.2.5.3 实施计划

管道安装阶段，对焊缝进行检测。

4.2.6 管道扫描检测（FMD，Flooded Member Detection）

4.2.6.1 技术介绍

FMD 检测是英国于 20 世纪 90 年代中后期发展起来的一种独特的水下结构检测方法。通过 FMD 检测，基于伽马射线传播原理，当已知管道沉积物密度时可以确定沉积物厚度。

对于特定区间辐射强度计算，辐射强度 I，穿过介质厚度 x，密度 d，计算结果见式（4.1）：

$$I = I_o \exp(-\mu d x) \tag{4.1}$$

式中 I_o——输入的辐射强度；

μ——质量吸收系数，常量。

在海底管道 FMD 检测中，在导管支架的一边放置放射源，测量穿过的辐射量。它通过将放射源和接收器固定在一个框架系统上来完成，该框架系统安装在 ROV 上。然后将框架直接放置在导管支架上来检测，如果放射源和接收器之间的距离保持不变，那么传输的辐射强度就是介质密度的函数。因此，从测出的 I_o 和 I 来确定导管架内介质的密度，从而计算出的沉淀物的高度（图 4.3）。

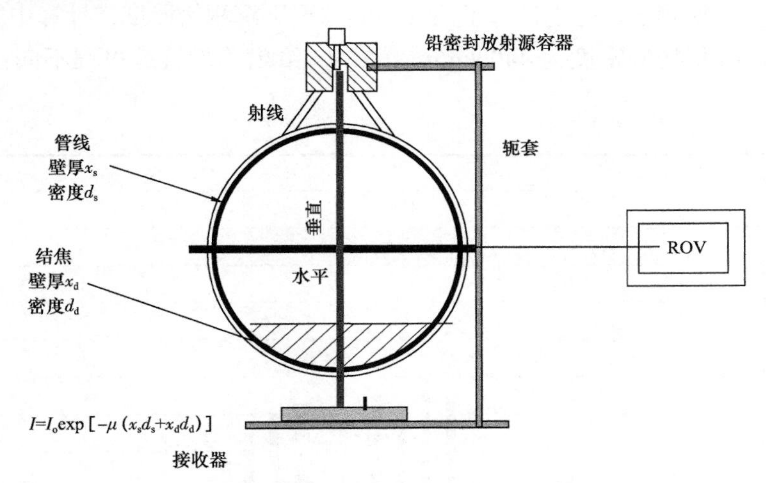

图 4.3 使用 ROV 搭载伽马射线 FMD 的海底管道检测

以国内某干气管道为例，说明 FMD 检测的应用情况。

国内某天然气干气管道开展了内腐蚀直接评价，通过管道实际倾角与计算的临界倾角比较，确定了易腐蚀位置，针对预测的易腐蚀位置开展了 FMD 检测（图 4.4）。

图 4.4　FMD 检测

管线的辐射强度减少相当于管线内存在凝析液或者固体沉积物。为了更好地分析管线两种不同的情况，检测公司分别计算了两种不同情况下沉积物厚度，计算中凝析液密度为 784kg/m^3，固体沉积物的密度为 4400kg/m^3，图 4.5 给出了沿管道里程不同位置测得的液体高度。

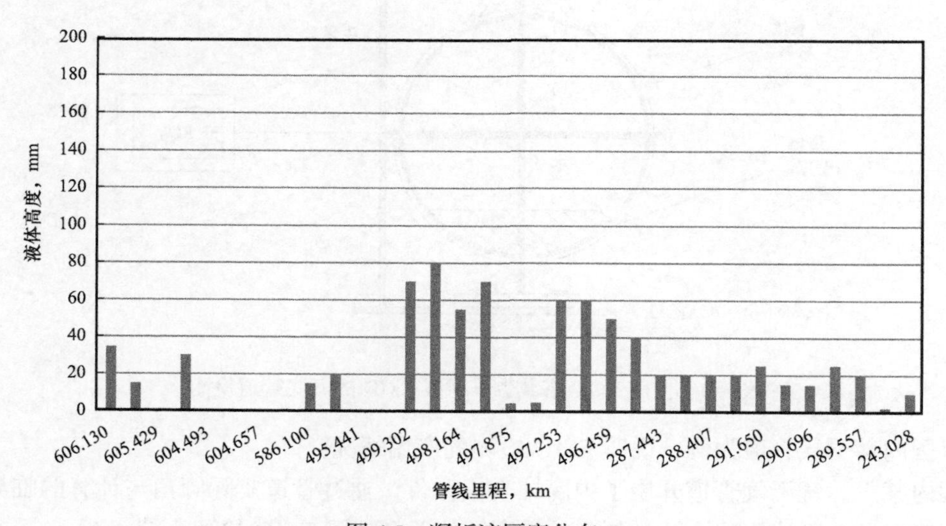

图 4.5　凝析液厚度分布

4.2.6.2 技术要求

在项目开始前，为了计算和分析，需对一个类似尺寸的管线进行校准并作为参考。如果没有合适的管线校准，需要根据理论详细计算。

检测位置应选取有代表性的位置，例如判断干气管线内部状况时，应首先开展内腐蚀直接评价，预测管线的易腐蚀位置，根据预测位置同时结合管线掩埋状况确定 FMD 检测点位。

对检测位置应进行水平测量与垂直测量。如果得到的水平测量结果基本为 0mm，那么在垂直方向检测到液体 / 固体只可能堆积在管线底部。

4.2.6.3 实施计划

FMD 法检测的优点有：速度快、操作简单、效率高、与其他方法相比成本低。但是 FMD 技术也存在一些不足，主要有：

（1）属于定点检测，检测前需要选取有代表性的管道位置进行检测。

（2）无法判断内部沉积物种类，沉积物有可能为固体沉积物也有可能为积液，需要根据沉积物密度确定沉积物厚度。

FMD 的最终目的是判断管道内是否存在沉积物，并判断沉积物厚度。

4.2.7 磁金属记忆检测（MTM，Magnetic Metal Memory Test）

4.2.7.1 技术介绍

铁磁材料内部的各种不均匀部位（如形状、结构及含有夹杂或缺陷等）往往是应力集中部位。应力集中将使得材料在该区域的磁畴取向发生改变，在地磁环境中表现为局部的磁场异常，形成漏磁场，这就是地磁场激励下应力磁检测方法的物理基础。

常规无损检测方法（超声波探伤、射线探伤、磁粉探伤、渗透探伤等）都以缺陷检测为主要目标、尽管应力的变化对检测结果有一定的影响（如超声波检测），但使用常规的无损检测却不能判定部件的应力状态，仅能检出已发展成形的缺陷，均是缺陷和事故后的检测。MTM 是迄今为止对金属构件进行早期诊断的唯一可行的无损检测方法。

该检测方法的优点体现在：

（1）应力集中区是未知的，可以在检测中准确测出。

（2）由于此法利用工件制造和使用过程中形成的天然磁化强度，不要求做人工磁化。

（3）不需要对被测金属表面做专门清理，对表面有保护层允许最大提离 150mm，提离效应小，而涡流检测对金属表面要求比较严格，提离效应大。

（4）可灵敏地检测出金属濒临损伤的状态，在应力—应变状态评价与设备强度及可靠性分析、寿命预测方面有独到能力。

MTM 实质是从金属表面拾取地磁场作用条件下的金属构件漏磁场信息，与漏磁场检测方法有相似之处。但 MTM 获取的是微弱地磁场作用下构件本身具有的“天然”磁化信息，在这种状态下，金属零件的应力分布情况可以通过磁场分布清晰地显现出来。而漏磁检测所进行的人工磁化，其强度远远地超过了零件表面的“天然”磁信息，人工磁化的同时，遮盖了零件表面反映的“天然”磁信息，因此漏磁检测无法从零件表面获取应力分布情况，但人工磁化增强了缺陷处的漏磁场强度，因此，漏磁检测在检测宏观缺陷时更具优势。MTM 也可以发现缺陷，但主要是应力变化较为剧烈部位的微观信息，通过评价该部位应力集中程度来发现缺陷，因此 MTM 的优势在检测肉眼难以发现的微缺陷方面，适用于早期诊断。

MTM 的最终结果体现为综合指数 F，这个指标反映了已记录的磁场值超过背景磁场值的大小，峰值密度及其分布的特征。根据检测结果将磁异常部分划分为三个危险等级，见表 4.3，第一危险等级要进行优先修复，第二危险等级要纳入修复计划，第三危险等级可以继续运行而无须修复。

表 4.3　磁异常危险等级划分级别

管道技术状况等级	综合指数 F 值	磁异常等级	关于提高管道可靠性的建议
不允许的	0～0.2	1	需要优先进行修复的部分
可接受的	＞0.2～0.55	2	列入修复计划的部分
良好的	＞0.55～0.99	3	无需修复可以运行的部分

以国内某干气管道为例，说明 MTM 检测的应用情况。

国内某天然气干气管道开展了内腐蚀直接评价，通过管道实际倾角与计算的临界倾角比较，确定了易腐蚀位置。作业区针对预测的易腐蚀位置开展了 MTM 检测。通过检测确定了几处 2 级磁异常位置，并判断应力集中原因主要为管道悬跨及轻微的外部腐蚀（图 4.6）。

图 4.6　MTM 设备搭载 ROV 检验

4.2.7.2 技术要求

1. MTM 检测作业流程要求

（1）作业前准备工作：

——与客户协商检测程序。

——设计和操作文件的分析。

——清理管道路径以方便操作者行进。

（2）管道的无接触式磁力计检测包括以下阶段：

——定位和标记管道轴线。

——管道磁场的记录。

——地面标志物绝对物理坐标的记录。

——沿管道轴线方向使用临时参考点标记用于定位校验坑位置的磁异常区域。

——校验坑中的附加缺陷探测检验，对于异常区域应同时进行外部录像，确定海底管道外部状况，如是否存在悬跨，混凝土保护层是否完好等。

——结合校验坑中附加缺陷探测检验结果，对 MTM 数据进行在计算。

——准备最终报告。

2. 作业要求与限制条件

（1）需清除管道轴线两侧宽度不少于 0.5m 范围内的障碍物以便人员、仪器通行。

（2）在垂直平面上，管道和磁力计之间的最大距离为 $20D$（D 为管道直径），在水平平面上，管道和磁力计之间的最大距离不超过 $5D$。

（3）能够使用 MTM 检测的管道最小直径不小于 86mm，最大直径和管道壁厚没有限制。

（4）若缺陷区域的局部机械应力集中超过了管道金属屈服强度的 30%，则 MTM 检测方法可信度将达到极限。

（5）磁金属记忆技术不能发现以下类型的缺陷：

——穿透缺陷。

——点蚀直径小于 1mm 的腐蚀缺陷。

——“金属损失”超过标准壁厚 90% 或者低于标准壁厚 3% 的缺陷。

3. 检测结果的分析

海底管道应力集中原因，通常是由于机械应力、外力冲刷、腐蚀、弯曲应力等综合因素引起。

检测公司根据检测波形初步给出应力集中原因，为甲方下一步的检测提供技术支持。

4.2.7.3 实施计划

MTM 采用非接触式检测方式，适用于在建、新建、运行及其他操作过程中管道缺陷的检测，能有效识别的缺陷类型包括：

（1）制管缺陷（焊缝缺陷 / 裂纹缺陷 / 叠层 / 卷边）。

（2）机械缺陷（压痕 / 折皱 / 刻痕）。

（3）焊接缺陷（细孔 / 未焊透 / 焊接区剩余热应力）。

（4）腐蚀缺陷（腐蚀坑 / 应力腐蚀破裂）。

（5）管体因凹陷、温度载荷、滑坡、泥石流等导致的应力集中和变形区域。

4.2.8 遥控无人潜水器（ROV，Remote Operated Vehicle）检测

4.2.8.1 技术介绍

利用 ROV 进行海底管线检测就是以 ROV 为载体，搭载多种专业调查及检测设备，以支持船舶为作业平台完成对海底管线的全面检测。包括海管位置、坐标、地形、涂层、节点、异常、损坏、腐蚀、垃圾、牺牲阳极、悬空、掩埋、交叉跨越、是否进水、泄漏等影响海管运行安全的所有外部情况。

勘察工作将执行下列技术规范：

（1）业主技术要求。

（2）GB 12327—1998《海道测量规范》。

（3）GB/T 12763.2—2007《海洋调查规范　第 2 部分：海洋水文观测》。

（4）《港口工程技术规范》（1987 年交通部颁发）。

（5）GB/T 17501—2017《海洋工程地形测量规范》。

（6）GB/T 17503—2009《海上平台场址工程地质勘察规范》。

（7）GB/T 17502—2009《海底电缆管道路由勘察规范》。

（8）GB/T 18314—2009《全球定位系统（GPS）测量规范》。

通过海底管线物探检测应达到如下目的：

（1）测量海管路由精确的水深、地形、地貌等。

（2）探明管线埋深状态，有否裸露、悬空，裸露或悬空区域的准确位置、管线走向、长度、悬空高度，在平面上有否大的位移及该处的地质条件等。

（3）海管路由区域的潜在地质灾害，如冲刷、浅层气、流沙等对海底管线的影响等。

（4）管线有无破坏痕迹，特别是悬空、障碍物等。

（5）在航迹与地貌图、水深与管线轴线位置图、海底管线位置剖面图和地质灾害类型及其分布图基础上，绘制综合解释成果图。

（6）路由附近有无其他活动。

（7）对比原调查报告，分析海床运动、水文变化对管线的安全影响，判断海管裸露和悬跨发展趋势。

4.2.8.2 技术要求

利用 ROV 进行海底管线检测的主要手段和方法包括：

1. 外观检查

外观检查包括一般目视检查（General Visual Inspection）、详细目视检查（Close/Detailed Visual Inspection，CVI，DVI）。

一般外观检查目的在于了解管线整体状况，发现大的异常情况，包括阳极块腐蚀及消耗情况。详细目视检查是通过清理表面海生物对异常或重要位置进行进一步的详细检查。

ROV 携带彩色摄像头及装有的 BOOM 系统可以保证在能见度大于 1m 的情况下对海底管线进行全方位调查，可以直观观察海底管线上部、左侧和右侧的海底管线状况，可以判断出管线的涂层、节点、阳极、标号及异常损伤情况，同时利用事件记录软件记录对应位置的异常信息。

2. 电位测量

为了防止海底管线在海水环境中的腐蚀常常采用安装牺牲阳极进行阴极保护和涂层防腐的方法。通过阳极块水下电位测量（CP，Cathodic Prtential）可以评定防腐系统性能和保护效果。为了使管线得到充分保护，阴极保护电位值必须保持在一定的范围内，该范围的上限成为保护电位。

3. 管壁厚度测量

当发现腐蚀较严重的情况时，需要在这些位置进行结构物厚度测量（UT）以了解管壁腐蚀情况。UT 读数的准确性受设备放置及稳定情况影响较大，作业时探头和测量面需要均匀接触，通常需要通过设计专门的 ROV 携带工具进行操作，以提高数据稳定性和准确性。

4. 进水构件探测（FMD）

FMD 利用放射线探测构件来判断是否进水及水所占比例，无须清理表面海生物和涂层。通过寻找进水构件，再通过更细致的检测，如局部目视细查或进行焊缝无损探伤检测，可大幅度减少检测对象的数目而节省时间和成本（图 4.7）。

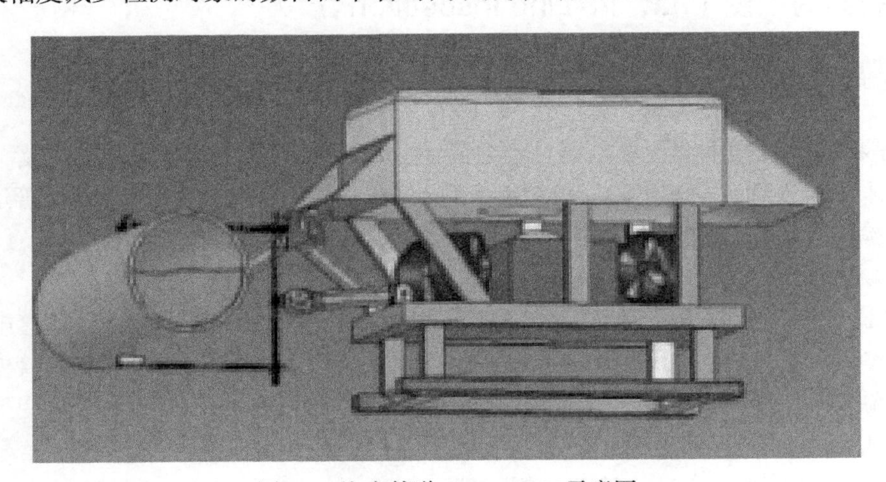

图 4.7 海底管道 FMD–ROV 示意图

5. 海管悬空高精度测量

通过 ROV 携带双头扫描声呐（Dual Head Scanning Sonar，DHSS）扫描出海底管线的横剖面，通过获得管线底部与海底面的高精度高度差，从而连续获得海管悬空精确高度和长度（图 4.8）。

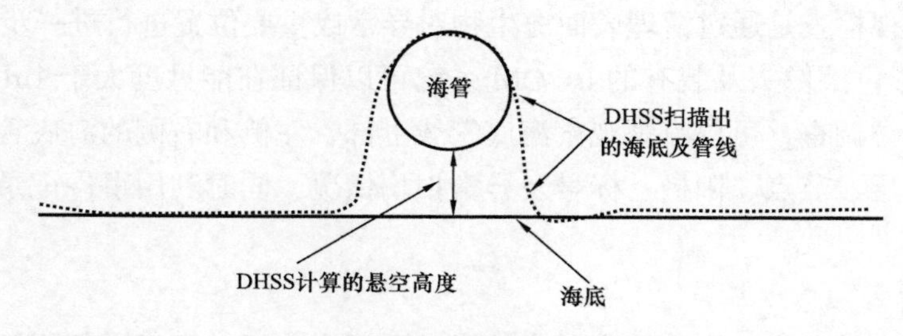

图 4.8　DHSS 管道悬空测量示意图

6. 掩埋情况调查

通常海底管线不是完全暴露于海底的，有些部分半掩埋或者埋于海底之下，需要利用管 / 缆跟踪探测仪调查海管位置和埋深。

4.2.8.3　实施计划

建议采用海洋物探勘察船、潜水员或 ROV 对海管进行检测。海洋物探勘察建议采用侧扫声呐、多波束、管线仪、磁力仪、水深仪、ROV、GPS、MTM 等方法。潜水员或 ROV 检测应搭载无损检测设备。

检测周期应依据海管风险评估结果确定，至少不低于法律法规及规范要求以确定下次勘查时间（至少 3～5 年内进行勘查一次）。对于出现明显机械损伤、管道悬空、海床稳定性差等的海底管道，应适当缩短检测周期。

4.2.9　智能内检测（ILI，In-Line Inspection ）

4.2.9.1　技术介绍

ILI 是将各种无损检测设备加装在清管器上，将原来用作清扫的非智能"猪"改造成为有信息采集、处理、存储等功能的智能型管道缺陷检测器，通过内检测器在管道内的运动，达到检测管道缺陷的目的。各种内检测技术的适用性见表 4.4。

1. 漏磁内检测（MFL，Magnetic Flux Leakage）

MFL 通过检测被磁化的管壁表面溢出的漏磁通来判断缺陷的存在。当管道中无缺陷时，被检测管道管壁在外加磁场作用下，通过管壁的磁力线分布均匀且封闭于管壁内；当管壁存在缺陷时，磁通路变窄，经过缺陷的磁力线会在管道缺陷处发生弯曲变形，使得一部分磁力线泄漏出管壁表面。利用漏磁检测器的探头检测泄漏磁通，将电信号转化为感应信号，通过对感应信号的处理分析，即可判断出缺陷是否存在及缺陷的大小和形状（图 4.9）。

表 4.4　智能内检测技术总结

项目	MFL	UT	UT（裂纹检测）	TETHERED UT	EMAT	爬行器（MFL 或者 UT）	光学激光检测
检测	点蚀，一般腐蚀，环形焊缝异常	一般腐蚀，壁厚减薄	轴向裂纹，SCC	一般腐蚀，壁厚减薄	轴向裂纹，SCC	取决于使用的检测系统	点蚀，一般内部异常
介质	气体 / 液体	液体	液体	液体	气体 / 液体	气体 / 液体	天然气 / 凝析油
操作参数	0～65℃ 20～210bar 0.5～5m/s	0～65℃ 20～250bar 0.1～1.5m/s	0～40℃ 20～250bar 0.1～1m/s	退役管道	无可用数据	在线检测	0～50℃ 最大 200 bar 最高 5m/s
追踪记录	非常广泛	非常广泛	广泛	非常广泛	非常广泛	非常有限	有限
局限性	精确度劣于 UT	点蚀检测精度不高，气管道不适用	需要配置轴向或环向裂纹检测工具	必须为退役管道	在检测其他腐蚀缺陷方面相对成熟，新技术，有待证明	新技术，有待证明	新技术，有待证明，只适用于内腐蚀
优势	技术水平相当成熟	直接测量系统、技术水平成熟	应用 ILI 技术实现裂纹检测	技术水平相当成熟	用于不考虑液体耦合作用的气体管道的裂纹 / SCC 检测	在线检测，与流动方向同向或反向	管道或裂纹的 3D 形貌

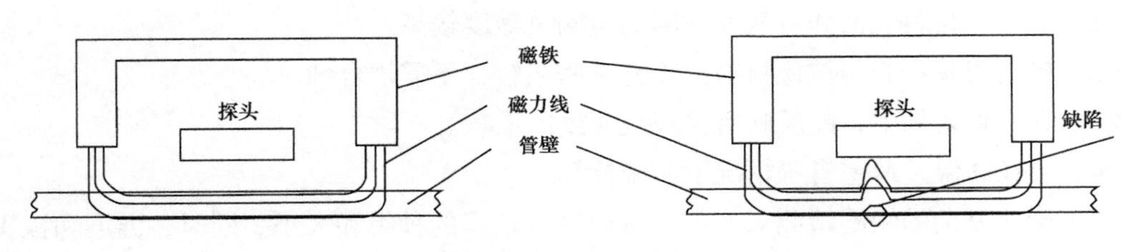

图 4.9　漏磁检测原理图

2. 超声内检测（UT，Ultrasonic Testing）

UT通过检测器向管壁定向发射超声波，当管壁内存在缺陷时，管道内外壁的反射波就会发生变化，利用发射波的时间差可以计算出管道壁厚变化，同时可以根据超声波探头至管道内表面的距离判断管道缺陷是在内壁还是外壁。

超声波在液体及固体中衰减很小，穿透力强，可以直接、定量检测出管道缺陷，通过专业的分析软件对数据进行校核及成像，UT检测精度较高，在可测的厚度范围内可达 ±0.1mm。

UT检测精度高，可得到定量的检测结果并分辨内外腐蚀。同时，不同的管道材质对检测结果基本无影响，它主要用于管道腐蚀缺陷及管道裂缝的检测，特别适用于管壁腐蚀减薄状况及其他减薄状况的在役检测，但用于管道内检测会受到许多特殊环境条件的制约。

由于受超声波波长的限制，UT对薄壁管的检测精度较低，故其使用存在最小壁厚的限制。同时，超声波检测对管内介质要求较高，超声波的传导信号很容易被蜡吸收，所以对于含蜡高的油管线，在超声波检测前必须进行彻底的清管作业。

UT检测对管表面平整度要求较高，若油管内壁为不规则小缺陷时，容易造成误判。另外，对于不同的管道系统需要选取不同的超声波探头及合适的频率，有时需要通过试验方法确定。

由于超声波从液体或固体过渡到空气（或相反的情况下）其反射率接近于100%，因此，在检测过程中探头与被测管道之间不允许存在气体，故UT难以用于气管道检测。

3. 涡流检测（ET，Eddy Current Testing）

涡流检测的基本原理为：当载有交变电流的检测线圈靠近导电体时，由于线圈磁场的作用，导电体中将会感生涡流（其大小等参数与导电体中的缺陷有关），而涡流产生的反作用磁场又将使检测线圈的阻抗发生变化。因此，通过测定探测线圈阻抗的变化，可以判断被测物有无缺陷存在。

海底管道在线涡流检测技术是利用智能检测器所带的涡流传感器，不断向管内壁发射电磁信号，根据电磁感应原理，测定被检工件内感应涡流的变化，检测出管道内壁的裂纹、腐蚀减薄和点腐蚀等。

涡流检测技术的特点：

（1）对导电材料表面和近表面缺陷的检测灵敏度较高。

（2）检测线圈不必与被检材料或工件紧密接触，不需耦合剂。

（3）在一定条件下，能反映有关裂纹深度的信息。

（4）可在高温、薄壁管等情况下实施检测。

（5）形状复杂的缺陷检测效率低，难以区分缺陷的种类和大小。同时，温度和探头的提离效应、裂纹深度及传感器的运行速度等因素都会影响到涡流检测的精度。

4.2.9.2 技术要求

通过海底管道内检测，可以获得管道的缺陷数据。管道内检测方案包括：现场考察、数据收集，预检测清洁 / 校量操作，校量探测，刷头磁铁清洁，检测服务，数据报告。

1. 现场考察、数据收集

填写管道调查问卷，问卷中的信息将被用于准备使用的管道智能检测工具。与此同时，对现场进行调研以获得工程所有必要的文件和相关的绘图，以验证调查问卷中的信息。现场调研的最主要目的是为了考察现场的设备（工作空间，是否能进入机动车，起吊空间等）并获得管道当前运行 / 设计参数（流量、压力等）。

准备操作手册，作为每条管道的母本文件，操作手册中将包括通球操作中所有的现场工作。在现场考察之后 14d 内，通球作业公司应将操作手册提交给客户，并在工作开始前得到客户的确认。

2. 预检测清洁 / 校量操作

当无法得知管道实际的清洁程度时，建议在合同签订之后，尽可能早地进行校量和清洁通球，以在进行智能通球之前确定管道通径，清洁程度，管道准备（包括清洁程度 \ 阀门操作 \ 现场准备等）。

众所周知，由于管道准备方面的问题（通过阀门、管道内部清洁、可能存在的缩径等），可能会导致检测费用不可控制的增加。如果在智能通球工具到达现场之前，就完成预检测校量和清洁通球，这样就能缩短智能通球工具在现场的时间。如果提前处理了导致智能通球推迟的因素，就能减少智能球可能的延误费用，在尽可能短的时间内完成内管检测并保证低成本。

预检测清洁程序的定义如下，但根据现场清洁结果可能会产生一定的变化。

一般情况下，预检测清洁程序包括 1 次校量检测（95% 校量盘），之后进行一次刷头通球，最后一次磁铁通球。

清洁通球对管道进行清洁前，应对管道进行校量确定最小管道内径，判断是否会影响标准几何通球。

3. 校量探测

使用装备有校量盘和弯头校量盘的工具，以获得用于下次通球的管道通径。有经验的检测工程师将会分析校量盘尺寸变化（一般情况下，尺寸应为 95% 的管道标称内径）及其可能的原因，根据这些可以决定是否进行下一步通球。

4. 刷头—磁铁清洁

对管道内壁进行清洁对于检测工具的性能有着非常重要的影响，因此，校量探测之后就是对管道进行清洁以使其达到后续检测服务的要求。对于整体清洁，刷头和磁铁通球是非常有效的，但在管道内有其他碎屑的情况下（比如，黑尘、铁锈、固蜡），可能会需要使用其他的专用清洁设备。通球作业公司对校量通球中清除出的碎屑（类型、数量）进行分析，之后再进行清洁程序以满足清洁要求。

5. 检测服务和技术

不同的检测服务各有各的优势，将这些检测服务综合使用能大大增加所有通球的整体准备性。包括：标准几何检测（EGP）、智能内检测器、工具跟踪定位系统（图 4.10、图 4.11）。

图 4.10　几何检测器

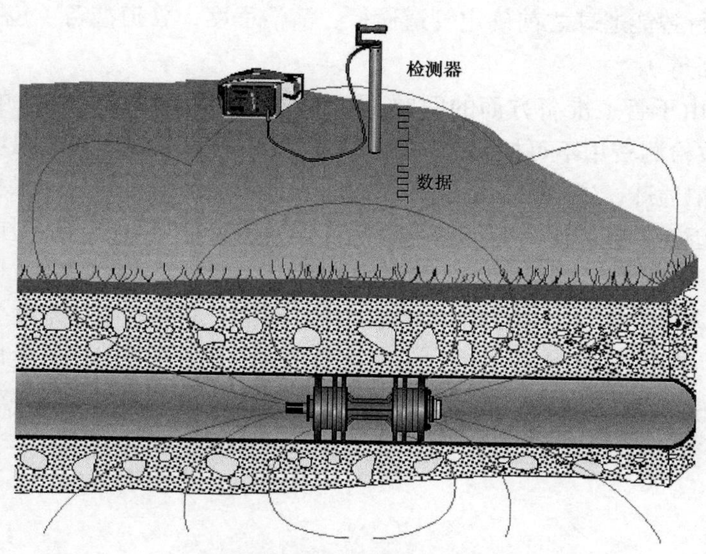

图 4.11　球跟踪定位系统

6. 报告

每一份现场检查结果均将整理为最终管内检测报告（FIIR）予以提交。并且所有监测数据结果能通过软件进行分析和查看。以下为报告的 4 个清晰步骤：

1）每日工作报告

在整个现场工作期间，每日工作报告都将提交给客户代表，包括以下内容：

（1）工作执行期间长期的工作详情，从 00：00–24：00。

（2）下一 24h 工作计划。

（3）问题区域（在工作执行期间的问题和解决方法）。

（4）现场工作人员列表，工作时间和工作使用设备等。

2）现场工作报告

在某一检查完成中，数据将由现场工程师下载到计算机上进行核查，并验证通球数据质量和完整性。报告在每一现场工作完成48h后提交，包括：

（1）通球运行参数（流量、压力、通球速度等）。

（2）数据收集（数据下载大小及质量）。

（3）通球传感器状态。

（4）数据丢失情况。

（5）检查数据用于进一步分析的可接受性。

（6）在对此报告进行分析处理前，此报告需经客户签字。

3）管内检测初步报告

管内检测初步报告提供管道检测最重要且及时的信息，此报告同时会在最终报告中以附件的方式提供。此报告至少包括以下内容：

（1）所有检测管道的数据确认。

（2）根据合同要求，检测数据质量可用于最终报告的可接受性。

（3）对管道金属损失条件进行简单的阐述。

（4）列出检测出的金属损失程度超过50%管道壁厚的特征点。

（5）所有ERF＞1的金属损失特征点。

（6）所有几何变形超过内径2%的特征点。

（7）包含金属、裂缝等几何变形特征均列出相应位置（发球端参照阀门的距离，距参照点相应距离等）、管道上的时钟位置、特征类型、内/非内壁特征和尺寸。

4）最终内管检测报告

对每一特征组进行预估维修必要性（ERF）计算，报告至少包括以下内容：

（1）所有管道几何情况列表（变形深度＞2%），以及金属损失特征点（深度＞10%）。

（2）ERF＞1的金属损失特征点。

（3）最严重的25个几何特征列表及金属损失特征点。

（4）管道详情列表。

（5）理论缺陷失效压力特征点。

（6）判别特征点。

（7）ERF分布图。

（8）金属损失特征分布图。

（9）金属损失方位图。

（10）金属损失特征历史图vs.管道距离。

（11）特征判别报告（开挖列表）。

（12）管道列表。

4.2.10 运行工况监/检测

管道运行工况监测/检测主要包括：入口、出口的压力和温度监/检测，输送介质入口的露点监/检测，流体组分、流量、密度、黏度、pH值和含水率监/检测，化学药剂种类、注入量和浓度监/检测。

4.2.10.1 压力、温度监测

海管出入口压力温度、流量应连续监测，生产单元的操作人员每天定点将数据录入生产动态数据库中。

在油田生产运输过程中，温度与压力是两个重要参数。在油品管道传输过程中由于温度异常造成的油品凝固，丢油漏油造成的压力异常等情况需及时处理，以免造成重大经济损失和环境污染。

另一方面，压力温度也是进行结果分析的重要基础数据，体现在：

（1）对于含腐蚀缺陷管道，计算的最大可操作压力需要与管道操作压力进行比较。

（2）对于含裂纹缺陷管道，压力产生的应力作为主应力、温度产生的温度应力作为二次应力，是评定裂纹缺陷的重要数据。

（3）温度过高，有可能引起管道屈曲变形。

4.2.10.2 水露点监测

管道出入口水露点应连续监测，生产单元的操作人员每天定点将数据录入生产动态数据库中。

管输天然气的气质参数是天然气管道安全输送的重要依据。在一定压力下，天然气中的水蒸气分压对应于某温度下水的饱和蒸气压，该温度为给定压力下天然气的水露点。GB 50251—2015《输气管道工程设计规范》规定：“管输天然气在管道最高运行压力下的水露点至少比管道周围最低环境温度低5℃，在管道最高运行压力下的烃露点不得高于管道周围最低环境温度。”如果管输天然气的运行温度高于天然气水露点，气体将处于未饱和状态，管内无液态水析出；反之气体将过饱和并析出液态水。管道中出现液态水，会降低天然气管道的输送效率，增大输送介质腐蚀管道内壁的概率；同时，在高压低温的运行条件下，很可能导致气体水合物生成，严重时发生水合物聚集堵塞设备或管道。因此水露点是天然气管道运输中非常重要的气质参数。

4.2.10.3 介质样品检测

1. 原油

1）原油分析内容

（1）含水量测定，参见GB/T 8929—2006《原油水含量的测定　蒸馏法》。

（2）底部沉积物测定（BS&W），参见GB/T 6533—2012《原油中水和沉淀物的测定　离心法》。

（3）蜡、胶质、沥青质含量测定，参见 SY/T 7550—2004《原油中蜡、胶质、沥青质含量的测定》。

（4）凝点的测定，参见 GB/T 510—2018《石油产品凝点测定法》。

（5）硫含量测定，参见 GB/T 17040—2019《石油和石油产品中硫含量的测定　能量色散 X 射线荧光光谱法》。

（6）酸值的测定，参见 GB/T 18609—2011《原油酸值的测定　电位滴定法》。

（7）闪点的测定，参见 GB/T 261—2008《闪点的测定　宾斯基—马丁闭口杯法》。

（8）密度的测定，参见 SH/T 0604—2000《原油和石油产品密度测定法》。

（9）含盐量测定，参见 SY/T 0536—2008《原油盐含量的测定　电量法》。

（10）析蜡点，参见 SY/T 0522—2008《原油析蜡点测定　旋转黏度计法》。

（11）铜片腐蚀，参见 GB 5096—2017《石油产品铜片腐蚀试验法》。

（12）黏度的测定，参见 ASTM D7042—04 *Standard test method for dynamic viscosity and density of liquids by Stabinger viscometer*（*and the caculation of kinematic viscosity*）。

（13）馏程的测定，参见 GB 255—1977《石油产品馏程测定法》。

（14）残炭和灰分的测定，参见 GB 268—1987《石油产品残炭测定法》。

原油分析项目应根据需要有选择性地采用相对应的测试标准进行测定。

2）原油取样要求

（1）为了保证用于评价的样品尽可能代表真实的油品，应根据液体的特性、被取样的设备或管线及对原油所开展的测试项目而定。

（2）当盛油设备静止时，取样应该包括上部样、中部样和下部样，三个样品等量混合。

（3）若盛油设备是连续流动状态，直接在设备出口取样即可。

（4）为了保证管线中输送的一批非均匀原油取样有代表性，应使用自动取样装置取样，建议无特殊情况尽量不要手动取样。

2. 水

1）水分析内容

现场水样的某些组分和性质会随时间发生改变，无法充分保存或稳定下来以供后期进行实验室测定，因此必须进行现场分析，包括：

（1）pH 值（该值即使现场检测仍会出现偏差）。

（2）温度。

（3）浊度（未过滤的样品）。

（4）碱度。

（5）溶解氧。

（6）二氧化碳。

（7）硫化氢。

（8）总铁和二价铁离子。

（9）钡、锶离子。

（10）碳酸氢根离子。

（11）碳酸根离子。

（12）悬浮总固体。

（13）细菌（最好样品提取与培养全部在现场完成）。

水质分析方法汇总见表 4.5。

注：不推荐添加化学药剂稳定水中某些组分到陆地实验室进行分析的做法。

表 4.5　水质分析方法汇总

组分	方法	标准	检测限值	目的	现场分析
铝	原子吸收法	ASTM D857	0.1mg/L	评价牺牲阳极与海水系统电解铜铝棒消耗情况	需要现场加盐酸溶解实验室分析
	发射光谱法	SY/T 6404	—		
碱度	电位法	ASTM D1067	1mg/L $CaCO_3$	评价水质是否结垢	最好现场采用 HACH 滴定仪分析
	滴定法	SY/T 5523	—		
钡	发射光谱法	SY/T 6404	—	评价水质生成钡锶垢倾向	现场分析不准，只能实验室分析
	原子吸收法	ASTM D3651	0.03mg/L		
碳酸氢根	参照碱度				
钙	发射光谱法	SY/T 6404	—	用于评价水质是否结垢	现场采用 HACH 快速滴定仪检验
	原子吸收法	ASTM D511	0.003mg/L		
	滴定法	ASTM D511	1mg/L		
CO_2	滴定法	ASTM D513	1mg/L	ScaleChem 评价系统结垢倾向	现场采用快速检测管检测
氯化物	离子色谱法	ASTM D4327	0.1mg/L	计算矿化度	实验室分析
	硝酸汞法	ASTM D512	0.5mg/L		
电导率	仪器法	ASTM D1125	0.05μS/cm	用于电化学计算	实验室分析
氢氧根	参照碱度				
铁	邻菲啰啉分光光度法	ASTM D1068	0.03mg/L	用于指示腐蚀程度与结垢物组成	现场 HACH 便携式分析仪测试（分光光度法）
	原子吸收法	ASTM D1068	0.02mg/L		
	发射光谱法	SY/T 6404	—		
镁	原子吸收法	ASTM D511	0.0005mg/L	评价水质结垢倾向	实验室分析
	发射光谱法	SY/T 6404	—		
	滴定法	ASTM D511	1mg/L		

续表

组分	方法	标准	检测限值	目的	现场分析
锰	高碘酸钾分光光度法	GB 11906	0.02mg/L	配合铁离子分析系统腐蚀性	现场 HACH 便携式分析仪测试（分光光度法）
	原子吸收法	ASTM D858	0.01mg/L		
	发射光谱法	SY/T 6404	—		
有机酸	色谱法	ASTM D5317	不定	分析系统腐蚀性	实验室分析
溶解氧	比色法	ASTM D888	0.06mg/L	分析系统腐蚀性	现场采用快速检测管检测
pH 值	pH 计	ASTM D1293	—	分析系统腐蚀性	现场分析
钾	原子吸收法	ASTM D3561	0.005mg/L	用于油田水型判断	实验室分析
	发射光谱法	SY/T 6404	—		
钠	原子吸收法	ASTM D3561	0.002mg/L	平衡水质与计算水型	实验室分析
	发射光谱法	SY/T 6404	—		
	计算法		未知		
密度（SG）	液体密度计	ASTM D1429	未知	辅助计算功能	实验室分析
	天平	ASTM D1429	未知		
	密度瓶法	ASTM D1429	未知		
锶	原子吸收法	ASTM D3920	0.03mg/L	评价水质生成钡锶垢倾向	现场分析不准确，只能实验室分析
	发射光谱法	SY/T 6404	—		
硫酸盐	离子色谱法	ASTM D4327	0.1mg/L	用于 SRB 腐蚀分析与结垢分析	实验室分析
	浊度计法	ASTM D4130	1mg/L		
硫化物	选择性电极	ASTM D4658	0.04mg/L	判断结垢与 SRB 繁殖	现场检测
	碘量法	HJ/T 60	0.4mg/L		
溶解总固体 TDS	计算法	SY/T 5523	未知	辅助计算功能	实验室分析
	重量分析法	《水和废水监测分析方法》中 4.8.3	—		
悬浮固体（TSS）	过滤法	GB 11901	—	分析是否满足注水指标	实验室与现场均可分析
浊度	目视比浊法	ASTM D1889	—	判断是否发生了腐蚀产物沉淀	现场分析
	分光光度法	GB 13200	—		

2）水样取样要求

（1）应严格挑选取样点，确保样品能够代表油田真实水样。

（2）取样量：一般来说，1000mL～2500mL 的样品就能满足大多数物理和化学分析的需要。如果分析项目较多，请根据样品分析人的要求进行取样。

（3）样品应连续排放 1min 后，再开始取样。

（4）取样容器应确保洁净，不能有任何可能影响分析的杂质存在。

（5）样品容器盛满后，应持续溢流 2min 后，再加盖密封，避光保存。

（6）若需要混合样品，应根据不同部位流量按照比例进行混合。

（7）被取样的水样应处于正常的流速、温度、压力等条件下。除非取样目的是为了非正常条件下的分析，否则任何偏离正常条件的情况都应在样品登记表上注明。

（8）若对水样进行过滤处理，最好使用一个能直接接入系统流动管线的过滤器夹持器；如样品用于微生物分析、浊度、油分分析等主要与悬浮物质有关的分析时，不对样品进行过滤。

（9）样品保存：最理想的情况是对样品即时进行分析；其次为将样品在低温（4℃）条件下保存不超过 24h。

样品应有明确标识，包括：样品信息（公司、油田和井号等）、取样人、取样日期、取样时间、取样点、分析要求和备注。

3. 天然气

1）天然气分析内容

在操作压力和温度下，压缩天然气中不应该存在液态烃。天然气作为化工原料时对其质量也有严格的要求。天然气组分不仅决定其使用特性，而且还对工艺设计、核算和实际使用有重要意义。天然气组成是指天然气中所含的各组分及其含量。通常分析天然气中甲烷、乙烷等烃类组分和氮气、二氧化碳等常见非烃类组分含量。天然气分析包括常见分析和延伸分析。

（1）常见分析：测定氮气、二氧化碳、甲烷至戊烷的含量，有时还包括六碳上的烃类（C_{6+}）、氦气、氢气等组分。

（2）延伸分析：测定摩尔质量大于己烷的各类烃类的含量，如分析到十二烷，十六烷甚至更高碳数的组分。

2）取样要求

对于现场分析的气样，应在计量分离器或者自制分离器进行气液分离后，对气相中的 CO_2 和 H_2S 含量采用快速检测管法在现场进行分析。要求腐蚀性气体含量在现场分析；并根据现场生产情况对检测结果进行分析。若硫化氢含量大于 2000mg/L，为了降低检测误差，建议采用碘量法进行分析。

对于陆地实验室的分析样品，气体取样前应先确定取样部位压力，决定采用气袋还是钢瓶取样。

若采用钢瓶取样，必须对金属接管的气密性进行检查，合格后方可使用。

无论何种方式取样，应将气体容器进行气体置换，置换次数不少于 5 次。

对于硫化氢气体含量大于 15×10^{-6} 的气体样品，应佩戴防护用品且位于上风口取样。

样品放置时间不应超过 48h，对钢瓶气样进行分析时，应先进行混合，然后才能进行组分测试。

注：不建议在实验室分析 CO_2 和 H_2S 气体。

4.2.10.4 化学药剂检测

油田生产过程用到的化学药剂包括：

（1）缓蚀剂。

（2）杀菌剂。

（3）阻垢剂。

（4）破乳剂。

（5）清水剂。

（6）消泡剂。

为保证化学药剂的有效性，需要开展室内评价和现场试验。

4.2.11 腐蚀监测

4.2.11.1 技术介绍

管道腐蚀监测技术（PCMT，Pipeline Corrosion Monitoring Technology）是指管道腐蚀的实时在线检测技术。管道腐蚀监测技术包括对管体（内外表面）的腐蚀结果及介质（管内介质、管外介质等）的腐蚀速率进行监测。

针对不同的腐蚀环境，目前发展出了不同的腐蚀监测技术：如早期的监测孔法、挂片失重法等；后来逐步发展出超声波法、电阻法、电位法等现代监测技术；近年来，出现了许多新的监测技术如电化学法（线性极化技术、交流阻抗技术）、电感法、恒电量技术、电化学噪声（EN）技术、场图像（FSM）技术、薄层活化（TLA）技术、氢传感器等。总体而言，管道腐蚀监测技术应满足以下几项要求：

（1）耐用可靠，可长期在线使用，有较高的精度，以便能准确判断腐蚀速度和状态。

（2）有足够的灵敏度和响应速度，测量迅速，并能满足油、气生产中的自动控制要求。

（3）适合不同的管道环境、管道类型及输送介质。

（4）操作方便，维护简单，不要求对操作人员进行特殊训练。

目前存在多种腐蚀监测技术，不同方法提供的信息参数也有所区别，如总腐蚀量、腐蚀速度、腐蚀状态等，还有对腐蚀产物或活性物质的分析，以及对管道缺陷或物理性质的变化进行监测。

推荐的腐蚀监测方法包括：

（1）腐蚀挂片法。

（2）电阻探针法。

（3）线性极化电阻法。

（4）场指纹检测法（FSM）。

（5）阴极保护电位和保护电流。

（6）输送介质中的腐蚀组分变化分析法。

（7）腐蚀产物分析法。

4.2.11.2 技术要求

1. 管道腐蚀监测要求

（1）建议采用腐蚀挂片、探针、腐蚀监测管段或场指纹检测等措施监测内腐蚀情况。

（2）应对含腐蚀组分的海管进行取样分析，如 CO_2、H_2S、O_2、Cl^- 等。

（3）对化学药剂进行效果评估，同时根据介质和腐蚀产物化验结果，调整化学药剂注入量。

（4）监测方法选择应综合考虑下列因素：

——风险等级。

——流体潜在的腐蚀性。

——监测系统的准确度和检测范围。

——前次监测检测及评估的结果。

——海底管道运行参数的变化。

——海底管道的特性。

——环境条件。

2. 腐蚀介质检测

管道的腐蚀介质包括生产水、腐蚀性气体（CO_2、H_2S、O_2）、固体颗粒物（泥浆、砂）、微生物（SRB、TGB、FB），分析介质的主要设备选型需要兼顾测试的准确性及海上平台环境的可操作性，选型要求如下：

（1）腐蚀性气体 H_2S、CO_2 的监测选用 Drager 斑痕式测试管。

（2）腐蚀性气体 O_2 的监测选用在线溶解氧测定仪或溶解氧比色盒系统。

（3）固体颗粒物测量推荐选用超声波测砂系统或冲刷腐蚀探针测试系统。

（4）微生物含量监测选用一组 6 瓶的液态培养基测试瓶进行绝迹稀释法测试。

3. 腐蚀速率检测

腐蚀速率是海底管道腐蚀监测的主要监测数据，腐蚀挂片和探针通常被选择用于管道腐蚀速率的监测。腐蚀挂片和探针的选型应满足如下要求：

（1）腐蚀挂片和探针的材质应与管道内表面材质相同或相似。

（2）对于内部流体为水、油、气三相的海底输送管道，腐蚀挂片宜采用上、中、下三层，分别检测管道不同部位的腐蚀速率，根据管道的直径和位置确定挂片和支架的类型。对于电阻探针，可以根据监测要求，改变探针长度或类型，在不同时间段内分别检测管道上、中、下三层的腐蚀速率。建议根据现场需求选择圆形、长型或者其他形状的挂片，腐蚀挂片或者电阻探针下层底部距离管道底部不小于 6mm。

（3）根据不同的操作（如定期或连续取值）及安装技术选用不同的探针；探针应实现腐蚀速率的连续下载并及时进行分析。

（4）冲蚀探针应安装于易发生冲蚀的部位，分析冲蚀对于整个系统腐蚀的贡献。

4. 环路监测

宜在海底管道的入口或出口安装旁路式测试短节，并定期拆卸，用于实际测试海底管道内壁的实际腐蚀情况，短节的选型要求如下：

（1）短节应采用带有旁通系统的设计，可在不停产情况下拆卸。

（2）短节的材质应选用海底管道材料直接加工，使其内外径、壁厚、材质与海底管道保持一致。

（3）短节应设置腐蚀挂片、探针及沉积物取样口。

（4）必须进行内部不同部位局部腐蚀状况检测，并进行内部垢样的分析。

（5）海底管道用测试短节的长度一般为0.5～1m，在其前后宜分别至少设置5*D*（*D*为安装处管道直径）长度的直管段。

（6）根据海底管道压力等级选择相应阀门。

5. 外防腐阴极保护监测

外防腐主要通过监测牺牲阳极的保护电位、绝缘法兰绝缘性，以及悬挂法兰处的外腐蚀等评估阴极保护效果。其内容包括：

（1）阴极保护电位与电流检测。

（2）立管卡子处磨损腐蚀情况。

（3）隔水导管损伤情况。

（4）绝缘法兰效果。

（5）牺牲阳极消耗量检测。

（6）两端防腐层破损评估等。

6. 管道腐蚀监测分析要求

生产单元在不具备分析监测数据的手段时，作业单元生产岗委托独立资质第三方对腐蚀监测数据进行分析评估和化学药剂的效果评估，对防腐措施进行综合分析，并形成评估报告。

4.2.11.3 实施计划

腐蚀是管道失效的重要因素，需要开展管道腐蚀监测，在运营阶段明确管道腐蚀情况。

4.2.12 泄漏监测

4.2.12.1 主要的泄漏监测方法及其对比

目前，国际上已有的输气管道泄漏检测的方法有两类：一类是基于磁通、涡流、摄像等投球技术的管内检测法，此类方法虽然泄漏检测和定位较为准确，但不能实现在线实时检测并极易发生管道堵塞、停运等严重事故。另一类是基于管线压力、温度、流量、声音及振动等物理参数发生变化的外部检测法。这里只对外部检测法进行讨论和分析。

用泄漏检测的各项性能评价指标分析几种主要的泄漏检测方法，根据天然气长输管道泄漏检测的实际情况，综合比较各种泄漏检测技术的各种指标以及工程应用情况可知：分布式光纤检测法和音波检测法具有诸多优点，是较有前途的泄漏检测技术（表 4.6）。

表 4.6　各种泄漏检测方法的性能指标对比

检测方法	灵敏度	定位精度	误报率	检测时间	适应能力	费用	技术成熟度
质量 / 体积平衡法	差	低	很高	较短	无	低	较成熟
统计决策法	较好	较高	低	中等	有	中等	不成熟
瞬态模型法	高	中等	很高	较慢	有	较低	成熟
分布式光纤法	较高	中等	中等	较短	有	很高	较成熟
音波法	高	很高	较低	很短	有	较高	较成熟

1. 质量或体积平衡法

根据质量 / 体积平衡，管道内介质的流进与流出应相等。当泄漏程度达到一定量时，入口与出口就形成明显的流量差，当流量差超出一定的范围就可判定为泄漏。尽管此方法可判定泄漏，但由于气体的可压缩性和流量测量的非同步性，其误报率和漏报率都很高，检测的灵敏度和定位精度很低。因此，该方法不能满足实际需要，只能与其他方法配合使用。

2. 统计决策法

统计决策法是壳牌公司开发出的一种不带管道模型的新型检漏方法。它使用序贯概率比检验（SPRT）方法对实测的压力、流量值进行分析，计算连续发生泄漏的概率，并利用最小二乘法进行泄漏点定位。该方法使用统计决策论的观点，较好地解决了实时模型中误报警的问题，且不用计算复杂的管道模型。但目前该方法还很不成熟，存在许多未解决的问题。

3. 瞬态模型法

瞬态模型法是近年来国际上着力研究的泄漏检测方法。其基本思想是建立管内流体流动的数学模型，在一定边界条件下求解管内流场，然后将计算值与管端的实测值相比较，当实测值与计算值的偏差大于一定范围时，就认为发生了泄漏。该方法要求建立准确的管道模型，由于影响管道动态仿真计算精度的因素众多，误报率高是该方法在实际应用中一个难以解决的问题。

4. 分布式光纤检测法

分布式光纤传感技术是近年来发展的一个热点，它在实现物理量测量的同时可以实现信号的传输，在解决信号衰减和抗干扰方面有着独特的优越性。该技术根据管道中输送的物质泄漏会引起周围环境温度的变化并引起沿管道敷设的光纤发生振动，当温度或振动超过一定的范围，就可以判断发生了泄漏。该技术在管道监控系统中极具应用潜力，能够实现预报警，但是这种泄漏检测系统造价非常昂贵，施工很不方便。该技术在国外已应用于管道泄漏检测，在国内尚处于试验研究阶段。

5. 音波检测法

音波检测法是现代检测技术中的一个热点，也是很有发展潜力的一种检测方法。它是基于物体间的相互碰撞均会产生振动，发出声音，形成声波的原理，开发泄漏检测系统。当管道发生破裂时，产生的音波沿着管道内流体向管道上下游高速传播，安装在管段两端的音波传感器监听并捕捉音波波形，通过与计算机数据库中的模型比较，来确定管道是否发生了泄漏及泄漏量等数值，同时根据管道在两端捕捉到的泄漏信号的时间差计算泄漏位置。

该方法可以实现连续的在线检测，并能检测到很小的泄漏量，具有灵敏性高，误报率低，定位精度高，适应性好的优点（图 4.12）。

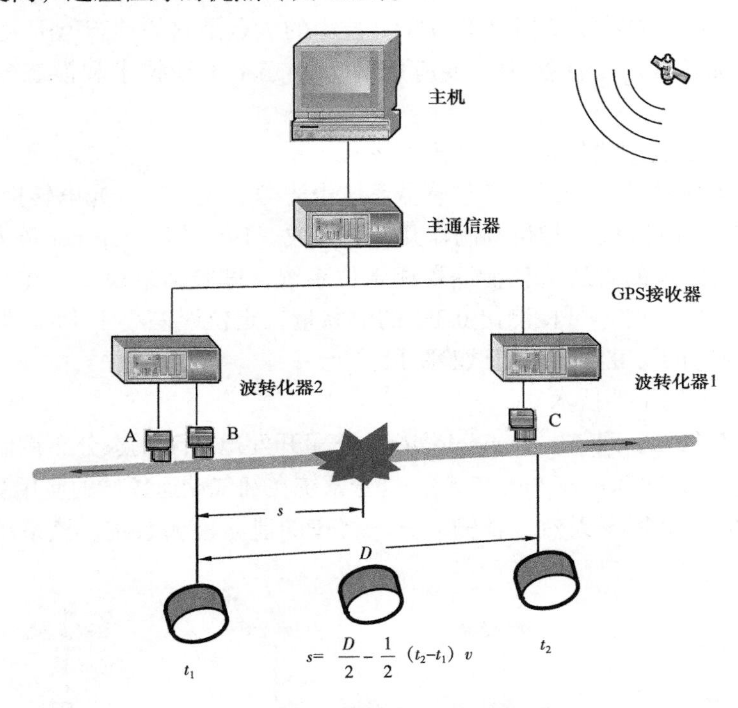

图 4.12　音波泄漏检测示意图

4.2.12.2　分布式光纤检测法与音波检测法的对比研究

1. 分布式光纤检测法

分布式光纤传感器的主要技术方法有光时域反射（OTDR）法、干涉法、布拉格光栅法（FBG）、波长扫描法和连续波调频法等。但实际上主要应用的有光时域反射（OTDR）法和干涉法。

1）光时域反射法（OTDR）

它的基本原理是光源发出的光在沿光纤向前传输的过程中产生后向散射，后向散射光强在向后传播过程中随着距离增长而按一定规律衰减，在光速不变的情况下，距离与时间成正比。因此，根据探测器探测到的后向散射光强及其到达探测器的时间，就可以知道沿光纤路径上任一点的初始后向散射光强。光的后向散射包括瑞利散射、喇曼散射和布里渊散射三种形式，从而发展了基于这三种原理的分布式光纤泄漏检测方法。基于 OTDR 技术的分布式光纤传感技术已经较为成熟，市场上也有相应的产品，并在油管监控领域进行了初步的、试验性的应用。但用于长输管道的泄漏检测还存在一些不足：

（1）由于后向散射光较弱，其检测距离短，且不能做到实时监控。

（2）只能进行表态或参数变化很少的监控，系统应用范围狭窄，缺乏实用性。

2）干涉法

干涉式光纤传感技术利用光纤受到所检测物理场感应，如温度、压力或振动等，使导光相位产生延迟，经由相位的改变，造成输出光的强度改变，进而得知待测物理场的变化。干涉式分布光纤传感技术相对于 OTDR 技术的优点是它的动态范围大、灵敏度高，可实现管道小泄漏检测。干涉法中主要应用的有 Sagnac 干涉技术和模态分布调制干涉技术。

（1）基于 Sagnac 效应的分布式光纤传感技术。

基于 Sagnac 效应的分布光纤声学传感器系统由光源、光纤环、光电转换器、耦合器、锁相放大器、信号处理和 PZT 相位调制器几部分组成。1991 年，Kurmer 等人开发了基于 Sagnac 光纤干涉仪原理的管道流体泄漏检测定位系统。试验结果表明：在 0.14MPa 压力下，泄漏孔径为 2.0mm 时，可检测出 0.3% 的泄漏量，定位误差小于 1%。但这种方法还不成熟，国内外对它的研究都还处于试验阶段。

（2）模态分布调制干涉技术。

澳大利亚 FFT（Future Fibre Technologies）公司开发出基于模态分布调制干涉技术的油气管道检测系统（FFT Secure Pipe TM），这套系统在油气储运领域的应用受到了世界各国的极大关注，它能够用于天然气长输、分输管道的泄漏检测系统。该系统的原理如图 4.13 所示。

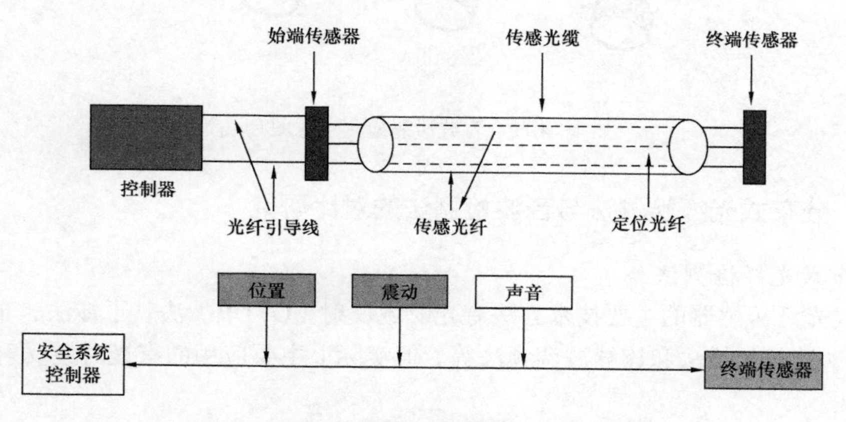

图 4.13　FFT 油气管道检测系统传感示意图

该系统由 FFT Microstrain/Locater Sensors（包括激光收发模块）、NI Data Acquisition（数据处理板）和专用 Locater DAQ 信号处理板等专门装置和专利技术组成。其检测原理是利用激光的模态分布调制（有效改变强度）干涉现象，系统的核心技术是光纤振动传感器。这套系统已成功应用于美国 New York Gas Group 的长输管道和印度尼西亚的 Gulf Resources Ltd. 的长输管道上。FFT 公司称该系统在 40km 管段内进行泄漏检测，定位精度为 ±50m。

FFT 公司对各种光纤泄漏检测系统进行了比较，结果见表 4.7。

表 4.7 管道安全防御系统与其他相关技术的比较表

设计要求	模态分布调制干涉	光时域反射	其他的干涉测量法
现场硬件要求	每 40km 需安装 1 套控制器	每 25km 需要 2 套系统	因方法而异
可利用现有光缆	可以	不可以	不可以
分布式传感	是，光缆全长都是传感器	是，光缆全长都是传感器	是，光缆全长都是传感器
预报警	有	无	有
误报率（FAR）	低	较高	较低
事件检测率	较高	中等	中等
泄漏检测	可能	可能	可能
事件识别	能够	不能	可能
技术成熟度	很成熟	成熟	不成熟

从表 4.7 可以看出，基于模态分布调制干涉技术具有高灵敏度、动态范围大、误报率低、定位精度高、泄漏预报警、技术相对比较成熟等特点，适合于我国天然气长输管道泄漏检测和定位的要求。

2. 音波检测法

音波检漏系统一般由音波传感器、GPS、现场数据采集处理器、中心数据汇集处理器和监控主机组成。该系统的核心技术是高灵敏度的音波检测传感器、背景噪声的识别和滤除算法、成熟可靠的系统数据库模型等。

音波检测法的工程应用情况为：美国 ASI 公司已采用音波检漏技术二十多年，开发了 Wave Alert Ⅶ音波管道泄漏检测系统。该系统在美国、澳大利亚和我国台湾地区的 20 多个压力管道工程上得到应用。我国的西气东输管道工程也引进该系统在山西段和苏浙沪段进行了现场试验。山西段试验结果如下：泄漏点定位的平均误差为 ±17.5m（检测间距为 41km），最小为 ±12m，最大不超过 ±24m。系统报警响应时间平均为 80s，最快为 56s，最慢为 105s。泄漏点的最小报警孔径为 5.2mm（小于 0.001% 泄漏率）。

ASI 的音波测漏系统是唯一具有认证记录的泄漏检测系统，该系统具有诸多方面的优点：灵敏度高，反应时间快，定位准确，在通信中断的情况下也能进行泄漏检测；系统调试后可靠性高，不需要额外的流量和温度的测量；安装、操作和维护都很简易等。该系统广泛应用于工程实际，是一种成熟、可靠的泄漏检测方法。

3. 两种泄漏检测方法的对比

对音波检测法和分布式光纤检测法进行综合对比，结果见表 4.8。

表 4.8　各种泄漏检测方法的技术对比表

对比项目	音波检测法	分布式光纤检测法
监控对象	管线内部情况，如音波和管道外部情况检测	对管道外部情况（周围地质变化状况、施工带来的振动、应变）的检测
预警类型	能够实现预警	能够实现预警
无中继最大检测范围	0～50km	0～60km
40km 内定位精度	±30m	±50m
发展前景	音波和人工神经网络相结合的泄漏检测技术最具有研究意义，在未来的管道检测中将得到广泛的应用	利用一根或几根光纤对天然气管线内介质的温度、压力、流量、管壁应力进行分布式在线测量，这在管道监控系统中将极具应用潜力
经济性	安装数据传输、音波传感器及配套的软件系统，投资高	安装数据传输、光纤传感器及配套的软件系统，投资高
主要优点	已实现连续的在线检测，并且能检测到很小的泄漏量，具有很好的灵敏性，误报率低，定位精度高，适应性好，检测距离长	可以用于管道敷设环境的地况检测，为重大地质异常变化情况提供提前预警，定位精度高，误报率低，检测距离长
主要缺点	易受外界的干扰影响，对消噪滤波要求高	施工维护不便，光纤震动传感器属精密电子仪器，精确性要求高，精确度直接影响检测效果

4.3　外腐蚀监 / 检测方案

4.3.1　可视检查

海洋腐蚀环境一般分为海洋大气区、浪花飞溅区、潮差区、海水全浸区和海泥区五个腐蚀区带，有三个腐蚀峰值，一个峰值发生在平均高潮线以上的浪花飞溅区，是钢铁设施腐蚀最严重的区域，也是最严峻的海洋腐蚀环境；这是因为在这一区域海水飞溅、干湿交替、氧的供应最充分，同时，光照和浪花冲击破坏金属的保护膜，造成腐蚀最为激烈；第二个峰值通常发生在平均低潮线以下 0.5～1.0m 处，因为其溶解氧充分、流速较大、水温较高、海生物繁殖快等；第三个峰值是发生在与海水海泥交界处下方，由于此处容易产生海泥 / 海水腐蚀电池，造成严重腐蚀。

综合分析收集到的中海油海底管道外腐蚀的信息，立管腐蚀穿孔失效部位易发生于浪花飞溅区。其腐蚀失效路径为：外管防腐层破坏→外管腐蚀穿孔→海水进入外管内→立管焊接热损伤处开始腐蚀。最终，在相对密闭环境下，随着腐蚀反应的不断推进，腐蚀反应物不断沉积与覆盖，导致腐蚀孔呈逐渐缩小之势；同时由于反应体系当中阴极（腐蚀产物）面积不断增加，阴极 / 阳极比例不断扩大，推动腐蚀速度也越来越快。

根据上述分析，一旦防腐涂层破损，管道发生外腐蚀的风险会显著增大，因此应对立管防腐涂层状况进行跟踪监测，一旦发现涂层破损应立即采取补救措施。通常可视检查的作业人员为：

（1）平台作业人员：对水面以上立管进行监测。

（2）腐蚀检测人员：平台年度腐蚀检测时，建议对立管，特别是对飞溅区的外防腐状况进行检查。

4.3.2 阴极保护（CP，Cathodic Protection）检测

海底管道 CP 设计的目的是要根据相关环境参数和工艺参数，计算使用牺牲阳极的数量、阳极尺寸 / 重量，以及阳极间距。应根据 DNV–RP–F103 *Cathodic protection of submarine pipelines* 进行设计，并且计算结果要经过阳极重量、末期保护电流、阳极间距等的校核，同时在满足以上要求的情况下得到海底管道的 CP 设计结果。

CP 检测的关注要点为：

（1）绝缘法兰的绝缘性满足要求，避免海管上的阴极被平台消耗掉。

（2）保护电位满足要求，海管能很好地受到牺牲阳极的保护。

平台年度腐蚀检测时，应同步开展海管电位检测。对于水平段管道，考虑到外腐蚀风险相对较低，应 3～5 年开展一次。

4.3.3 其他检测

管道发生外腐蚀的直接表现形式为金属缺失。可对立管采用超声波或超声导波的方法测量管道壁厚，经合于适用性分析来确保管道安全运行。另一方面，对于水下平直段，可采用 MTM 检测方式对管道进行全程扫测，判断外腐蚀损伤程度，为下一步的决策提供技术依据。

4.4 内腐蚀监 / 检测方案

影响内腐蚀的因素很多，总结起来可归为两大类：一类是环境因素，包括二氧化碳分压、硫化氢分压及其浓度等，介质温度（T），水介质的矿化度，pH 值等；二是材料因素，包括材料的种类，材料中合金元素的含量、热处理制度及材料表面膜等。

（1）介质中的水含量。

水在介质中含量是影响酸性气体腐蚀的一个重要因素。当然这种腐蚀和介质的流速和

流动状态有关。一般说来，管道中的油水混合介质在流动过程中会形成乳状液，当油中含水量小于 74% 时会形成油包水型乳状液，水包含在油中，这些水相对钢铁表面的润湿将受到抑制，发生酸性气体腐蚀的倾向较小；当水含量大于 74% 时，会形成水包油型乳状液，油包含在水中，这时水会对钢铁材料表面形成润湿并引发酸性气体腐蚀。

（2）温度。

大量研究表明，介质温度是影响酸性气体腐蚀的一个重要参数。温度是通过影响化学反应速度和腐蚀产物成膜机制来影响腐蚀速率的，且在很大程度上表现在对腐蚀产物成膜的影响上。

（3）酸性气体分压。

在影响酸性气体腐蚀的众多因素中，普遍认为酸性气体分压起着决定性作用。目前石油工业根据二氧化碳分压来判断二氧化碳的腐蚀性：当二氧化碳分压大于 0.021MPa 为二氧化碳腐蚀环境，二氧化碳分压大于 0.21MPa 时为严重腐蚀。当酸性气体分压高时，由于溶解的碳酸浓度高，氢离子浓度必然高，因而腐蚀被加速。

（4）介质的 pH 值。

pH 值的变化直接影响酸性气体在水溶液中的存在形式。

（5）介质成分。

油田水中成分复杂，除含有 HCO_3^-、Ca^{2+}、Cl^- 等离子外，还含有 O_2、H_2S、CO_2 等，溶液中成分及含量对管道腐蚀有很大的影响。有观点认为 HCO_3^- 离子的存在会降低钢材的腐蚀速度，抑制 $FeCO_3$ 的溶解，促进钝化膜的形成；HCO_3^- 与 Ca^{2+} 等共存时，可使钢表面形成具有保护功能的膜并降低腐蚀速率，但 Ca^{2+} 单独存在时却加大腐蚀速率。同时也有研究认为溶液中存在的阴、阳离子影响钢材表面腐蚀产物膜的形成及形成膜的特性，进而影响腐蚀性能。

4.4.1 介质样品检测

海底管道的腐蚀介质包括生产水、腐蚀性气体（H_2S、CO_2、O_2）、固体颗粒物（泥浆、砂）、微生物（SRB、TGB、FB），分析介质的主要设备选型需要兼顾测试的准确性及海上平台环境的可操作性，选型要求如下：

（1）腐蚀性气体 H_2S、CO_2 的监测选用 Drager 斑痕式测试管。

（2）腐蚀性气体 O_2 的监测选用在线溶解氧测定仪或溶解氧比色盒系统。

（3）固体颗粒物测量推荐选用超声波测砂系统或冲刷腐蚀探针测试系统。

（4）微生物含量监测选用一组 6 瓶的液态培养基测试瓶进行绝迹稀释法测试。

4.4.1.1 硫化氢检测

需要对海管入口与出口同时进行检测（表 4.9）。硫化氢含量包括两方面：

（1）油气介质中自带硫化氢，即海管入口端硫化氢含量。

（2）海管内孳生的细菌将水中的硫酸根离子还原成硫化氢，通常这种情况下表现为管道出口硫化氢浓度高于入口硫化氢浓度。

表 4.9　硫化氢检测数据

检测位置	××年硫化氢检测					
	温度 ℃	压力 MPa	滴定法		检测管法	
			H_2S 10^{-6}	分压 MPa	H_2S 10^{-6}	分压 MPa
入口						
出口						

4.4.1.2　二氧化碳检测

对管道内 CO_2 含量进行检测，结合管道运行压力计算 CO_2 分压，CO_2 分压是计算管道腐蚀速率的重要参数（表 4.10）。

表 4.10　二氧化碳检测数据

检测位置	××年二氧化碳检测					
	温度 ℃	压力 MPa	滴定法		检测管法	
			CO_2 10^{-6}	分压 MPa	CO_2 10^{-6}	分压 MPa
入口						
出口						

4.4.2　腐蚀挂片、电阻探针监测

腐蚀速率是海底管道腐蚀监测的主要数据，腐蚀挂片和探针通常被选择用于管道腐蚀速率的监测。

腐蚀挂片的更换周期为 6 个月，若腐蚀速率低于 0.025mm/a，可以延长至 1 年。更换挂片后，依据挂片的腐蚀情况计算实际腐蚀速率，进一步验证缓蚀剂效果（表 4.11，图 4.14）。

表 4.11　海管腐蚀挂片监测数据

管道	监测时段	入口		出口	
		平均腐蚀速率	点腐蚀速率	平均腐蚀速率	点腐蚀速率
××管	2012.5～2012.11	—	—	0.0911（1） 0.0936（2）	0.02（1） 0.04（2）

图 4.14　腐蚀挂片

在线电阻探针数据下载周期一般为 3 个月；若在 1 月内腐蚀速率波动大，应计算不同时间段的腐蚀速率，并与该阶段内生产情况、作业情况及化学药剂加注情况对比，分析腐蚀速率波动的原因。若腐蚀速率低于 0.025mm/a，数据下载周期可以延长至 4～6 个月（图 4.15）。

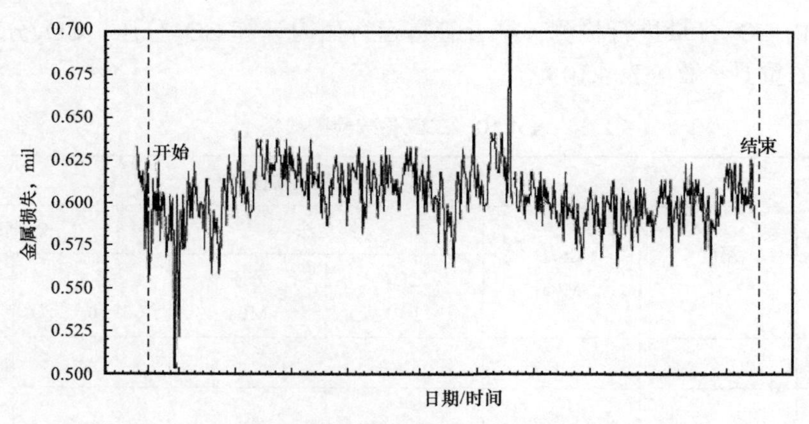

图 4.15　ER 电阻探针数据计算分析图 ❶

注：1mil=10^{-3}in=25.4μm。

4.4.3　水露点监测

干燥天然气管道需要控制天然气含水量，而天然气含水量直接表现为水露点。水露点监测与管道温度、压力、流量监测都属于实时监测。

4.4.4　环路监测

宜在海底管道的入口或出口安装旁路式测试短节，并定期拆卸，用于实际测试海底管道内壁的腐蚀情况。

测试短节每 6 个月拆检一次。如腐蚀严重或者进行缓蚀剂试验，可视具体情况安排拆检频次。拆检时须记录测试短节内部的腐蚀状况，保留资料图片。

❶ 为照顾实际使用习惯，书中部分地方使用了非法定计量单位，请读者注意。

拆卸的测试短节分析内容包括：内部状况描述，管段整体加密测厚，从滞留区取样进行微生物（SRB、FB 和 TGB）培养，挂片拆装，探针腐蚀监测数据录取，腐蚀产物提取与分析。腐蚀产物提取与分析应符合 SY/T 0546《腐蚀产物的采集与鉴定技术规范》的规定。对于安装有沉积物收集接口的测试短节，应注意观察微生物腐蚀和沉淀物腐蚀的情况。

4.4.5 超声波 / 超声导波测厚

应对海洋平台定期进行腐蚀检测，如某气田每年都开展腐蚀检测工作，其中包含了海管的检测，通常在管道弯头部位进行检测（图 4.16）。

图 4.16 高频导波检测现场

4.4.6 磁金属记忆（MTM，Magnetic Metal Memory Test）检测

水下平直管段由于人员难以到达，开展腐蚀检测的难度较大。若通过腐蚀挂片、电阻探针等检测手段判断腐蚀程度较大时，为保证管道的可靠性，需要开展腐蚀检测。对于无法进行内检测的管道可以进行 MTM 检测。

国内某海底管线自 1996 年投产后没有再实施过通球清管和内检测。但同时管线通球存在着以下制约因素及风险：

（1）管线的收发球器已拆除，回装费用较高。

（2）管线已有 16 年未通球，管线内部状况不明确。

（3）如通球卡球，将影响作业公司的正常生产，停产损失巨大不可承受。

（4）目前无如此长距离干气管线通球内检测成功案例。

对该管线通过内腐蚀直接评价确定了管道易发生腐蚀的位置，采用 MTM 检测进行了验证。经检测共发现 15 处异常缺陷，缺陷为轻微的外腐蚀，未发现管道存在内腐蚀缺陷，与预测情况一致。

4.4.7 智能内检测

管道内部腐蚀状况是通过发智能球的方式进行检测的，但受工艺条件（如压力、流量小）、管道设施（阀门开度、设计阶段是否考虑收发球筒、弯头尺度），以及智能球的适用性等方面的影响，很多在役管道无法实施通球作业。据统计大概只有 50% 的管道可以在线清管检测。因此需要结合管道的实际情况，开展通球可行性评估后制订智能内检测计划。

4.5 在位状态检测方案

通过遥控无人潜水器（ROV，Remote Operated Vehicle）检测管道路由、高程及埋深状况。初次检测在试运行 2 个月内完成，试运行后 2 年完成第二次检测。运营期通常 3～5 年开展一次，可根据上次检测评估结果，调整检测频次。

4.6 第三方破坏监 / 检测方案

4.6.1 船舶自动识别系统（AIS，Automatic Identification System）监测

AIS 属于实时监测系统，监测管道附近的船舶，避免无故停留在管线附近，减小第三方破坏可能性（图 4.17）。

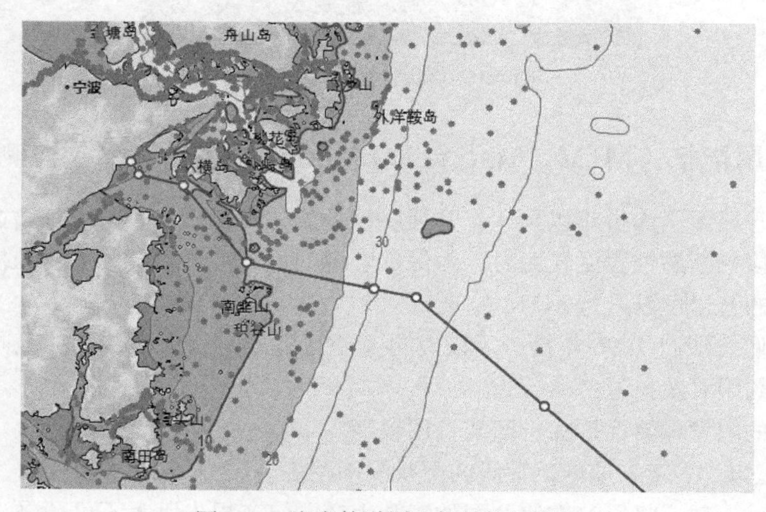

图 4.17 海底管道周边船舶航行情况

4.6.2 ROV 外部检测

通过 ROV 检测管道埋深状况及周边异物情况。分析管道抗第三方破坏能力（包括埋深、混凝土厚度、土质）及第三方破坏可能性。初次检测在试运行 2 个月内完成，试运行后 2 年完成第二次检测。运营期通常 3～5 年开展一次，可根据上次检测评估结果，调整检测频次。

4.6.3 MTM 检测

MTM 检测可灵敏地检测出金属濒临损伤的状态，在应力—应变状态评价与设备强度及可靠性分析、寿命预测方面有独到能力。因此在确定管道发生第三方破坏损伤时可采取 MTM 检测。通过综合指数 F 确定管道是否需要修复。

4.6.4 损伤外部检测

当管道发生第三方破坏损伤时，需要潜水员进行水下检测，包括缺陷几何尺寸、超声波测厚、ACFM 检测。检测数据是下一步安全评估的依据（图 4.18）。

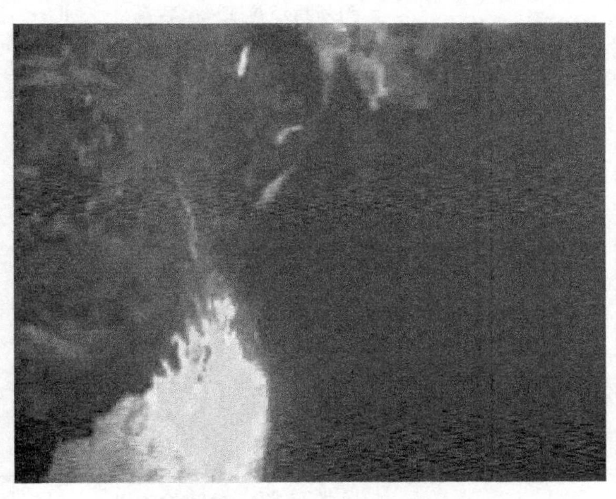

图 4.18 某海底管道凹痕损伤

4.7 适用性分析

针对管道不同风险类型可采取相应的监测 / 检测方法，每种方法的适用性汇总于表 4.12。

表 4.12 基于风险的监测检测方法

风险	检测方法	检测目的	实施阶段	优先级	备注
外腐蚀	可视检查	观察外防腐涂层、混凝土保护层是否有破损	水上部分定期实施；水下部分与 ROV 外部勘查同步开展，3～5 年开展一次	I	潜水员 /ROV，水下摄像机
	CP 检测	保护电位数据；并且对绝缘法兰两端电位及绝缘法兰的绝缘电阻值进行检测	水上部分随平台腐蚀年度检测同步开展；水下部分与 ROV 外部勘查同步开展	I	潜水员 /ROV，电位采集器

续表

风险	检测方法	检测目的	实施阶段	优先级	备注
外腐蚀	MTM检测	检测管道是否存在外腐蚀	管道铺设完成时建议开展一次，作为基线评估依据；运营期通过可视检查或CP检测判断外腐蚀风险较高时，可采取MTM检测	Ⅱ	MTM通过检测数据可以判断缺陷类型：外腐蚀、内腐蚀、偏移等
	超声导波测厚	定量测量壁厚损失情况	通过可视检查或CP检测判断外腐蚀风险较高时，可采取MTM检测	Ⅱ	
	智能内检测	定量测量壁厚损失情况	通过可视检查或CP检测判断外腐蚀风险较高时，可采取MTM检测	Ⅲ	管线应具备内检测条件
	泄漏监测	泄漏控制	实时	Ⅲ	陆上管道通常由于偷盗油采用泄漏监测，对于海底管道通过压力、温度、流量监测及巡线可以初步判定管道是否泄漏
内腐蚀	介质样品检测	检测介质的腐蚀性	当流体性质有较大变化时	Ⅰ	平台上测量CO_2、H_2S含量
	腐蚀挂片监测	检测内部腐蚀状况	通常每半年拆卸检查一次	Ⅰ	
	电阻探针监测	检测内部腐蚀状况	通常与平台年度腐蚀检测同步进行	Ⅰ	
	水露点监测	监测介质含水量	实时	Ⅰ	干燥天然气需严格控制含水量，是内腐蚀直接评价的基础数据
	环路监测	检测内部腐蚀状况	通常与平台年度腐蚀检测同步进行，测量短节壁厚	Ⅰ	老管线应用较少，是否安装环路监测，设计阶段应进行考虑
	超声波测厚	检测内部腐蚀状况	通常与平台年度腐蚀检测同步进行	Ⅰ	对弯头等易发生冲蚀部位需要重点检测
	超声导波测厚	检测内部腐蚀状况	通常与平台年度腐蚀检测同步进行	Ⅰ	
	MTM检测	检测管道是否存在内腐蚀	无法实施内检测的替代性检测方法	Ⅱ	对无法内检测的管道，开展内腐蚀直接评价，对高风险部位开展的验证性外部检测

续表

风险	检测方法	检测目的	实施阶段	优先级	备注
内腐蚀	智能内检测	检测管道是否存在内腐蚀	依据管道完整性管理解决方案实施	Ⅱ	管线应具备内检测条件
	泄漏监测	泄漏控制	实时	Ⅲ	陆上管道通常由于偷盗油采用泄漏监测，对于海底管道通过压力、温度、流量监测及巡线可以初步判定管道是否泄漏
在位状态	压力、温度监测	是否存在屈曲可能	实时	Ⅰ	避免管道超温超压运行，特别是后挖沟由于管道埋深浅，在高温高压下存在隆起风险
	ROV外部检测：旁侧声呐、水深测量、浅地层探测、磁力探测	管道埋深状况、是否发生隆起及水平位移，高程剖面是内腐蚀直接评价的基础数据	运营期通常3～5年一次	Ⅰ	当上一年度检测结果不理想需要进行评估，依据评估结果确定新的检测周期
第三方破坏	AIS系统监测	避免船只在管线附近逗留	实时	Ⅱ	
	ROV外部检测：旁侧声呐、水深测量、浅地层探测、磁力探测	管线埋深状态、周边是否存在异物	运营期通常3～5年一次	Ⅰ	埋深状态用以评估抗第三方破坏的能力，管道周边是否存在拖痕、渔网用以判断发生第三方破坏的可能性
	可视检查	检查混凝土保护层是否破损	与MTM外部勘查同步开展	Ⅰ	
	潜水员水下检测：缺陷几何尺寸、超声波测厚、ACFM检测	检测管道损伤情况	损伤发生后	Ⅰ	损伤数据是后续评估的基础
	MTM检测	检测管道是否存在损伤	通过可视检查或ROV外部勘查判断管道存在第三方破坏损伤时，可采取MTM检测	Ⅲ	

5 完整性评价

5.1 完整性评价技术体系

管道完整性评价是指采取适用的检测或测试技术，获取管道本体状况信息，结合材料与结构可靠性等分析，对管道的安全状态进行全面评价，从而确定管道适用性的过程。常用的完整性评价方法有：基于内检测数据的适用性评价（推荐）、压力试验和直接评价等。

针对不同种类缺陷应采用适用的评估分析方法，针对不同缺陷类型的适用规范整理见表 5.1。

表 5.1 不同缺陷类型适用规范

缺陷类型	适用规范
腐蚀（或金属损失）	① AGA NG–18；② ASME B31G；③ API RP 579；④ DNV RP F101；⑤ GB/T 19624
裂纹	① BS 7910；② API RP 579；③ GB/T 19624
凹坑	① API RP 579；② PDAM
划痕	API RP 579

5.2 腐蚀专项分析

5.2.1 腐蚀影响因素

内腐蚀是引起管道失效的主要因素，内腐蚀可造成管道结构强度降低，导致泄漏，且引起的事故往往具有突发性和隐蔽性，因此后果一般比较严重。输送油气等介质的管道中若含有水、二氧化碳（CO_2）和硫化氢（H_2S）等腐蚀性介质，则发生内腐蚀的风险较大。国际上欧洲天然气管道事件数据组（EGIG，European Gas Pipeline Incident Data Group）、PARLOC 数据库（PARLOC，Pipeline And Riser Loss of Containment）、美国管道与危险品管理局（PHMSA，Pipeline and Hazardous Materials Safety Administration）均对管道的失效频率进行了统计。

针对油水混输海底管道的内腐蚀风险，从设计建造阶段到运营阶段均可采取管控措施，主要包括：

（1）设计建造阶段：设计公司对拟输送的介质组分进行分析，结合管道的运行温度、压力计算腐蚀速率，同时提出缓蚀剂等化学药剂的应用要求（通常缓蚀剂效率为80%～90%），最终确定腐蚀余量。

（2）运营阶段：管道运营方定期监测管道介质组分、运行压力、温度、腐蚀挂片/电阻探针腐蚀速率，定期进行清管通球作业以避免管道内壁积累污垢，同时定期进行缓蚀剂效用评价。

但由于运行阶段管道运行参数的变化，如运行压力与温度的变化、含水量的变化，特别是受缓释剂沿管道全线的应用效果、固体颗粒沉积、腐蚀垢片等多方面的影响，管道内腐蚀的发展趋势与设计阶段的预估往往存在一定的差异，因此内腐蚀风险仍是管道运营单位重点关注的内容。

管道运营单位采用管道内检测及内腐蚀直接评估的方式分析管道腐蚀状况。对于海底管道，目前具备内检测条件的通常都进行检测，对于暂时不具备条件的，则采用内腐蚀直接评估的方式进行分析。管道内检测是获取管道本体状况的最直接手段，通过管道内检测可获取管道全线的缺陷数据，数据反映了管道历年运行工况的综合影响结果。内腐蚀直接评价则是按照相关标准要求，基于腐蚀理论对腐蚀的机理及腐蚀速率进行分析，找出关键影响因素，提出后续管控措施。考虑到内检测费用较高，采用内检测与内腐蚀直接评估相结合的方式能够优化管理成本。

另一方面，内检测只能给出缺陷的情况，对于如何控制缺陷，降低腐蚀速率仍需进行更多的分析评估。目前随着机器学习算法的不断完善，采用机器学习结合管道腐蚀影响的相关数据对腐蚀缺陷进行分析，通过数据分析找出不同运行参数的影响权重，结合管道未来的运行工况条件，能够更有效地预测管道腐蚀趋势，优化检测周期，实现降本增效。

结合管道运行阶段的可获取参数，对腐蚀影响情况进行分析，进一步构建基于机器学习算法的数据逻辑模型。

5.2.1.1 温度、压力、流量、含水率

管道出入口的温度压力可进行监测，对于管道沿线任意位置的温度和压力可根据热力、水力相关公式进行计算。温度对于腐蚀的影响较为显著。根据国内外相关试验数据及经验公式：60～80℃时 CO_2 腐蚀速率最高；在30～50℃时最适宜硫酸盐还原菌（SRB）的生长，易出现细菌腐蚀。因此管道沿线不同位置区间对应的腐蚀机理有所不同。管道的输送压力决定了 CO_2 的溶解度，通常压力越高腐蚀速率越高。

管道输送量决定了介质流速，流速越低越容易造成固体颗粒沉积，在易于沉积的位置将发生氧浓差腐蚀，同时阻断了缓蚀剂对管道的保护。基于 NACE SP 0208 *Internal corrosion direct assessment methodology for liquid petroleum pipelines* 中的“三层”模型，针对二十余条海底管道计算了避免形成固定砂层的临界速率，选取10条管道计算结果进行统计展示，其中部分已开展管道内检测，从检测数据发现，实际流速与临界流速的比值越

低，腐蚀风险越高（图 5.1）。

介质含水率决定了油水界面，通常对于部分高含水率的海底管道，水相与管道内壁为充分接触。

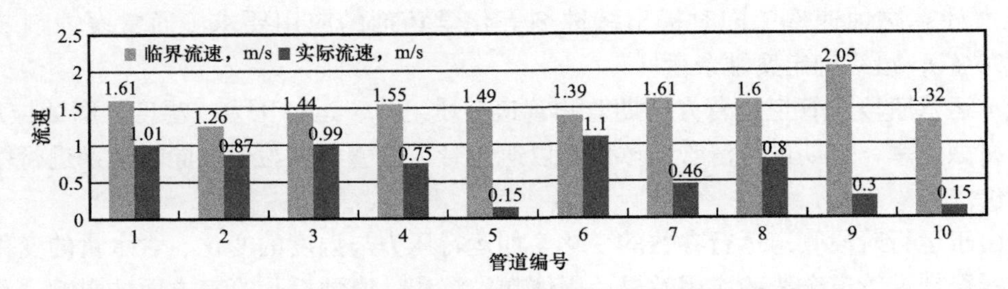

图 5.1 基于“三层”模型计算临界流速与实际流速对比

5.2.1.2 水质检测

根据水质检测结果，依据 SY/T 0600—2016《油田水结垢趋势预测方法》，对海管入口、出口的水样进行结垢趋势计算，表明结垢趋势严重的介质更易发生垢下腐蚀。另外，水中的氯离子含量也是腐蚀的重要影响因素；氯离子因其较高的极性和穿透性，会破坏金属表面的钝化膜，腐蚀形态以点蚀为主。

5.2.1.3 管道高程

管道低洼位置容易积液 / 积砂，在“三层”模型中，计算的临界流速随着管道倾角增大而升高。

5.2.1.4 二氧化碳、硫化氢含量

二氧化碳、硫化氢含量越高，腐蚀越严重，管道运营方应定期对二氧化碳与硫化氢含量进行检测。实际运行中还应考虑硫化氢是介质自带还是细菌产生，通常管道入口未检测出硫化氢，但管道出口出现硫化氢，说明管道内部存在细菌腐蚀。

5.2.1.5 腐蚀挂片 / 电阻探针腐蚀速率监测

腐蚀挂片 / 电阻探针能够在一定程度上反映管道腐蚀情况，对于二氧化碳腐蚀参考性较强。但根据管道运行案例，存在实际腐蚀速率远高于腐蚀挂片的监测速率。另外，对挂片附着物的检测也是判断管道内部腐蚀情况的一项依据（图 5.2）。

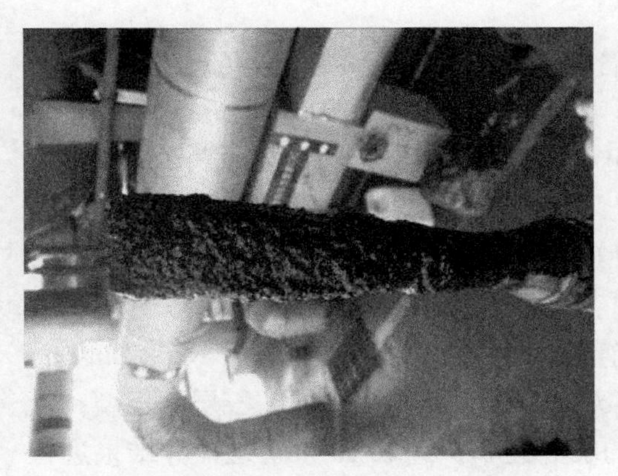
图 5.2 腐蚀挂片含油泥含砂（清洗前）

5.2.1.6 清管通球清除物

清管通球能够清除管道内的杂质，通常清

除物为泥沙杂质与垢片。当存在此类清除物时，说明管道存在固体颗粒沉积造成的垢下腐蚀风险（图 5.3）。

图 5.3　泡沫清管球

5.2.1.7　缓蚀剂缓释效率

随着运行工况的改变，如混输管道含水率的升高及水质变化等，缓蚀剂防腐效果将发生变化。缓蚀剂缓释效率能够有效减缓腐蚀速率，对管道的安全运行起到至关重要的作用。管道运营公司应定期对采用的缓蚀剂进行评价，以验证其应用效果（图 5.4）。

图 5.4　缓蚀剂试验

5.2.2　腐蚀分布规律研究

基于可靠性理论，对管道内检测获得的腐蚀缺陷进行实时管理，是控制腐蚀穿孔最为有效的方法，而确定腐蚀缺陷的分布规律是可靠性计算的关键步骤。在进行腐蚀管道可靠性分析时，腐蚀缺陷尺寸的分布类型对管道可靠性计算的结果影响较大。

下面以国内 32 条管道内检测数据为研究对象，运用概率论和数理统计的方法，对腐蚀缺陷的深度、长度、宽度等随机变量服从的分布类型规律进行研究，以期为腐蚀管道可靠性分析及剩余寿命预测提供理论基础和科学依据。

5.2.2.1　分布函数选取

国内外学者对腐蚀管道进行可靠性研究时，腐蚀缺陷尺寸随机变量的分布类型主要采用正态分布、对数正态分布、耿贝尔分布、Weibull分布及指数分布。因此本文数据分析依然选取上述几种分布函数。

5.2.2.2　分布函数对应参数估计

不同参数估计方法对分析结果有重要影响，常用的参数估计方法有最大似然估计法与矩估计法。最大似然估计法计算精度较高，因此选择它进行参数估计。

5.2.2.3　拟合优度检验

拟合优度检验是用来检验某个未知分布的随机样本是否符合某种已知的分布函数，即判断该随机样本服从某种真实的分布是否合理。常用的拟合优度检验方法主要有K–S（Kolmogorov–Smirnov）检验法、Anderson–Darling检验法、χ^2检验法等，其中K–S检验法较为常用。K–S检验法是将观测值的累积频率与假设的分布函数F（X）进行对比，求得观测值和标准数据之间的偏差，并参照抽样分布，判断差异是否处于偶然。这里采用K–S检验法对管道腐蚀缺陷数据进行统计分析。

5.2.2.4　分析工具

Python是一门面向对象、易于读写的高级编程语言。兼容众多平台，具备庞大的标准库。Scipy是一个用于数学以及工程领域的常用软件包，可以处理插值、积分、优化、图像处理、常微分方程数值解的求解、信号处理等问题。它用于有效计算Numpy矩阵，使Numpy和Scipy协同工作，高效解决问题。Stats是Scipy里面的一个很好的统计推断模块。Stats包含了多种概率分布函数，分布函数的参数调参及拟合优度检验方法。

对已做内检测的32条管道进行数据整理，其基本概况见表5.2。

表5.2　32条管道信息表

编号	管径 in	管道长度 km	管道介质	检测时间	检测类型	备注
1	12.75	2.74	天然气	2013/12/31	DEF+GMFL	DEF未检出，GMFL仅16条数据
2	12.75	4.11	注水	2013/11/26	DEF+GMFL	DEF发现两处凹陷（1797.778、1841.802），GMFL 10473条数据
3	12.75	9.1	注水	2014/1/11	DEF+GMFL	DEF未检出，GMFL 9118条数据
4	24	3.1	原油	2013/6/1	MFL	深度最大值7.9%，绝大部分＜5%
5	24	4.1	原油	2013/6/1	MFL	深度最大值7.8%，绝大部分＜5%
6	24	2.1	原油	2013/5/22	MFL	仅6条数据，其中2条为外部缺陷（6.9%、6.5%）其他均为内部（＜5%）

续表

编号	管径 in	管道长度 km	管道介质	检测时间	检测类型	备注
7	24	9.2	原油	2013/5/26	MFL	根据报告共4689条数据，但报告未提供详细数据清单
8	12	4.1	水	2014/12/4	MFL	951条数据
9	16	3.33	注水	2014/2/26	DEF+GMFL	DEF未检出，GMFL 1969条数据
10	16	2	混输	2014/11/14	MFL	175条数据
11	8	1.9	水	2014/12/23	MFL	1007条数据
12	8.625	2.11	注水	2014/4/5	GMFL	13794条数据
13	30	2.77	混输	2016/1/31	GMFL	1744条数据
14	30	2.75	混输	2016/1/27	GMFL	493条数据
15	12	4.1	水	2016/4/5	MFL	仅34条数据
16	16	1.9	注水	2016/12/6	MFL	未检出
17	24	9.2	混输	2016/11/18	MFL	319条数据
18	24	1.9	混输	2016/12/14	MFL	根据报告未检出，其数据表显示仅在出发端有一处14%缺陷
19	6.625	3.1	天然气	2018/7/15	MFL	MFL仅7条数据
20	16	3.1	注水	2017/9/24	MFL	5947条数据
21	12	9.2	注水	2017/6/15	MFL	2862条数据
22	30	2.7	注水	2017/9/22	MFL	1975条数据
23	14	4.3	注水	2018/12/14	MFL	未检出
24	16	1.6	注水	2018/12/22	MFL	未检出
25	20	4.3	混输	2018/12/15	MFL	未检出
26	24	1.6	混输	2018/12/23	MFL	未检出
27	6.625	3.1	天然气	2018/7/15	MFL	经对比，与20数据完全一致
28	16	3.1	注水	2018/12/24	MFL	仅83条数据
29	12	2.7	天然气	2018/10/5	GT+MFL	DEF未检出，MFL 233条数据，深度缺陷样本少
30	30	2.7	混输	2019/11/11	GT+MFL	未检出凹陷等，1处材料异常，35处淤积，MFL 77431条数据
31	12	9.2	注水	2019/1/24	UT	1621条数据（1582内缺陷、39外缺陷）
32	24	3.1	混输	2019/10/30	MFL	27357条数据

经过梳理发现，其中部分管道未检出缺陷或腐蚀程度较低，另有部分管道缺陷数据量较少，不适合进行数据拟合。故此，从中选取较为完整的 19 条管道进行拟合分析如下。

假设腐蚀缺陷尺寸（深度、长度、宽度）服从正态分布、对数正态分布、耿贝尔分布、Weibull 分布及指数分布这 5 种常用分布类型，根据最大似然估计法原理，采用 Python 语言编制计算程序，对各管道的腐蚀深度数据、腐蚀长度数据、腐蚀宽度数据进行参数估计，并通过 K–S 指标选择最优化分布类型。拟合结果统计见表 5.3 至表 5.5，其中，统计量值越小，表示拟合程度越高，部分管道腐蚀数据用两种分布函数拟合结果相近，故此都列入表中。部分拟合曲线如图 5.5 至图 5.10 所示。

表 5.3　腐蚀深度缺陷分布拟合结果统计表

编号	管道介质	检测时间	腐蚀深度分布规律拟合			
			分布函数	loc	scale	统计量
2	注水	2013/11/26	指数分布	11	6.69	0.104
3	注水	2014/1/11	耿贝尔分布	13.53	2.66	0.121
			指数分布	11	4.18	0.142
4	原油	2013/6/1	腐蚀深度缺陷绝大部分记录为（<5%），不适合分析分布规律			
5	原油	2013/6/1	腐蚀深度缺陷绝大部分记录为（<5%），不适合分析分布规律			
8	水	2014/12/4	耿贝尔分布	24	3.52	0.139
			指数分布	21	5.3	0.15
9	注水	2014/2/26	耿贝尔分布	29.12	8.99	0.09
			正态分布	34.1	10.69	0.098
10	混输	2014/11/14	耿贝尔分布	11.74	1.02	0.215
11	水	2014/12/23	耿贝尔分布	32.97	2.19	0.126
12	注水	2014/4/5	耿贝尔分布	13.07	2.5	0.145
			指数分布	11	3.72	0.187
13	混输	2016/1/31	耿贝尔分布	12.66	1.98	0.153
14	混输	2016/1/27	耿贝尔分布	12.03	1.43	0.186
17	混输	2016/11/18	正态分布	26.76	0.73	0.262
20	注水	2017/9/24	耿贝尔分布	17.12	8.89	0.16
			指数分布	11	12.33	0.181
21	注水	2017/6/15	指数分布	11	6.9	0.103
			耿贝尔分布	15.1	4.27	0.105
22	注水	2017/9/22	正态分布	12.95	2.7	0.26
28	注水	2018/12/24	指数分布	11	3.29	0.196

续表

编号	管道介质	检测时间	腐蚀深度分布规律拟合			
			分布函数	loc	scale	统计量
30	混输	2019/11/11	耿贝尔分布	16.84	5.03	0.041
			正态分布	19.79	6.44	0.082
31	注水	2019/1/24	正态分布	0.15	0.05	0.06
			耿贝尔分布	0.12	0.05	0.063
32	混输	2019/10/30	耿贝尔分布	15.8	4.34	0.14
			指数分布	11	7.73	0.155

表 5.4 腐蚀长度缺陷分布拟合结果统计表

编号	管道介质	检测时间	腐蚀长度分布规律拟合				
			分布函数	loc	scale	其他参数	统计量
2	注水	2013/11/26	耿贝尔分布	10.14	3.64		0.097
3	注水	2014/1/11	耿贝尔分布	18.51	8.87		0.102
4	原油	2013/6/1	耿贝尔分布	10.75	3.65		0.111
			指数分布	7	5.98		0.125
5	原油	2013/6/1	对数正态分布	7	5	$s = 8.99$	0.306
8	水	2014/12/4	耿贝尔分布	11.4	2.3		0.115
9	注水	2014/2/26	耿贝尔分布	11.01	4.37		0.149
10	混输	2014/11/14	耿贝尔分布	21.91	4.99		0.061
11	水	2014/12/23	指数分布	9	5.37		0.172
12	注水	2014/4/5	耿贝尔分布	14.52	4.52		0.08
13	混输	2016/1/31	耿贝尔分布	11.86	4.82		0.087
14	混输	2016/1/27	耿贝尔分布	18.32	7.42		0.122
			指数分布	10	13.28		0.124
17	混输	2016/11/18	耿贝尔分布	20.66	4.48		0.136
20	注水	2017/9/24	耿贝尔分布	24.94	13.57		0.067
			指数分布	11	22.56		0.081
21	注水	2017/6/15	耿贝尔分布	17.61	5.51		0.042
22	注水	2017/9/22	指数分布	11	6.19		0.132
			耿贝尔分布	14.5	3.73		0.161

续表

编号	管道介质	检测时间	腐蚀长度分布规律拟合				
			分布函数	loc	scale	其他参数	统计量
28	注水	2018/12/24	耿贝尔分布	23.62	9.31		0.078
30	混输	2019/11/11	耿贝尔分布	15.98	35.64		0.399
31	注水	2019/1/24	指数分布	10	106.67		0.111
			耿贝尔分布	68.47	64.84		0.148
32	混输	2019/10/30	耿贝尔分布	47.51	78.8		0.194

表 5.5 腐蚀宽度缺陷分布拟合结果统计表

编号	管道介质	检测时间	腐蚀宽度分布规律拟合			
			分布函数	loc	scale	统计量
2	注水	2013/11/26	耿贝尔分布	13.28	7.32	0.21
			指数分布	9	10.07	0.23
3	注水	2014/1/11	指数分布	9	21.13	0.116
4	原油	2013/6/1	耿贝尔分布	18.16	5.41	0.182
5	原油	2013/6/1	指数分布	11	11.31	0.162
8	水	2014/12/4	耿贝尔分布	29.04	17.46	0.201
			指数分布	16	25.51	0.204
9	注水	2014/2/26	耿贝尔分布	13.18	8.24	0.295
10	混输	2014/11/14	耿贝尔分布	14.81	7.09	0.246
			指数分布	11	9.86	0.278
11	水	2014/12/23	耿贝尔分布	19.62	6.24	0.178
12	注水	2014/4/5	指数分布	9	14.63	0.077
13	混输	2016/1/31	耿贝尔分布	12	4.22	0.168
			指数分布	9	5.93	0.19
14	混输	2016/1/27	耿贝尔分布	15.76	14.57	0.269
17	混输	2016/11/18	耿贝尔分布	17.92	2.59	0.155
20	注水	2017/9/24	耿贝尔分布	43.57	48.94	0.2
21	注水	2017/6/15	耿贝尔分布	30.58	15.65	0.116
22	注水	2017/9/22	耿贝尔分布	14.86	3.71	0.151

续表

编号	管道介质	检测时间	腐蚀宽度分布规律拟合			
			分布函数	loc	scale	统计量
28	注水	2018/12/24	正态分布	48.79	21.7	0.091
			耿贝尔分布	38.05	19.36	0.099
30	混输	2019/11/11	耿贝尔分布	16.82	18.32	0.273
			指数分布	6	25.52	0.287
31	注水	2019/1/24	耿贝尔分布	40.23	19.65	0.104
32	混输	2019/10/30	指数分布	10	154.44	0.12

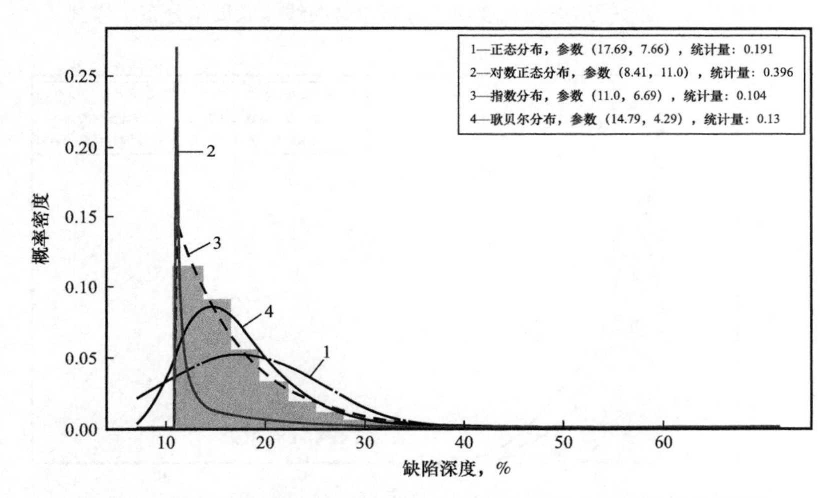

图 5.5　某注水管道腐蚀深度缺陷分布拟合曲线（指数分布）样例

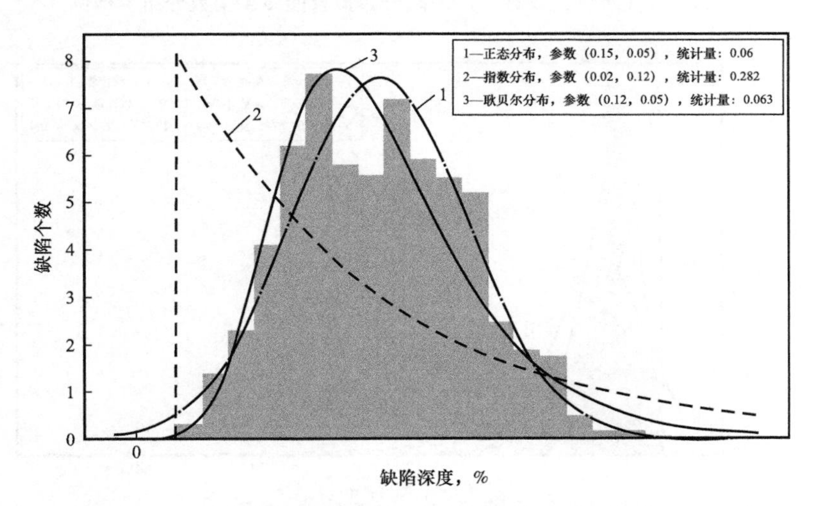

图 5.6　某注水管道腐蚀深度缺陷分布拟合曲线（正态分布）样例

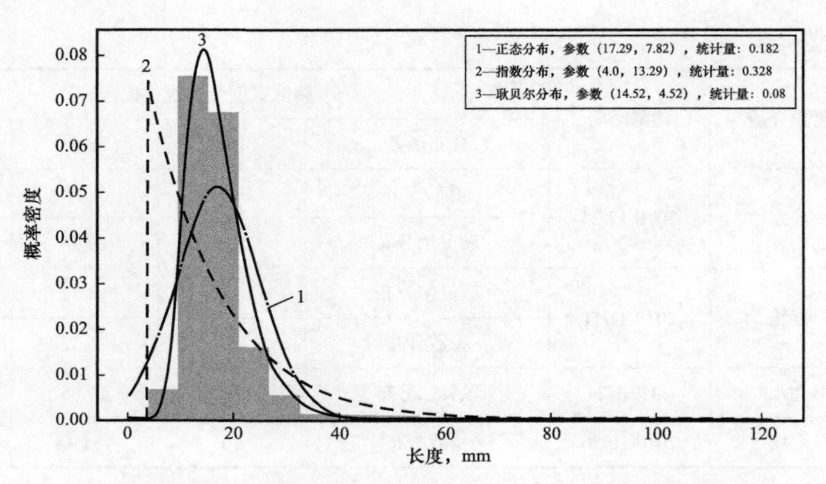

图 5.7　某注水管道腐蚀长度缺陷分布拟合曲线（耿贝尔分布）样例

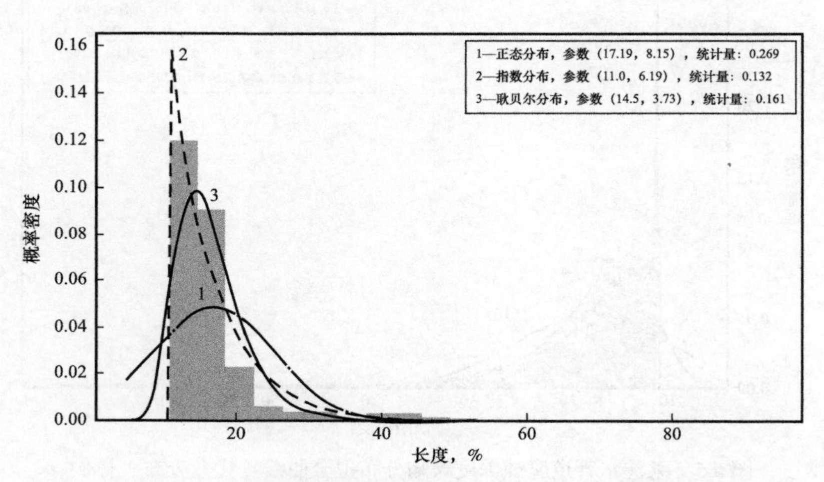

图 5.8　某注水管道腐蚀长度缺陷分布拟合曲线（指数分布）样例

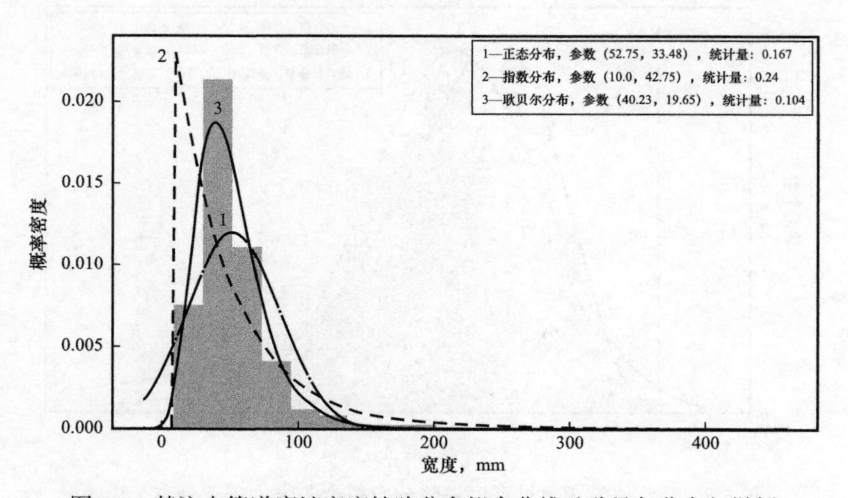

图 5.9　某注水管道腐蚀宽度缺陷分布拟合曲线（耿贝尔分布）样例

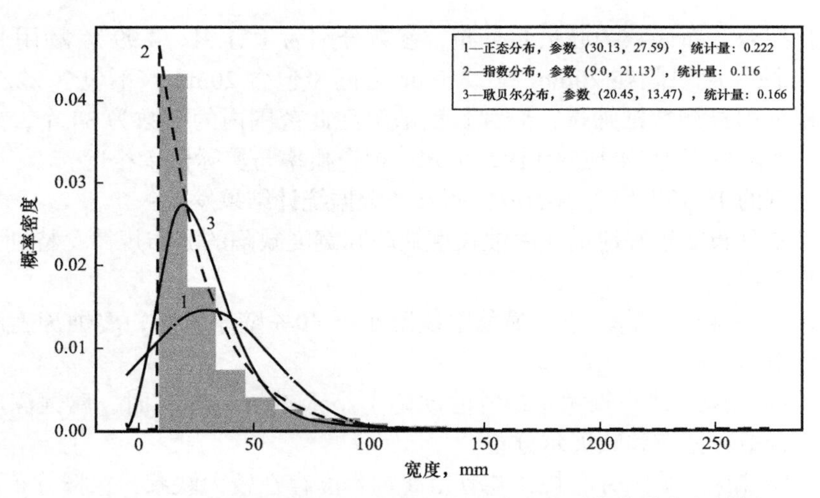

图 5.10　某注水管道腐蚀宽度缺陷分布拟合曲线（指数分布）样例

各分布函数在 19 条管道的最优拟合结果统计见表 5.6。

表 5.6　腐蚀缺陷分布函数拟合统计结果

分布函数	腐蚀深度缺陷	腐蚀长度缺陷	腐蚀宽度缺陷
耿贝尔分布	13	17	15
指数分布	8	6	9
正态分布	5	—	1
对数正态分布	—	1	—

拟合结果校核，以 10 号管道长度腐蚀缺陷数据为例，其拟合图形如图 5.11 所示。

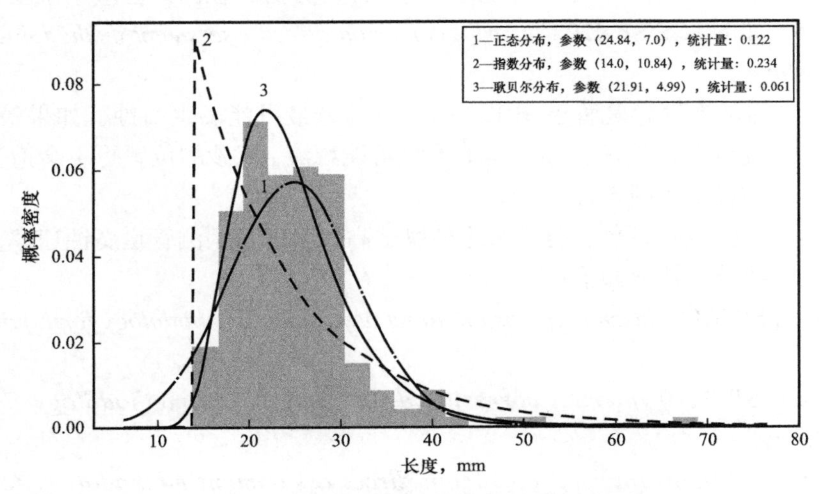

图 5.11　10 号管道长度腐蚀缺陷分布拟合曲线

其最优化拟合分布函数为耿贝尔分布，参数分别为（21.91，4.99）。利用 Python 模型可以计算出腐蚀长度缺陷在 20mm 到 22.5mm 之间（包含 20mm，不包含 22.5mm）的概率为 0.18。根据内检测数据筛选，腐蚀长度缺陷在此范围内的个数为 34 个，总共缺陷个数为 175 个，实际概率为 34/175=0.19，可知，拟合概率与实际概率相近。

通过对现有的 19 条海底管道的内检测腐蚀数据统计结果发现：

（1）耿贝尔分布能较好地描述腐蚀长度缺陷和宽度缺陷的分布规律，特别是腐蚀长度缺陷，基本都适用。

（2）管道腐蚀深度缺陷较小（最危险缺陷小于 40% 壁厚）时，腐蚀深度缺陷的分布规律主要符合正态分布。

（3）管道腐蚀深度缺陷较大（最危险缺陷不小于 40% 壁厚）时，腐蚀深度缺陷的分布规律主要符合指数分布和耿贝尔分布。

（4）管道腐蚀深度缺陷分布规律与管道腐蚀程度存在较大联系，选择分布函数时需考虑实际腐蚀情况。

5.3 内腐蚀直接评价

5.3.1 评估流程

通过智能内检测可以获取管道的腐蚀数据，但受工艺条件（如压力、流量小）、管道设施（阀门开度、设计阶段是否考虑收发球筒、弯头尺度）及智能球的适用性等方面的影响，很多在役管道无法开展内检测。据统计大概只有 50% 的管道可以在线清管检测。美国联邦法规 49CFR192《管道安全法天然气部分》规定，不能进行内检测的管道，需进行内腐蚀直接评价。

内腐蚀直接评价（ICDA，Internal Corrosion Direct Assessment）是一种无需进入管道内部，又可有效识别管道内部腐蚀风险的完整性评价方法，在国外已应用于工程实际，并形成相关规范，如 NACE SP 0208 *Internal corrosion direct assessment methodology for liquid petroleum pipelines*。

ICDA 方法的基本理念是管道积水、积砂的地方最可能发生腐蚀，如果最可能积液 / 积砂的部位没有受到腐蚀损坏，那么其他不太可能积液 / 积砂的位置更不会遭受腐蚀，则管道的完整性可被确认（图 5.12）。

通过管道内腐蚀直接评价，分析管道的腐蚀高风险区，预测管道腐蚀速率，针对内腐蚀直接评价的主要技术标准如下：

——NACE SP 0208 *Internal corrosion direct assessment methodology for liquid petroleum pipelines*。

——NACE SP 0110 *Internal corrosion direct assessment methodology for pipelines carrying wet gas*。

——NACE SP 0206 *Internal corrosion direct assessment methodology for pipelines carrying normally dry natural gas*。

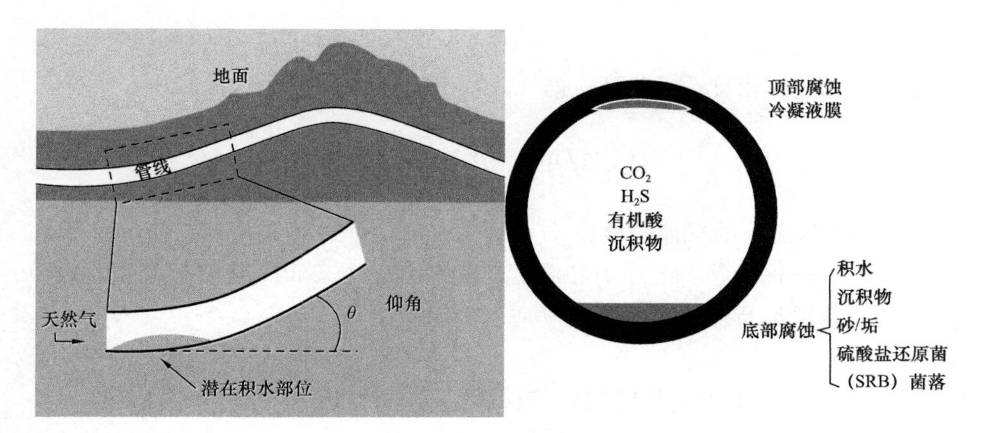

图 5.12　腐蚀高风险区

内腐蚀直接评价的主要流程包括四个部分：

（1）预评价：预评价阶段需要收集管道的基本资料，进行综合分析确定 ICDA 是否可行。

（2）间接检测：间接检测的目标是用流动模拟结果预测最可能发生内腐蚀的位置，并计算腐蚀速率。针对不同类型管道，计算方法有所不同。

（3）直接检测：对间接检测分析出的腐蚀高风险区采用相关检测技术进行检测确认。

（4）后评价：后评价的目的是评价内腐蚀直接评价过程的有效性，以及确定再评价的时间间隔。

5.3.2　干气管道内腐蚀直接评价（DG-ICDA）

DG-ICDA 方法的基本理念是管道积水的地方最可能发生腐蚀，如果最可能积液的部位没有受到腐蚀损坏，那么其他不太可能积液的位置更不会遭受腐蚀，则管道的完整性可被确认。

间接检测的目标是，用流动模拟结果预测最可能发生内腐蚀的位置。间接检测的主要内容包括三个方面：

（1）绘制管道高程剖面图和倾角分布图。

（2）使用所收集的数据资料进行多相流计算，确定持液的最大临界倾角。

（3）对比分析流动模拟计算结果和管道高程剖面和倾角分布图，判断内腐蚀可能出现的位置。

DG-ICDA 理论基础是分层流，对管径在 0.1～1.2m（4～48in），压力小于 7.6MPa（1100psi）的管道已经证实为分层流，可直接利用临界倾角（θ）计算公式，见式（5.1）：

$$\theta = \arcsin\left(0.675\frac{\rho_g}{\rho_l - \rho_g}\cdot\frac{v_g^2}{g\cdot ID}\right)^{1.091} \tag{5.1}$$

式中　ρ_g、ρ_l——管道内气体密度、液体密度；

v_g——流速；

ID——管道内径；

g——重力加速度。

操作工况下的气体密度（ρ_g）可根据气体状态方程计算，见式（5.2）：

$$\rho_g\left(\text{kg}/\text{m}^3\right)=\rho_0\frac{p\cdot T_{\text{STP}}}{p_{\text{STP}}\cdot T\cdot Z} \tag{5.2}$$

式中　ρ_0——标准状态下的气体密度；

p_{STP}、T_{STP}——标准状态的压力和温度，分别为 101.325kPa 和 273.15K（0℃）；

p、T——管道运行压力和温度；

Z——压缩系数。

对于气体压缩系数 Z 可应用 HYSYS 进行计算（图 5.13）。

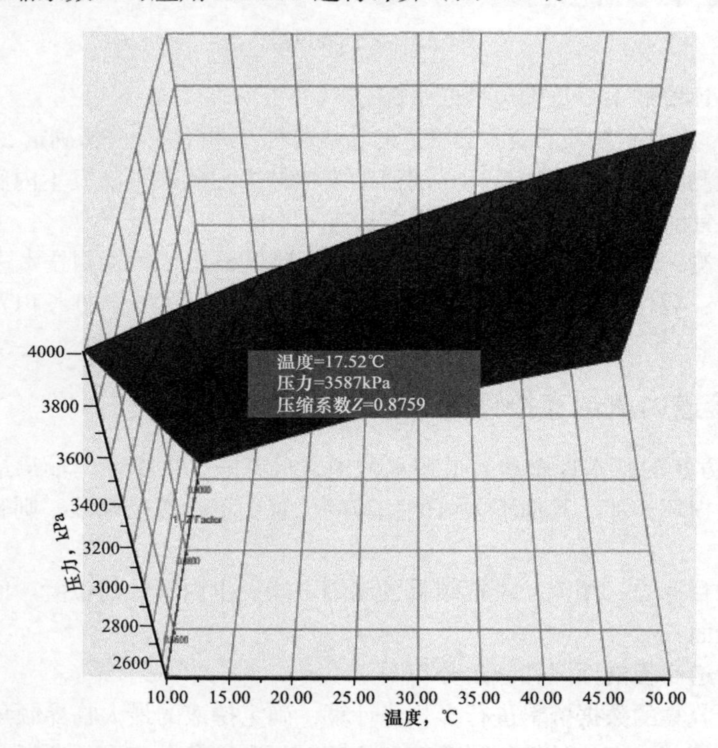

图 5.13　气体压缩系数 Z

根据气体状态方程计算操作工况下的气体流速，见式（5.3）：

$$v_g\left(\text{m/s}\right)=\frac{v_{\text{STP}}\cdot T\cdot Z\cdot p_{\text{STP}}}{p\cdot T_{\text{STP}}} \tag{5.3}$$

式中　v_{STP}——标准状态下的输量。

管道临界倾角是个动态值，与管道压力、温度和输量有关，应根据管道投入使用以来的典型工艺参数进行计算。

以某管道为例通过计算表明：

（1）管道自投入使用以来，共计 1191d，绝大多数工况管道临界倾角在 0.5°～3°，分布情况如图 5.14 所示。

经计算，10%概率对应的临界倾角 2.567°，50%概率对应的临界倾角为 1.336°，90%概率对应的临界倾角为 0.625°；

（2）2014 年 8 月，管道运行压力约 3.51MPa，最大输气量曾达到 $33.2496\times10^4m^3/d$（标况），因此管道临界倾角较大，达到 4.696°（图 5.15）。

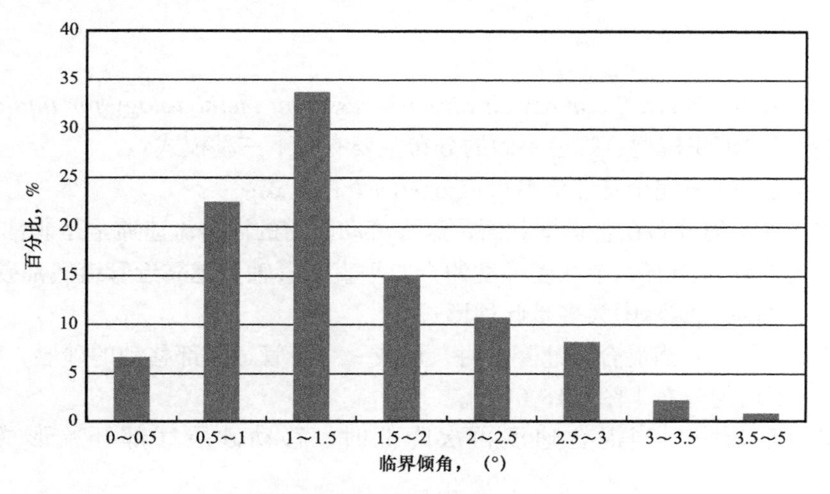

图 5.14　管道临界倾角分布

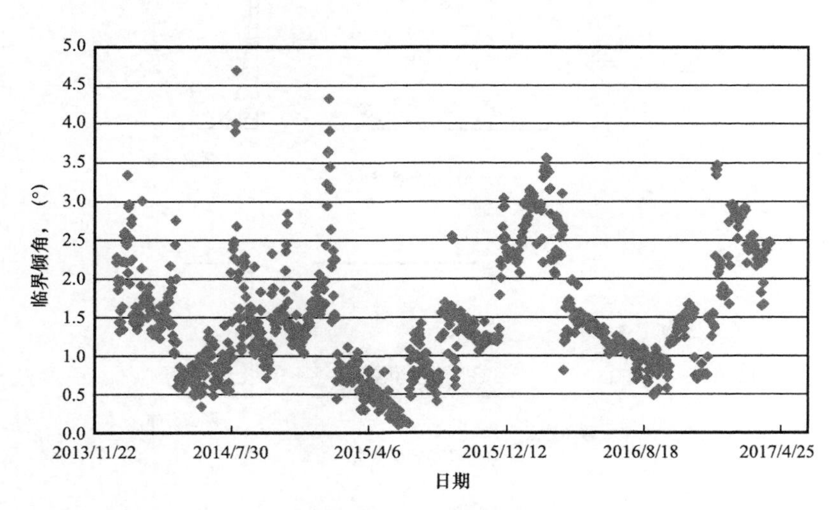

图 5.15　管道临界倾角

5.3.3　输油管道内腐蚀直接评价

对于输油管道主要考虑水沉积与砂沉积，对于注水管道仅考虑砂沉积。

5.3.3.1　水沉积

NACE SP 0208 *Internal corrossion direct assessment methodology for liquid petroleum pipelines* 中水沉积的方法适用于低含水原油（含水量<5%）管道的内腐蚀位置预测，主要预测水的聚集位置。该标准认为液体管道中存在一个产生积水的临界倾角 θ，即管道敷设的实际倾角大于临界倾角的位置产生积水，若实际敷设倾角小于临界倾角，管道内不易产生积水。当含水率很高时，介质呈现水包油状态，水与管道充分接触的任何位置都存在腐蚀风险。

5.3.3.2 砂沉积

NACE SP 0208 *Internal corrossion direct assessment methodology for liquid petroleum pipelines* 推荐了砂沉积模型，管道中砂的分布主要有以下三种模式：

（1）完全悬浮——完全悬浮流型可以分为两个种模式：

① 固体几乎均匀分布在管道横截面，这种流动所需的混合流速通常是非常高的。

② 不均匀悬浮，当有一个浓度梯度的方向垂直于管轴，越靠近管道底部砂颗粒越多，如图 5.16（a）所示，实际中大多是此种形式。

（2）移动砂层——当混合流速降低时，形成一个沿管道底部移动的砂层，移动砂层上部，砂颗粒呈不均匀分布［图 5.16（b）］。

（3）固定砂层——当混合速度再次降低时，移动砂层底部开始形成固定砂层［图 5.16（c）］。

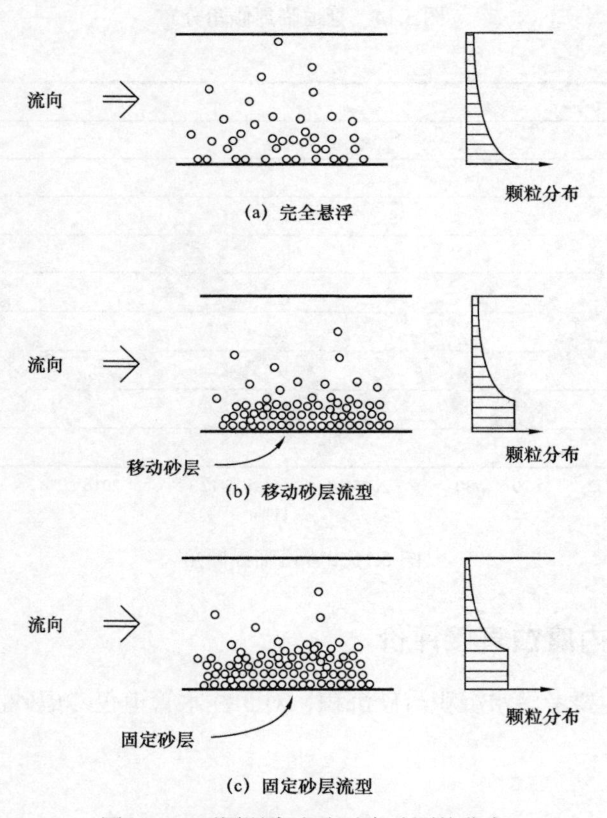

图 5.16 不同混合流速对应砂颗粒分布

总体而言，当流速降低到一定程度时，管道底部出现固定砂层，即为NACE SP 0208 *Internal corrosion direct assessment methodology for liquid petroleum pipelines* 中所说的腐蚀高风险区。移动砂层、固定砂层与介质含砂量、砂密度、液体密度、流速与倾角有关。

1. NACE的“三层”模型

NACE SP 0208 *Internal corrosion direct assessment methodology for liquid petroleum pipelines* 推荐了“三层”模型用于砂沉积分析，但标准中仅给出了部分计算公式，剩余公式参考原作者所发表的相关论文：

——*A three-layer model for solid-liquid flow in horizontal pipes*。

——*Flow of solid-liquid mixtures in inclined pipes*。

——*Slurry flow in horizontal pipes—experimental and modeling*。

“三层”指最上层的含砂流体、中层的移动砂层、最底层的固定砂层。移动砂层中固体颗粒的受力模型如图5.17与图5.18所示。上部含砂流体的含砂量C_h、移动砂层厚度y_{mb}与固定砂层的厚度y_{sb}作为未知量，通过联立三个非线性方程组进行求解，最终可计算出管道是否存在固定砂层[式(5.4)至式(5.6)]。

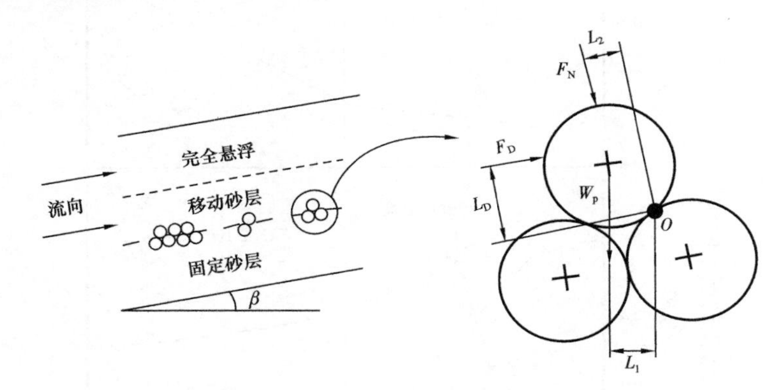

图5.17 砂沉积模型

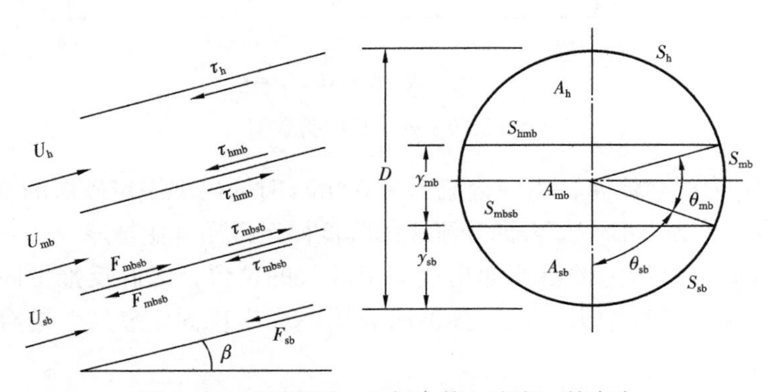

图5.18 三层模型：几何参数、速度、剪应力

$$C_h = \frac{U_s C_s A - U_{mb} C_{mb} A_{mb}}{U_s A + U_{mb} A_{mb}} \quad (5.4)$$

$$\frac{\tau_{\mathrm{h}}S_{\mathrm{h}}+\tau_{\mathrm{hmb}}S_{\mathrm{hmb}}}{A_{\mathrm{h}}}=\frac{F_{\mathrm{mbsb}}+\tau_{\mathrm{mbsb}}S_{\mathrm{mbsb}}+F_{\mathrm{mb}}+\tau_{\mathrm{mb}}S_{\mathrm{mb}}-\tau_{\mathrm{hmb}}S_{\mathrm{hmb}}}{A_{\mathrm{mb}}} \tag{5.5}$$

$$\frac{C_{\mathrm{h}}}{C_{\mathrm{mb}}}=\frac{2\left(\frac{D}{2}\right)^{2}}{A_{\mathrm{h}}}\int_{\theta_{\mathrm{mb}}+\theta_{\mathrm{sb}}}^{x/2}\exp\left\{-\frac{wD}{2\mathrm{e}}\left[\sin y-\sin\left(\theta_{\mathrm{mb}}+\theta_{\mathrm{sb}}\right)\right]\right\}\cos^{2}y\mathrm{d}y \tag{5.6}$$

式（5.4）至式（5.6）中各物理量的意义详见相关文献，其余参数都可以用移动砂层厚度（y_{mb}）与固定砂层厚度（y_{sb}）表示。

基于 NACE SP 0208 *Internal corrossion direct assessment methodology for liquid petroleum pipelines* 推荐的“三层”模型，开发了 PIM-ICDA 软件，依据论文 *A three-layer model for solid-liquid flow in horizontal pipes* 的数据（图 5.19），以验证软件计算的准确性。

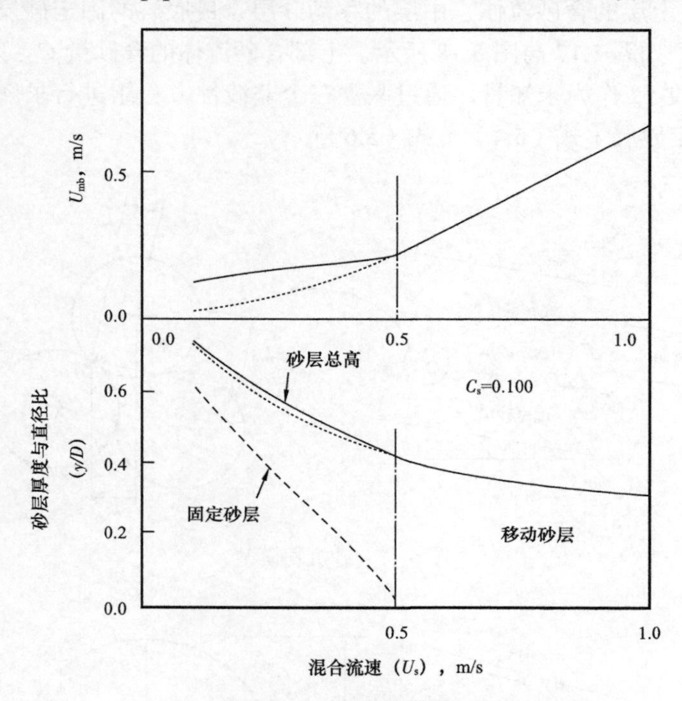

图 5.19　砂沉积试验数据

图 5.19 中 U_s 为混合流速，当混合流速为 0.5m/s 时为出现固定砂层的临界点，此时移动砂层厚度与直径比为 0.42，随着混合流速的降低固定砂层开始增厚。

考虑到腐蚀高风险区为砂沉积即出现固定砂层的位置，因此反推无固定砂层时的临界混合流速，当实际运行中大于此临界值时表明不会出现固定砂层。结合上图，即求出 U_s=0.5m/s 的数值。

2. 中海油安全技术服务有限公司管道内腐蚀直接评价系统

中海油安全技术服务有限公司开发了输油管道内腐蚀直接评价系统，该系统基于“三层模型”计算临界流速，结合现场实际运行工况分析管道的腐蚀情况（图 5.20）。

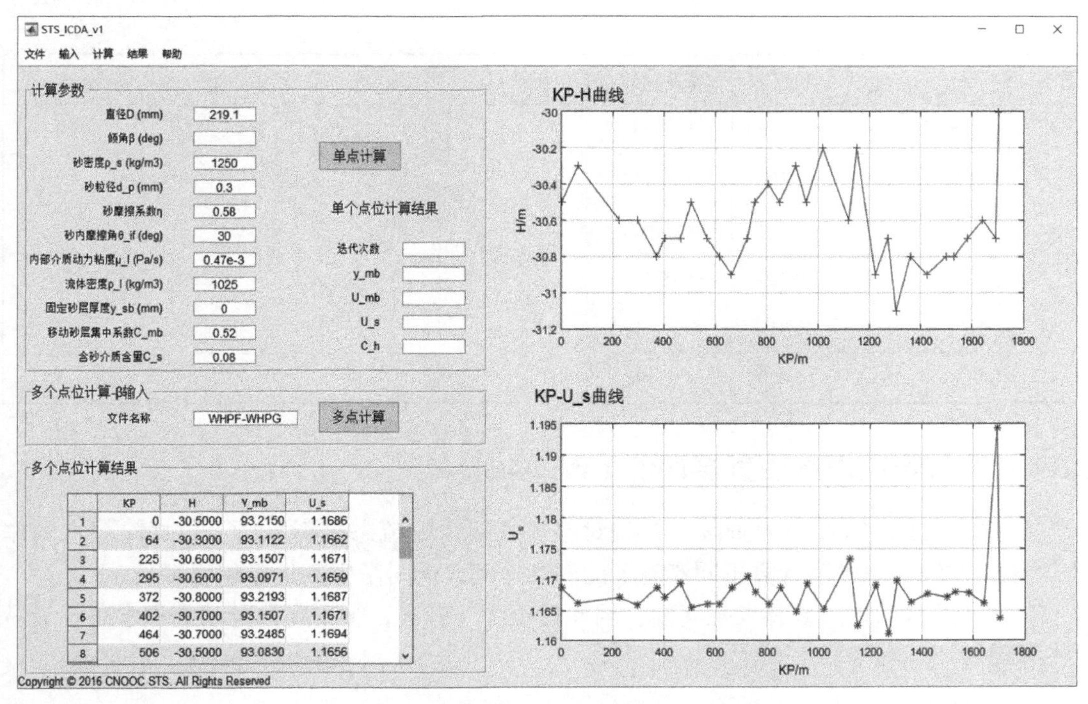

图 5.20 内腐蚀直接评价软件界面

在该软件中输入参数如下：

——管径。

——砂密度。

——砂粒径。

——砂含量。

——液体密度。

——管道倾角。

——流体运动黏度。

输出计算结果为 U_s=0.50351m/s，此时移动砂层厚度 y_{mb} 为 21.58563mm，砂层厚度与管道直径比为 43.2%，此结果与 NACE 标准中试验数据一致。为更加详细解释计算结果，输入混合流速 U_s，计算 y_{mb}，计算结果见表 5.7，表明在出现固定砂层时的临界混合流速约为 0.50m/s。

表 5.7 校核数据

序号	U_s	y_{mb}	y_{mb}/D	实际 U_{mb}	临界 U_{mb}	备注
1	0.5	24.25	0.485	0.19409	0.2292	实际 U_{mb}＜临界 U_{mb}，会出现固定砂层
2	0.55	22.8	0.456	0.231218	0.2224	实际 U_{mb}＞临界 U_{mb}，不会出现固定砂层
3	0.6	21.5	0.43	0.272641	临界 U_{mb}	

续表

序号	U_s	y_{mb}	y_{mb}/D	实际 U_{mb}	临界 U_{mb}	备注
4	0.65	20.4	0.408	0.316647	逐步减小	
5	0.7	19.45	0.389	0.363451		
6	0.75	18.7	0.374	0.410581		
7	1	16.45	0.329	0.650255		
8	1.25	15.55	0.311	0.874625		
9	1.3	15.45	0.309	0.91698		

5.3.4 湿气管道内腐蚀直接评价（WG-ICDA）

在WG-ICDA间接检测阶段，首先对湿气管线内的流态进行分析（包括冷凝水的作用），根据腐蚀速率模型计算不同流态下的腐蚀速率，同时考虑其他影响因素。

存在液态水的地方最易发生腐蚀，因此对于湿气管道，管顶腐蚀及底部积水位置最易发生腐蚀。

5.3.4.1 管顶腐蚀影响因素

管顶腐蚀（TLC，Top of the Line Corrosion）是由于管线内部与外部环境温度差异，导致蒸汽在管顶凝结为水珠，而腐蚀性气体如CO_2、H_2S及乙酸等溶解于水珠之内，形成具有腐蚀性的溶液，导致管顶严重腐蚀。

过去几十年间，管顶腐蚀导致了大量的管线失效事故。最早的记录是1960年法国拉克高硫石油气田。而最近一次管顶腐蚀事故是阿拉斯加管线失效停输，事故导致了2006年油气价格上涨。研究发现每桶原油需要投入0.2～0.4USD用于腐蚀防护。即使如此仍有30%的事故是由内部腐蚀导致。

研究发现管顶腐蚀的情况受到以下这些因素的影响。

1. 温度的影响

虽然管内化学反应符合阿伦尼乌斯定律——温度越高化学反应速率越快。但是研究发现，高温下管顶生成的$FeCO_3$层更为稠密，从而形成保护膜，其腐蚀速率随时间迅速降低。

2. 气体速度的影响

当处于较低速度（<10m/s）时，蒸汽在管顶凝结之后形成固定的水滴，在管顶有足够的时间形成$FeCO_3$保护膜。当处于较高速度时，蒸汽凝结成水滴之后顺着管壁滑动，并不断聚集最终形成水流到达管底，导致腐蚀的铁化合物迅速被带离，无法形成有效的$FeCO_3$保护膜，反而会在水滴路径上形成较厚但不具保护性的Fe_3C。所以试验结果发现，在初始阶段不同气体速度下腐蚀速率大致相当，但随着时间推移低速的腐蚀速率有所降低，而高速的腐蚀速率没有明显降低甚至有所提高。

3. CO_2 分压的影响

实验结果发现初期较高的 CO_2 分压将导致较高的腐蚀速率，但当 $FeCO_3$ 保护膜形成之后，腐蚀速率迅速回落，达到与较低分压相近的速率。

4. 冷凝速率的影响

更高的冷凝速率一方面会导致更多的水，但也会导致 $FeCO_3$ 增加，当 $FeCO_3$ 保护膜形成之后对腐蚀形成抵制效果。所以，不同冷凝速率下腐蚀速率的差异并不大。但是需要注意的是，高冷凝速率下点腐蚀和局部腐蚀的现象更为严重。

5. 乙酸浓度

当管道内存在乙酸时，会与碳酸一起加剧管道的腐蚀。但是研究发现，当乙酸处于一个较低的浓度（100×10^{-6}）时对腐蚀没有明显的影响，甚至和零浓度相当。但当乙酸达到较高浓度（1000×10^{-6}）时，腐蚀速率显著增加。

5.3.4.2 冷凝模型

冷凝是管内水蒸气由于管道内外温度差导致热量流失，在管壁上凝结成水珠的过程。其应遵循两个基本原则：能量守恒原则和质量守恒原则。

1. 能量守恒模型

冷凝过程中的热力场分布与热能转换过程如图 5.21 所示：

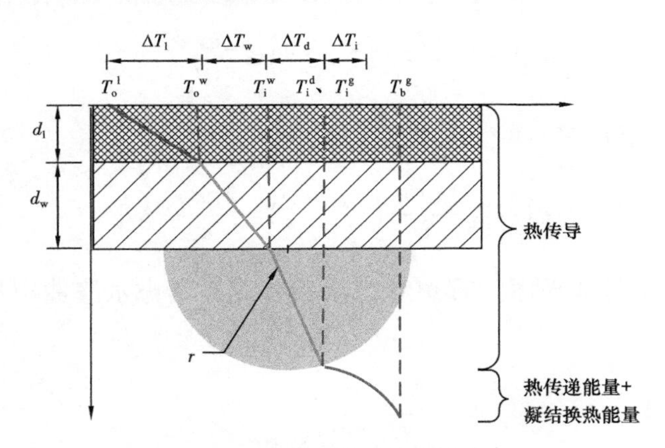

图 5.21 冷凝过程的热力场分布

1）管内气体的热能：热传递能量 + 凝结换热能量

管内气体的热能等于热传递能量与凝结换热能量之和，见式（5.7）。

$$Q=Q_g+Q_c \tag{5.7}$$

（1）Q_g 为热传递能量，按式（5.8）计算：

$$Q_g=h_g\cdot\left(T_b^g-T_i^g\right) \tag{5.8}$$

式中 h_g——热传递系数；

T_b^g——气体温度，即管道运行温度；

T_{i}^{g}——气液交界面的气体温度。

（2）Q_c 为凝结换热能量，按式（5.9）计算：

$$Q_{c}=\dot{m}\cdot H_{fg} \tag{5.9}$$

式中 $\dot{m}$——冷凝速率；

H_{fg}——水汽化 / 冷凝潜热。

（3）综合式（5.8）与式（5.9），最终得到式（5.10）：

$$Q=h_{g}\cdot\left(T_{b}^{g}-T_{i}^{g}\right)+\dot{m}\cdot H_{fg} \tag{5.10}$$

2）水滴、管壁及保温层内热量的热传递

（1）气液界面上的热能传递 $q(r)$ 见式（5.11）：

$$q(r)=2\pi r^{2}h_{i}\left(T_{i}^{g}-T_{i}^{d}\right)=2\pi r^{2}h_{i}\Delta T_{i} \tag{5.11}$$

（2）水滴内部的热能传递 $q(r)$ 见式（5.12）：

$$q(r)=\frac{4\pi r^{2}k_{H_2O}}{r}\left(T_{i}^{d}-T_{i}^{w}\right)=\frac{4\pi r^{2}k_{H_2O}}{r}k_{H_2O}\Delta T_{d} \tag{5.12}$$

（3）管壁内部的热能传递 $q(r)$ 见式（5.13）：

$$q(r)=\frac{2\pi r^{2}k_{w}}{d_{w}}\left(T_{i}^{w}-T_{o}^{w}\right)=\frac{2\pi r^{2}k_{w}}{d_{w}}\Delta T_{w} \tag{5.13}$$

（4）保温层的热能传递 $q(r)$ 见式（5.14）：

$$q(r)=\frac{2\pi r^{2}k_{l}}{d_{l}}\left(T_{o}^{w}-T_{o}^{l}\right)=\frac{2\pi r^{2}k_{l}}{d_{l}}\Delta T_{l} \tag{5.14}$$

（5）由于水滴并非是平面的理想状态，所以需要考虑水滴曲率导致的温度差，见式（5.15）：

$$\Delta T_{c}=\frac{\rho_{l}-\rho_{g}}{H_{fg}\cdot r\cdot\rho_{g}\cdot\rho_{l}}2T_{i}^{g}\sigma \tag{5.15}$$

式（5.11）至式（5.15）中，

r——水滴半径；

T_{i}^{g}、T_{i}^{d}、T_{i}^{w}、T_{o}^{w}、T_{o}^{l}——分别为气液界面的气体温度、水露点温度、管道内壁温度、管道外壁温度、保温层外壁温度；

h_i——气液界面上的气体热传导系数；

k_{H_2O}、k_w、k_l——分别为液态水、管壁和保温层的导热系数；

d_w、d_l——分别为管壁和保温层厚度；

H_{fg}——水的汽化潜热；

σ——水的表面张力。

综合式（5.11）至式（5.15），得到水滴表面的气体温度 T_i^g 与保温层外壁温度 T_o^l 之差为：

$$T_i^g - T_o^l = \Delta T_c + \Delta T_i + \Delta T_d + \Delta T_w + \Delta T_l$$

即有（5.16）

$$T_i^g - T_o^l = \frac{\rho_l - \rho_g}{H_{fg} \cdot r \cdot \rho_g \cdot \rho_l} 2T_i^g \sigma + \frac{q(r)}{2\pi r^2 h_i} + \frac{q(r) \cdot r}{4\pi r^2 k_{H_2O}} + \frac{q(r) \cdot d_w}{2\pi r^2 k_w} + \frac{q(r) \cdot d_l}{2\pi r^2 k_l} \tag{5.16}$$

将 q（r）提取到公式的左边，可得式（5.17）：

$$q(r) = \frac{T_i^g \cdot \left[1 - \frac{\rho_l - \rho_g}{H_{fg} \cdot r \cdot \rho_g \cdot \rho_l} 2\sigma\right] - T_o^l}{\frac{1}{2\pi r^2 h_i} + \frac{r}{4\pi r^2 k_{H_2O}} + \frac{d_w}{2\pi r^2 k_w} + \frac{d_l}{2\pi r^2 k_l}} \tag{5.17}$$

所以可以得到式（5.18）：

$$Q = \int_{r_{min}}^{r_{max}} q(r) \cdot N(r) \mathrm{d}r \tag{5.18}$$

其中 N（r）为水滴直径分布函数，见式（5.19）：

$$N(r)\mathrm{d}r = \frac{n}{\pi r^2 r_{max}} \left(\frac{r}{r_{max}}\right)^{n-1} \mathrm{d}r \tag{5.19}$$

综合式（5.9）与式（5.18），可以得到凝结速率，见式（5.20）：

$$\dot{m} = \frac{Q - Q_g}{H_{fg}} = \frac{\int_{r_{min}}^{r_{max}} q(r) N(r) \mathrm{d}r - h_g \cdot \left(T_b^g - T_i^g\right)}{H_{fg}} \tag{5.20}$$

2. 质量守恒模型

凝结质量模型较为成熟，其凝结速率 $\dot{m}$ 见式（5.21）。

$$\dot{m} = \rho_g \beta_g \left(x_b^g - x_i^g\right) \tag{5.21}$$

式中 ρ_g——气体密度；

β_g——质量传递系数；

x_b^g——气体本体中水蒸气分压系数；

x_i^g——气液界面处水蒸气分压系数。

式（5.20）中 T_i^g 为气液界面处的温度，属于未知变量。程序在分析时可先假定一初始温度，分别用式（5.20）和式（5.21）计算 $\dot{m}$ 并调整 T_i^g 进行迭代。当式（5.20）和式（5.21）计算得到的 $\dot{m}$ 一致时，即同时满足热量与质量平衡条件，则得到准确的凝结速率。具体流程如图 5.22 所示：

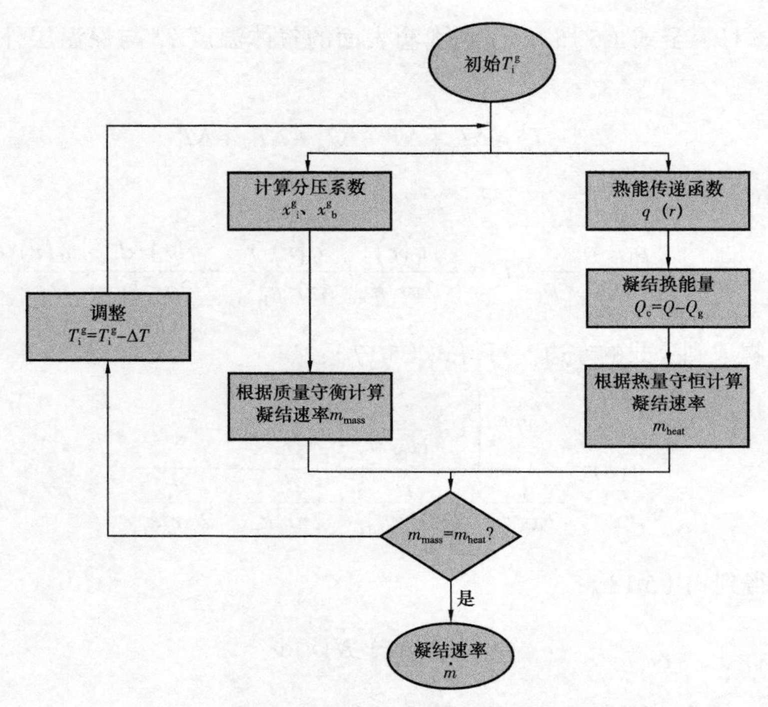

图 5.22 冷凝过程的分析流程

5.3.4.3 冷凝液滴状态

凝结水的最小直径 r_{min} 根据热力学公式可以计算［式（5.22）］。

$$r_{min}=\frac{\rho_l-\rho_g}{H_{fg}\rho_g\rho_l}\cdot\frac{2T_s\sigma}{\Delta T} \tag{5.22}$$

式中 ρ_l、ρ_g——分别为液态和气态水的密度；

H_{fg}——水的汽化潜热；

T_s——饱和温度；

σ——水的表面张力；

ΔT——气体温度 $T_b{}^g$ 和气液交界面温度 T_i^g 的温度差，$\Delta T=T_b{}^g-T_i^g$。

而凝结水的最大直径，为水滴顺着管壁滑落或者直接滴落时的水滴直径。水滴最后是顺着管壁滑落，还是直接滴落需要根据管道的气体密度、速度进行计算，水滴受力情况如图 5.23 所示。

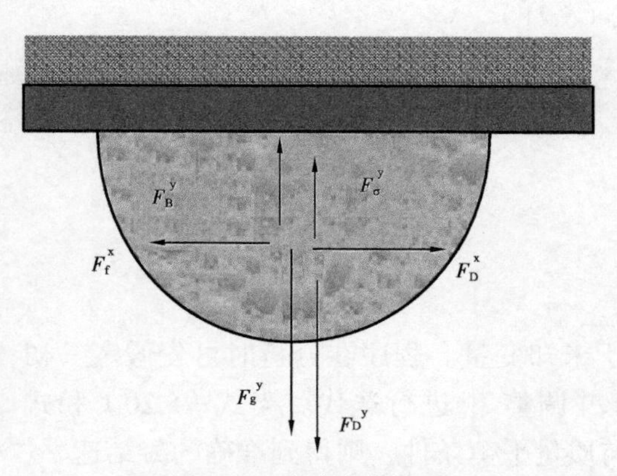

图 5.23 液滴滴落模型

由图 5.23 可以得到水滴滴落时的临界状态，其力学平衡方程为式（5.23）：

$$\begin{cases} F_{\sigma}^{y} + F_{B}^{y} \geqslant F_{g}^{y} + F_{D}^{y} \\ F_{\sigma}^{y} = \pi r^{2} \dfrac{2\sigma}{r} \\ F_{B}^{y} = \dfrac{2}{3} \pi r^{3} \rho_{g} g \\ F_{g}^{y} = \dfrac{2}{3} \pi r^{3} \rho_{l} g \\ F_{D}^{y} = \dfrac{1}{4} C_{D} \rho_{g} \left(\dfrac{\pi}{2} r^{2} \right) U_{g}^{2} \end{cases} \tag{5.23}$$

式中 F_{σ}^{y}——水滴张力；

F_{B}^{y}——气体介质对水滴的浮力；

F_{g}^{y}——水滴的重力；

F_{D}^{y}——气体流动对水滴的垂向拖拽力；

σ——水的表面张力；

r——水滴半径；

C_D——拖曳力系数，取值 0.44（常量）。

水滴滑落临界状态的力学平衡方程见式（5.24）：

$$\begin{cases} F_{f}^{x} \geqslant F_{D}^{x} \\ F_{f}^{x} = k_{f} \sigma r \\ F_{D}^{x} = \dfrac{1}{2} C_{D} \rho_{g} \left(\dfrac{\pi}{2} r^{2} \right) U_{g}^{2} \end{cases} \tag{5.24}$$

式中 F_{f}^{x}——水滴滑动时与管壁间的摩擦力；

F_{D}^{x}——气体流动对水滴的横向拖拽力；

k_f——管内壁粗糙度系数，取 1.5。

由式（5.23）和式（5.24）两个平衡方程可分别计算得到滑落和滴落临界状态的水滴直径，水滴的最大直径为两者的最小值，见式（5.25）。

$$r_{max} = \min\left(r_{slip}, r_{drop}\right) \tag{5.25}$$

当形成液滴后，冷凝液滴的状态受运行压力及气体流速影响，主要分为滴落、滑移、形成水流和环状流四种，如图 5.24 所示。

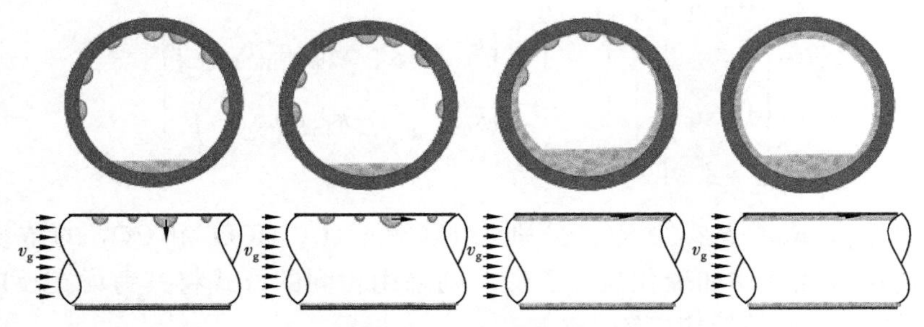

图 5.24 冷凝液滴状态

5.3.4.4 电化学反应模型

水滴内部的腐蚀过程本质为电化学反应过程。腐蚀速率与金属表面离子浓度有关，也与溶剂本体中离子浓度有关。则化学反应模型中应考虑以下的几个方面：

（1）气体的溶解及电离过程。

（2）离子从溶液本体向金属表面移动过程。

（3）金属表面铁离子（Fe^{2+}）流失过程，即腐蚀过程。

（4）金属表面 $FeCO_3$ 膜的生成，即钝化过程。

以上化学反应过程由 Nesic 提出的腐蚀模型进行模拟。

1. 溶解及电离模型

溶解及电离过程可由相应的反应式表示，其反应速率与气体压力或离子浓度有关。二氧化碳的反应式如下：

（1）碳水化：

$$CO_2 + H_2O \overset{k_{sol}}{\Longleftrightarrow} H_2CO_3$$

（2）碳酸电离：

$$H_2CO_3 \underset{k_{b,ca}}{\overset{k_{f,ca}}{\Longleftrightarrow}} H^+ + HCO_3^-$$

（3）碳酸氢根离子电离：

$$HCO_3^- \underset{k_{b,bi}}{\overset{k_{f,bi}}{\Longleftrightarrow}} H^+ + CO_3^{2-}$$

其中 k_{sol}、$k_{f,\ ca}$、$k_{b,\ ca}$、$k_{f,\ bi}$ 和 $k_{b,\ bi}$ 分别为碳水化、碳酸电离、碳酸氢根离子电离的反应速率和逆反应速率。

以碳酸电离为例，H_2CO_3 浓度（$R_{H_2CO_3}$）变化可以表述为，其中 c 为各化学成分的浓度：

$$R_{H_2CO_3} = -\left(k_{f,ca}c_{H_2CO_3} - k_{b,ca}c_{H^+}c_{HCO_3^-}\right)$$

同样，碳酸电离、碳酸氢根离子电离反应，则反应过程可以通过式（5.26）矩阵形式表示：

$$\begin{bmatrix} R_{H_2CO_3} \\ R_{H^+} \\ R_{HCO_3^-} \\ R_{CO_3^{2-}} \end{bmatrix} = \begin{bmatrix} -1 & 0 \\ 1 & 1 \\ 1 & -1 \\ 0 & 1 \end{bmatrix} \begin{bmatrix} \left(k_{f,ca}c_{H_2CO_3} - k_{b,ca}c_{H^+}c_{HCO_3^-}\right) \\ \left(k_{f,bi}c_{HCO_3^-} - k_{b,bi}c_{H^+}c_{CO_3^{2-}}\right) \end{bmatrix} \tag{5.26}$$

矩阵中 $R_{H_2CO_3}$、R_{H^+}、$R_{HCO_3^-}$、$R_{CO_3^{2-}}$ 分别为 H_2CO_3、H^+、HCO_3^- 和 CO_3^{2-} 的浓度变化，对于管道中其他可溶性气体如硫化氢、乙酸，则采用相同的方式将其考虑在反应矩阵中即可。最终，形成一个整体反应矩阵［R］=［a］［k］。

2. 离子移动模型

腐蚀过程中由于 $FeCO_3$ 和 H_2 析出，导致金属表面的分子和离子浓度与溶液本体存在差异。故离子会从溶液本体向金属表面移动（图 5.25）。

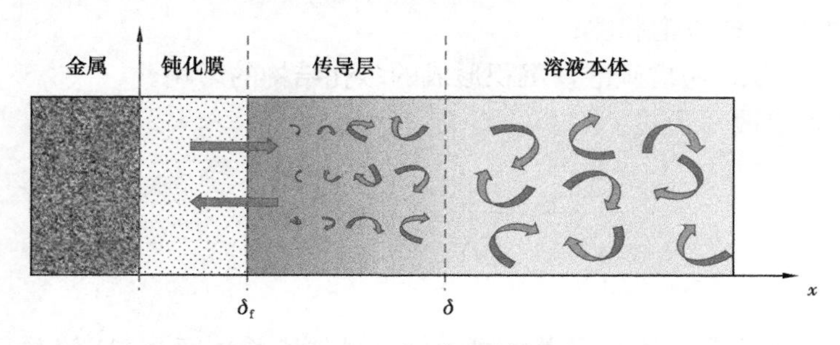

图 5.25　离子移动模型

如图 5.25 所示，溶液本体与金属之间有一个传导层，其厚度 δ 可根据式（5.27）计算。

$$\delta - \delta_f = 25Re^{-7/8}d \tag{5.27}$$

由于管顶腐蚀凝结成的水滴相对静止，故雷诺数 Re=0。则可以得到 δ=δ_f，即传导层与钝化膜是重合的。

忽略水滴的曲率问题，可将其简化为一维问题，其仅包含一个坐标值 X。扩散过程可以使用式（5.28）表达。式中 $\partial(\varepsilon c_j)/\partial t$ 项为浓度对时间的偏导，即单位时间的浓度变化；$\partial(\kappa N_j)/\partial x$ 项为空间扩散导致的浓度变化；εR_j 为反应导致的浓度变化。

$$\frac{\partial(\varepsilon c_j)}{\partial t} = -\frac{\partial(\kappa N_j)}{\partial x} + \varepsilon R_j \tag{5.28}$$

$$\kappa = \varepsilon^{1.5}$$

$$N_j = -D_j \frac{\partial c_j}{\partial x}$$

式（5.29）中 R_j 为沉淀、溶解量，对于 $FeCO_3$ 可 Johnson & Tom 或者 van Hunnik 公式进行计算。

Johnson & Tom 公式为：

$$R_{FeCO_3} = A \cdot e^{54.8 - \frac{123.0\text{kJ/mol}}{RT}} \cdot K_{sp} \cdot \left(S^{1/2} - 1\right)^2$$

van Hunnik 公式为：

$$R_{FeCO_3} = A \cdot e^{52.4 - \frac{119.8\text{kJ/mol}}{RT}} \cdot K_{sp} \cdot (S-1) \cdot \left(1 - S^{-1}\right)$$

其中　c_j——离子浓度；

ε——固体孔隙率，见式（5.34）；

κ——固体表面渗透率；

N_j——离子流通量，对于凝结水中离子移动，可忽略对流和迁移；

D_j——离子扩散系数；

K_{sp}——碳酸亚铁的溶解反应系数；

S——碳酸亚铁的过饱和度；

A——有效面积，考虑碳酸铁沉积形成的多孔结构的影响。

则以上公式可以改写为式（5.29）：

$$\frac{\partial \varepsilon c_j}{\partial t}=\frac{\partial}{\partial x}\left(\varepsilon^{1.5}D_j\frac{\partial c_j}{\partial x}\right)+\varepsilon R_j \tag{5.29}$$

3. 腐蚀模型

由于石油天然气本身并不具显著的腐蚀性，虽然乙酸浓度及 pH 值对于管顶腐蚀有较为明显的影响，但其仍属于电化学腐蚀范畴。管顶腐蚀以析氢腐蚀形式发生，即 Fe 失去电子形成 Fe^{2+}，而 H^+ 吸收电子析出 H_2，分别成为阳极和阴极。所以，腐蚀的过程可以用以下的反应式表示：

（1）阳极：氧化反应。

$$Fe \Rightarrow Fe^{2+}+2e$$

（2）阴极：析氢反应。

$$2H^{+}+2e \Rightarrow H_2$$
$$2H_2CO_3+2e \Rightarrow H_2+2HCO_3^-$$
$$2HCO_3^-+2e \Rightarrow H_2+2CO_3^{2-}$$

以上各式交换电流密度 i 均可以根据式（5.30）计算：

$$i=i_0\times 10^{\pm\frac{E-E_{rev}}{b}} \tag{5.30}$$

式中 i_0——基础电流密度；

E、E_{rev}——分别为外加腐蚀电势和基础腐蚀电势；

b——Tafel 斜率。

根据电荷平衡方程，阴极、阳极反应电流密度（i_a，i_c）应相等，则可以得到式（5.31）：

$$\sum_{l}^{n_a} i_a=\sum_{l}^{n_c} i_c \tag{5.31}$$

则管顶腐蚀的平均腐蚀速率（C_R）可根据式（5.32）得到：

$$C_R(m/s)=\frac{M_{Fe}\sum_{l}^{n_a} i_a}{\rho_{Fe}nF} \tag{5.32}$$

式中 M_{Fe}——Fe 原子质量，55.845kg/kmol；

ρ_{Fe}——Fe 密度，$7850kg/m^3$；

n——2mole/mol；

F——法拉第常数，96488c/mol。

4. 钝化模型

$FeCO_3$ 的沉淀和结晶会在金属表面形成保护膜，导致腐蚀的钝化。$FeCO_3$ 膜的钝化效果不仅取决于 $FeCO_3$ 的生成量，同时也取决于 $FeCO_3$ 膜的密实程度。

$FeCO_3$ 的生成量可以用反应速率表示，而密实度则通过孔隙率体现。两者的数学表达式为式（5.33）和式（5.34）：

$$R_{FeCO_3} = \partial c_{FeCO_3} / \partial t \tag{5.33}$$

$$\varepsilon = 1 - \frac{c_{FeCO_3} M_{FeCO_3}}{\rho_{FeCO_3}} \tag{5.34}$$

其中：M_{FeCO_3}=115.8kg/mol，ρ_{FeCO_3}=$3.9kg/m^3$。R_{FeCO_3} 根据 Johnson& Tom 或者 van Hunnik 公式计算得到。

综合式（5.33）和式（5.34），可以得到钝化过程的数学模型［式（5.35）］。

$$\frac{\partial \varepsilon}{\partial t} = -\frac{M_{FeCO_3}}{\rho_{FeCO_3}} \cdot R_{FeCO_3} \tag{5.35}$$

需要注意的是，式中 R_{FeCO_3} 是随着时间变化的量，而非常量。任意一点位置的孔隙率均可由上式计算得到。根据 ε 的情况和变化则可以模拟出钝化膜的形成过程：ε=0，则该位置尚未形成钝化膜；$0<\varepsilon<1$ 则该位置形成钝化膜。

5. 数学模拟

综合以上的化学反应、离子移动、腐蚀及钝化模型即得到管顶腐蚀的整体模型。但是由于其参数与时间、空间均呈非线性的关系，故将空间上进行离散，而时间显性变换的手段将问题进行简化。模型的基本条件如下，迭代流程如图 5.26 所示。

1）初始条件

（1）如图 5.26 所示，当水滴初始凝结时并未形成氧化膜，则 δ_f^0=0，且水滴内位置孔隙率 ε_m^0=1。

（2）所有位置离子浓度采用溶液本体离子浓度。

2）参数迭代

（1）钝化膜孔隙率：根据上一时刻的离子浓度计算反应量 R，并由式（5.36）计算孔隙率变化量。

$$\frac{\partial \varepsilon}{\partial t} = -\frac{M_{FeCO_3}}{\rho_{FeCO_3}} \cdot R_{FeCO_3} \tag{5.36}$$

如 $0<\varepsilon<1$ 则认为该单元已经生成钝化膜，所有 $0<\varepsilon<1$ 的单元的宽度之和即为钝化膜的厚度 δ_f。

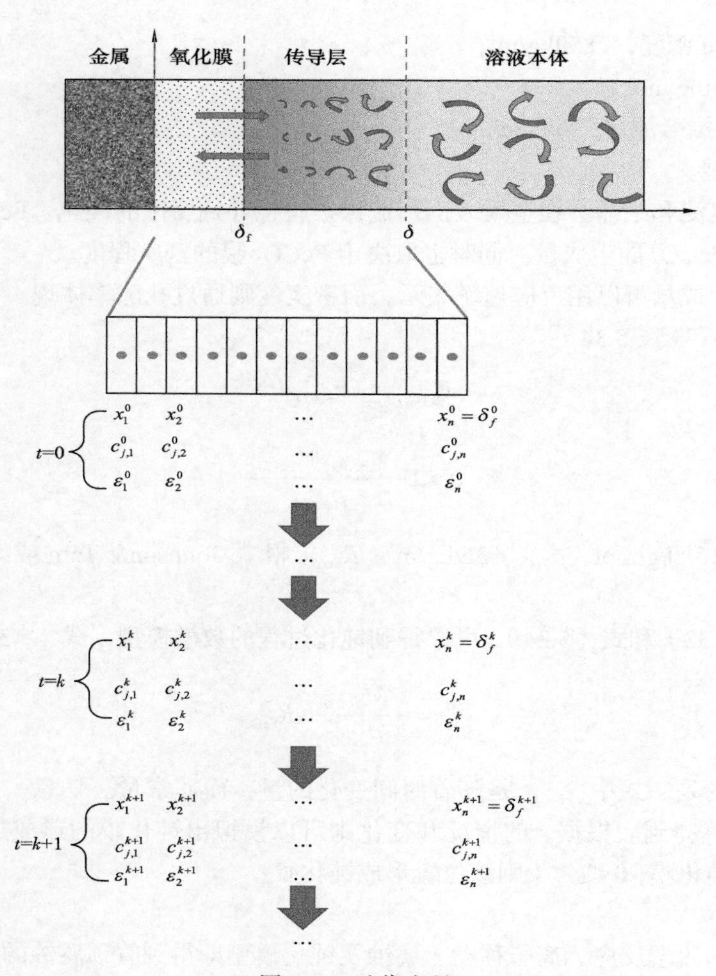

图 5.26　迭代流程

（2）离子浓度按式（5.37）计算：

$$\varepsilon_m^{k+1}\cdot\frac{c_{j,m}^{k+1}-c_{j,m}^{k}}{\Delta t}\cdot\Delta x_m=D_j\cdot\frac{c_{j,m+1}^{k}\left(\varepsilon_{m+1}^{k}\right)^{1.5}-c_{j,m}^{k}\left(\varepsilon_{m}^{k}\right)^{1.5}}{\Delta x_m}+\varepsilon_m^{k}\cdot R_{j,m}^{k+1}\cdot\Delta x_m \tag{5.37}$$

式中　m——将水滴划分成若干单元，第 m 个单元编号；

j——表示第 j 种离子；

$c_{j,m}^{k}$、$c_{j,m}^{k+1}$——离子在时间 k、k+1 时的浓度；

ε_m^{k}、ε_m^{k+1}——在时间 k、k+1 时的孔隙率；

$R_{j,m}^{k+1}$——反应系数；

D_j——离子扩散系数；

Δx_m——第 m 个单元的距离。

由于时间 k 的 $c_{j,m}^{k}$、ε_m^{k} 已知，并且求得时间 k+1 时 $R_{j,m}^{k+1}$、ε_m^{k+1}。上式中公式右边均为已知数，仅公式左边 $c_{j,m}^{k+1}$ 未知，公式转变为显性方程。

3）迭代终止条件

当金属表面氧化膜逐步成型之后，腐蚀电流 I_c 与腐蚀速率 C_R 达到稳定的状态，这个稳定状态下的腐蚀速率 C_R 即为管顶腐蚀的最终腐蚀速率。

5.3.4.5 算例

中海油安全技术服务有限公司基于上述管顶腐蚀模型开发了 TLC program 程序，程序界面如图 5.27 所示。

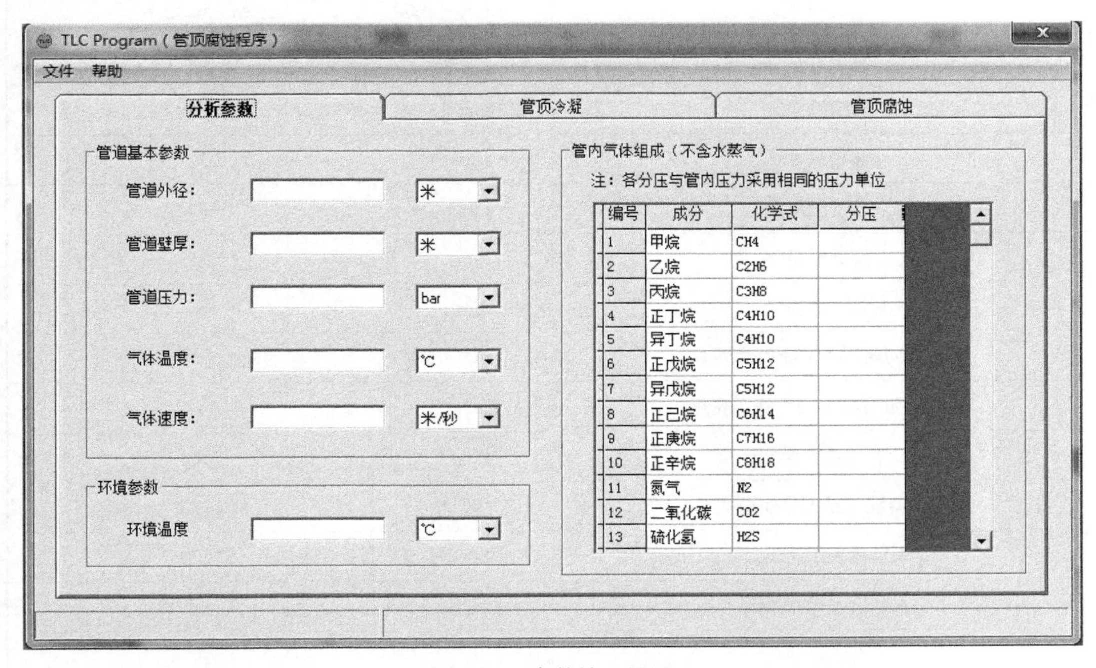

图 5.27　参数输入界面

1. *主要数据*

采用此项目实际数据进行分析。其中数据如下：

（1）管道参数——根据表 5.8 取值。

（2）气体组分——根据表 5.9 取值。

（3）水露点温度——根据现场监测情况取值 15.5℃。

（4）分析工况——输气量 $3.00\times10^4 m^3/d$（标况），入口压力 5.51MPa，入口温度 12℃，出口压力 5.49MPa，出口温度 5℃。

表 5.8　某天然气（湿气）海底管道基础参数

项目	单位	参数
投产年份	年	2003
设计寿命	年	20

续表

项目	单位	参数
管道总长	km	21
输送介质	—	天然气（湿气）
管道结构形式	—	单层管 立管浪溅区保护套管
材质	—	API 5L X56
管道外径	in（mm）	6（168.3）
管道壁厚	mm	9.5
套管尺寸	in（mm）	12（323.9）
套管壁厚	mm	25.4
腐蚀裕量	mm	1.5
套管腐蚀裕量	mm	4
管道外防腐层（3 层 PE）厚度	mm	2.5
管道外防腐层（3 层 PE）密度	kg/m^3	940
设计压力（最大操作压力）	kPa	7800
设计温度（最大作业温度）	℃	46.07
入口最大作业压力	kPa	7800
入口最大作业温度	℃	46.07
安装温度	℃	10
水压试验压力	kPa	9750
内部介质密度	kg/m^3	58.3

表 5.9　管道入口端天然气组分

	分析项目	无空气计体积分数，%
认证项目	二氧化碳	0.4
	氮气	0.18
	甲烷	88.91
	乙烷	6.55
	丙烷	2.48
	异丁烷	0.42

续表

	分析项目	无空气计体积分数，%
认证项目	正丁烷	0.64
	异戊烷	0.18
	正戊烷	0.15
	己烷	0.09
	庚烷	—
	辛烷	—
	总计	100
非认证项目	硫化氢含量，mg/m^3	6.74
	相对密度（空气为 1）	0.6386
	相对分子质量	18.4969
	热值	1019.5012

2. 计算结果

工况一管顶腐蚀计算结果见表 5.10 和图 5.28 至图 5.30。

表 5.10　工况一管顶腐蚀计算结果

温度，℃	5	6	7	8	9	10	11	12
凝结速率，$mL/(m^2 \cdot s)$	0.00659	0.00684	0.00708	0.00732	0.00757	0.00781	0.00806	0.00831
腐蚀速率，mm/a	0.086	0.09	0.094	0.099	0.104	0.108	0.113	0.118
腐蚀速率（修正）mm/a	0.01548	0.0162	0.01692	0.01782	0.01872	0.01944	0.02034	0.02124

注：腐蚀速率（修正）= 腐蚀速率 ×18%，结合 2015 年工艺数据，大多数工况下管道内温度大于水露点温度，产生冷凝水的情况较少，大约 18% 的时间管道运行温度低于水露点，出现冷凝水。

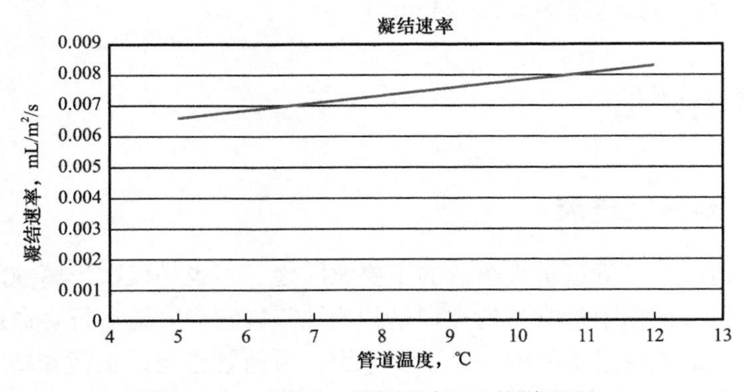

图 5.28　工况一：凝结速率 VS 管道温度

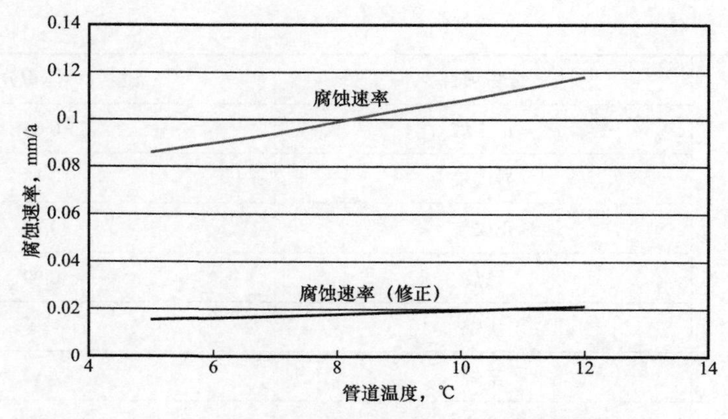

图 5.29　工况一：腐蚀速率 VS 管道温度

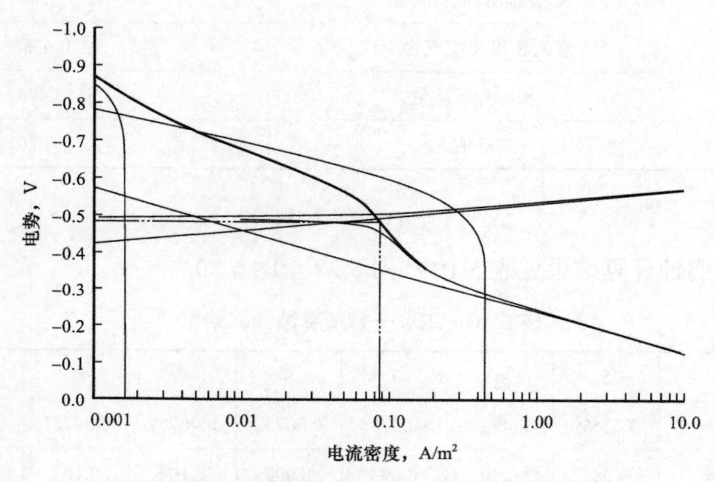

图 5.30　极化曲线工况一，管道温度 9℃

经分析，基于 2015 年工艺数据，该管道大多数工况下管道内温度大于水露点温度，产生冷凝水的情况较少，大约 18% 的时间管道运行温度低于水露点，出现冷凝水。

基于中海油安全技术服务有限公司开发的 TLC program，结合 18% 出现冷凝水时间，计算全年平均的管顶腐蚀速率为 0.02124mm/a。

5.4　凹坑缺陷评估

5.4.1　凹坑缺陷研究进展

机械损伤是造成油气管道重大事故的主要原因之一，也是仅次于腐蚀的引发管道事故的第二大原因。机械损伤中最常见的类型是凹痕缺陷，它对管道运行寿命影响重大，是引起管道疲劳破坏，造成管道事故的一个主要原因。目前管道建设正朝着高压及大口径方向发展，而管道的质量及安装施工等许多问题却没有很好地解决，因此有必要对管道的机械损伤进行比较全面的分析。

国外早在 20 世纪 80 年代就已经开始对管道上的机械损伤进行研究，先后提出了疲劳寿命模型，进行了一系列含有凹痕的管道全尺寸试验，用以研究凹痕对管道运行寿命的影响，并已注意到不同的凹痕几何形状会导致不同的疲劳发展，在循环压力的作用下，凹痕受压力行为和凹痕静力永久复原的程度也不相同。

管道缺陷评估手册（PDAM）项目是由 15 个国际石油天然气公司发起的为管道缺陷评估提供最佳方法的项目。管道的凹痕是管道圆形截面的永久性的塑性变形（图 5.31）。可分为五类：

（1）平滑型凹痕（smooth dent）：使管道曲率发生平滑的改变。

（2）扭结型凹痕（kinked dent）：使管道曲率发生突变，突变处曲率半径小于五倍管道壁厚。此类型凹痕会极大降低管道的爆破压力和疲劳寿命。

（3）普通型凹痕（plain dent）：包括一些无壁厚损失的缺陷和一些焊缝缺陷等。

（4）无约束型凹痕（unconstrained dent）：当引起凹痕的外力消失后，凹痕可以自由的恢复、反弹，随着内压的改变，管道截面可以自由恢复圆形。

（5）约束型凹痕（constrained dent）：引起凹痕的外力一直存在，使得凹痕无法自由反弹或恢复圆形。

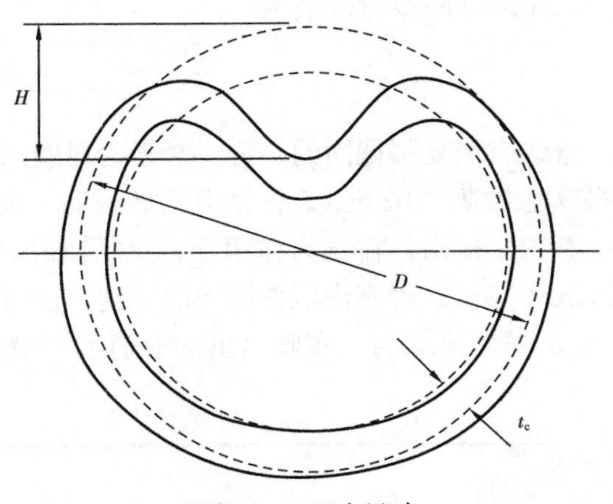

图 5.31　凹痕尺寸

凹痕段的应力分布与凹痕的长度和宽度相关。较长凹痕的最大应力发生在凹痕底部，较短凹痕的最大应力发生在凹痕的侧面。凹痕深度相同时，凹痕越长，最大应力就越大。

5.4.1.1　平滑型凹痕

全尺寸实验表明，焊缝处的平滑型凹痕有较低的爆破强度。目前，尚无可靠预测焊缝处平滑型凹痕爆破强度的方法。基于凹痕的损伤形态机理，焊缝处的凹痕缺陷很难检测，因此焊缝处的凹痕一经发现通常会被及时修复。实验给出的焊缝处平滑型凹痕的最大失效压力分布如图 5.32 所示。需要特别注意的是，平滑型凹痕处存在沟槽或其他局部金属损失缺陷是一种危害较严重的机械损伤。

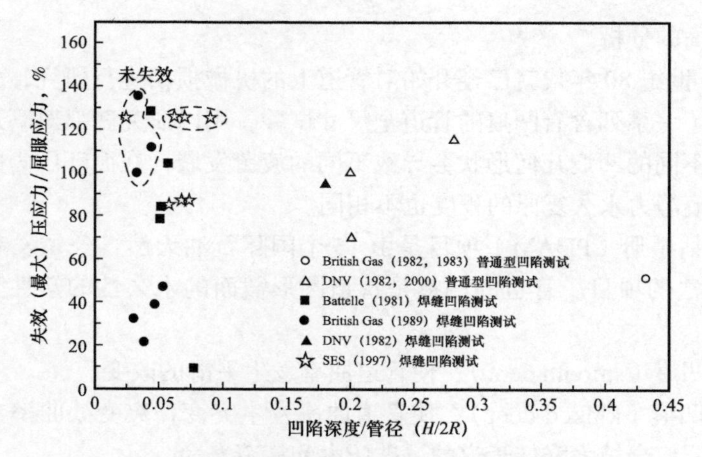

图 5.32　焊缝处平滑型凹痕的最大失效压力

5.4.1.2　扭结型凹痕

关于扭结型凹痕，目前尚没有具体的评价方法及缺陷发展预测方法，因此扭结型凹痕一经发现，应及时处理修复。扭结型凹痕易受循环压力影响，通过实验分析可知，褶皱对爆破强度无明显影响，但对循环轴向载荷较敏感。

5.4.1.3　普通型凹痕

在内压作用下，凹痕管线有恢复圆截面的趋势。对于普通型凹痕的爆破强度尚没有具体的评估方法。基于爆破实验数据，British Gas 提出凹痕深度不足 8%管径时，缺陷对管道爆破强度的影响很小。EPRG 提出，在压力作用下，7%管径深度的普通型凹痕是可以满足管道强度要求的。PDAM 建议，静态内压作用下的无约束及有约束的普通型凹痕，如为 10%管径深度是可以满足强度要求的。实验给出的普通型凹痕的最大失效压力分布如图 5.33 所示。

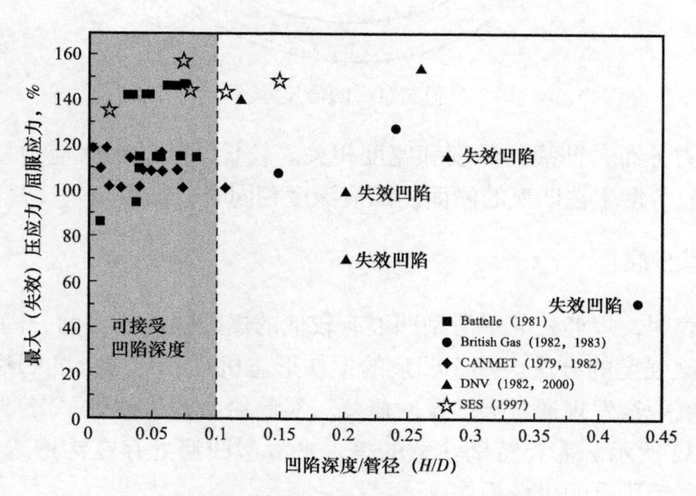

图 5.33　普通型凹痕的最大失效压力

5.4.1.4 不同规范凹痕评价技术特点

表 5.11 给出了不同规范凹痕评价的技术特点。

表 5.11 不同规范凹痕评价的技术特点

项目	DNV	PDAM	API RP 579
普通凹痕	(1)凹痕深度小于 5% 管径不用维修; (2)DNV–RP–F107 对于凹痕深度超过 5% 管径时给出了泄漏概率	凹痕深度小于 10% 管径不用维修	(1)凹痕深度小于 7% 管径; (2)与焊缝、结构非连续区的距离满足要求; (3)大于 7% 开展有限元评估
扭结型凹痕	无法评估	无法评估	无法评估
普通凹痕 + 沟槽状缺陷	无法评估	与 API RP 579 一致	给出了详细的评价方法

5.4.2 API RP 579 方法评估流程

依据 API RP 579 *Fitness–for–service* 中关于含凹痕、沟槽及组合缺陷的管道的评估方法对受机械损伤的海底管道进行失效评估。评价分三级，其中一级评价最容易使用，一般按一级评价到二级评价的顺序执行。

凹痕缺陷的一级评价要求评估部位远离非连续结构且材料为碳钢。凹痕缺陷的二级评价在一级评价的基础上增加了对受周期性载荷作用的管线的评估。

凹痕、沟槽及组合缺陷的三级评价基于数值计算分析，对管道的潜在失效模式进行评估，需要考虑管道的塑性失效、局部失效、屈曲失效、循环载荷作用以及蠕变或蠕变疲劳损伤。对于沟槽状缺陷和组合缺陷还需要考虑裂纹的稳定性、裂纹的发展及蠕变裂纹的稳定性及其发展。三级评价比一级评价和二级评价更为精确，也更为复杂，除一级评价和二级评价中考虑的因素外，三级评价还考虑了管道的几何非连续性、材料特性、受到的载荷情况及操作温度范围。API RP 579 *Fitness–for–service* 的评估流程如图 5.34 所示。

5.4.3 API RP 579 方法评估技术特点

API RP 579 *Fitness–for–service* 给出了凹痕、沟槽及凹痕沟槽组合缺陷时的评估方法，在考虑上述缺陷的同时还考虑了管道内外腐蚀的影响，其评估流程分为三级。以下除特殊提到三级评价，一般的评估要求均是针对一、二级评价给出的。

5.4.3.1 凹痕

在对凹痕缺陷的评价中，规范认为材料具有足够的韧性，如果材料韧性不确定或操作过程中由于温度环境影响导致管道脆化，则需要对凹痕缺陷执行三级评价，即采用数值计算方法进行评估。凹痕缺陷评价过程的一般特点如下：

(1)凹痕缺陷的评价关注点为：

① 一级评价规定管道材料为碳钢，且缺陷位置应远离结构主体非连续区。另外对缺陷到焊缝的距离也有相关的要求。最大凹痕深度限制在管道外径的 7% 范围内。

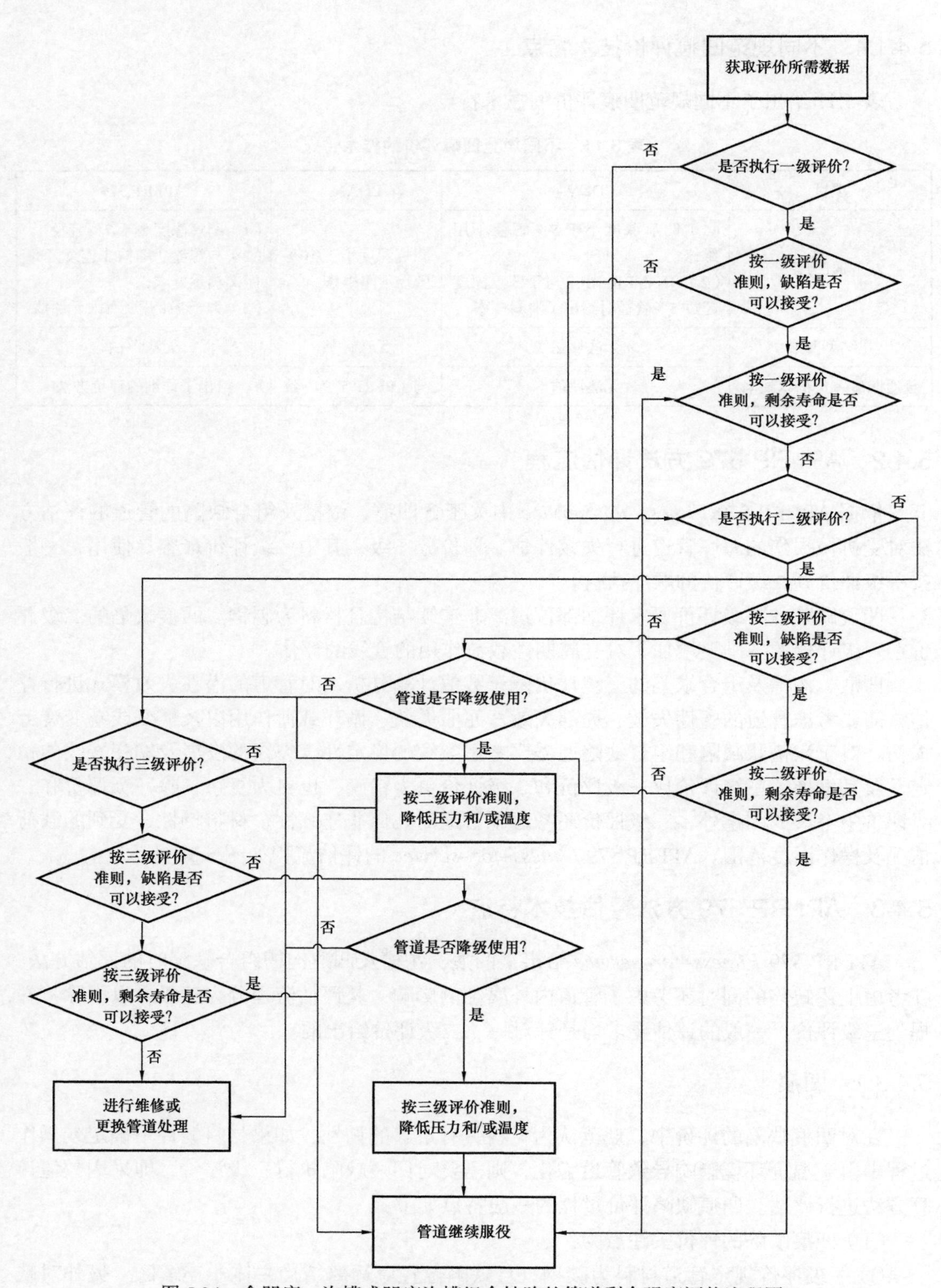

图 5.34　含凹痕、沟槽或凹痕沟槽组合缺陷的管道剩余强度评价流程图

② 凹痕缺陷的二级评价在一级评价的基础上，考虑了周期性压力载荷作用产生的管道疲劳损伤影响。

③ 凹痕缺陷的三级评价运用数值分析方法，其评估范围较前两级评价更具一般性。三级评价试图解决一般载荷作用下，复杂几何形状的凹痕缺陷评估问题。对材料的要求也不仅限于碳钢。

（2）凹痕缺陷的几何限制条件如下：

$$168\text{mm}\ (6.625\text{in}) \leqslant D \leqslant 1050\text{mm}\ (42\text{in})$$

$$5\text{mm}\ (0.20\text{in}) \leqslant t_c \leqslant 19\text{mm}\ (0.75\text{in})$$

（3）管道只承受内压作用：忽略附加载荷的作用。

（4）管道材料为碳钢，其极限拉伸强度（UTS）应小于或等于 711MPa（103ksi）。

（5）规范只给出了单个凹痕的评价过程，对于多个凹痕相互作用的情况没有提供一般的解决方法。

5.4.3.2 沟槽

沟槽缺陷的一、二级评价是以局部腐蚀缺陷评估为基础进行的。三级评价运用数值分析方法，考虑一般载荷下复杂几何形状的沟槽缺陷。

沟槽缺陷需要确定材料最小操作温度下的韧性 CVN，用以判断材料的 CVN 值是否满足要求。

5.4.3.3 凹痕沟槽组合缺陷

凹痕沟槽组合缺陷可能会产生冷区域（cold work），该区域对一些机械裂纹和环境因素产生的裂纹较敏感。凹痕沟槽组合缺陷的一般特点如下：

（1）凹痕沟槽组合缺陷的评价关注点为：

① 一级评价规定管道材料为碳钢，且缺陷位置应远离结构主体非连续区。考虑到连续工作的可接受性，一级评价给出了筛选曲线，需要的参数为凹痕深度与管径的比值和沟槽深度与管壁厚的比值。

② 二级评价在一级评价的基础上，不但考虑了周期性压力载荷作用产生的管道疲劳损伤影响，还利用剩余强度因子计算了可接受的最大允许工作压力（MAWP）。另外，规范除要求最大凹痕深度限制在管道外径的 7% 范围内，还要求沟槽深度不能超过剩余壁厚的 66%。

③ 三级评价运用数值分析方法考虑一般载荷下复杂几何形状的缺陷。

（2）凹痕沟槽组合缺陷的三级评价运用数值分析方法，其评估范围较前两级评价更具一般性。三级评价试图解决一般载荷作用下，复杂几何形状的凹痕沟槽组合缺陷评估问题，该评价对材料的要求也不仅限于碳钢。

（3）管道材料为碳钢，其极限拉伸强度（UTS）应小于或等于 711MPa（103ksi）；最小屈服强度（SMYS）应小于或等于 482MPa（70ksi）。

5.4.4 算例

某海底管线为单层配重管，直径为 711mm（28in），壁厚为 17.1mm。输送的主要介质为天然气，设计压力约为 15.5MPa，管线设计年限为 40 年。由于船锚钩挂管道产生凹坑缺陷，经水下探摸，凹坑最深为 17cm，长度方向 100cm，圆周方向 137cm。损坏点凹坑尺寸见表 5.12，几何形状如图 5.35 所示。

管道受力情况包括：

（1）受锚的拖拉作用产生凹坑。

（2）锚脱落后管道自然回弹，此时变形受限产生残余应力。

（3）内压 + 残余应力计算管道应力分布。

表 5.12 凹坑几何尺寸

轴向，cm	宽度，cm	半宽值，cm	深度，cm
0	0	0	0
10	5	2.5	1
15	5	2.5	1.5
20	5	2.5	1.5
25	20	10	2.5
30	30	15	3
35	40	20	4
40	50	25	6
45	60	30	10
50	65	32.5	15
55	70	35	17
60	70	35	14.5
65	65	32.5	11
70	55	27.5	9
75	40	20	6.5
80	30	15	5
85	25	12.5	3.5
90	10	5	2
95	8	4	1
100	0	0	0

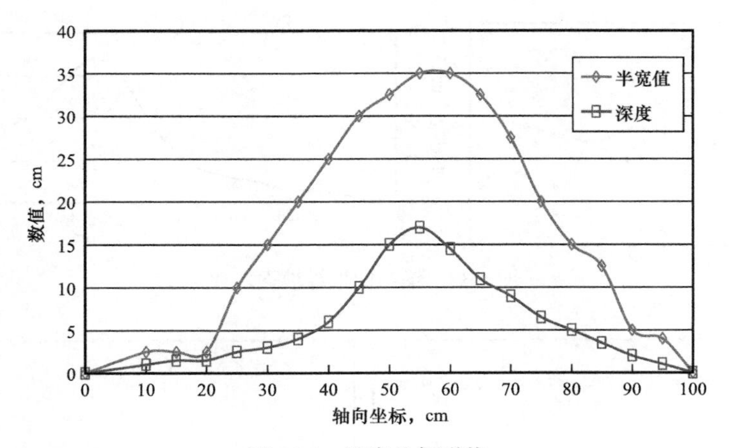

图 5.35　凹痕几何形状

管道砸伤变形属于金属成形，在多数动态金属成形过程中，高度非线性变形导致在管道中产生大量的弹性应变能。管道与锚动态接触过程中存储的弹性能在锚移除后释放，这个能量释放就是弹性回弹的驱动力，使得管道向着原有几何构形回弹。

利用 ANSYS/LS-DYNA 显式—隐式序列求解能很好地解决上述问题。首先使用 ANSYS/LS-DYNA 程序模拟动态成形过程，然后将变形后的几何形状和应力输入 ANSYS 隐式分析中，模拟回弹变形并获得残余应力，最后叠加内压求得管道的应力状态。

结合上述三步受力情况及应用的 ANSYS 不同计算模块，有限元分析流程如图 5.36 所示。

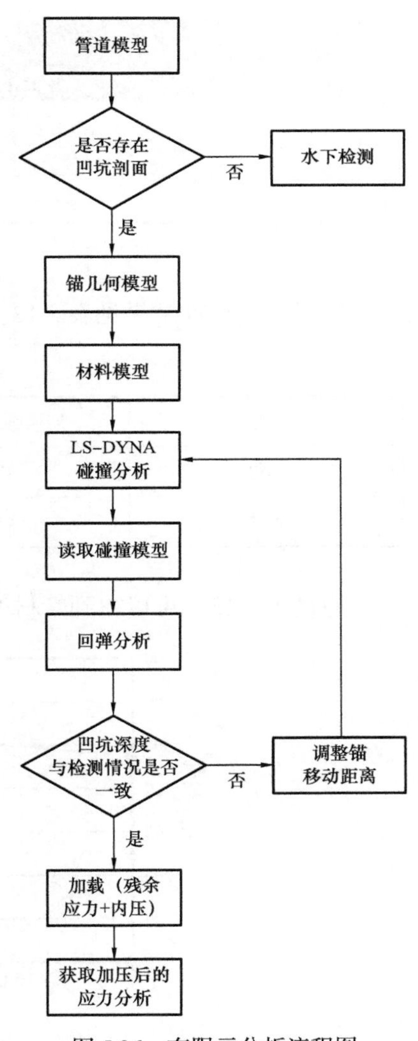

图 5.36　有限元分析流程图

5.4.4.1　计算模型

几何模型包含两部分，第一部分为锚，第二部分为 28in 海底管道。

1. 锚

为保证锚接触管道后，管道变形与检测结果尽量一致，将锚的形状按照检测的凹坑几何形状建立（图 5.37）。

2. 管道模型

经检测凹坑区管道壁厚为 22.6mm（海管有油漆无损伤处测厚结果为 25.6mm），因此模型壁厚选取 22.6mm。凹坑长度 1m，为避免边界条件对分析区域的影响，本次计算管道长度取 10m（图 5.38）。

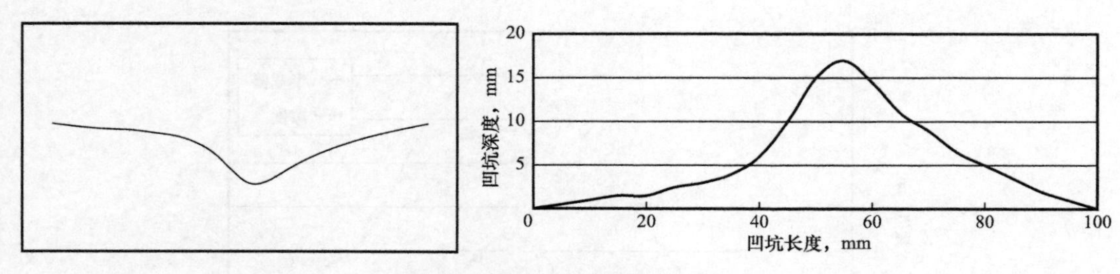

图 5.37 锚与凹坑纵坡面对比

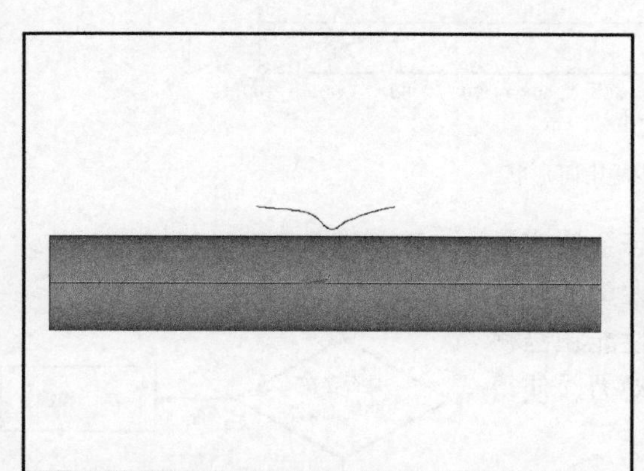
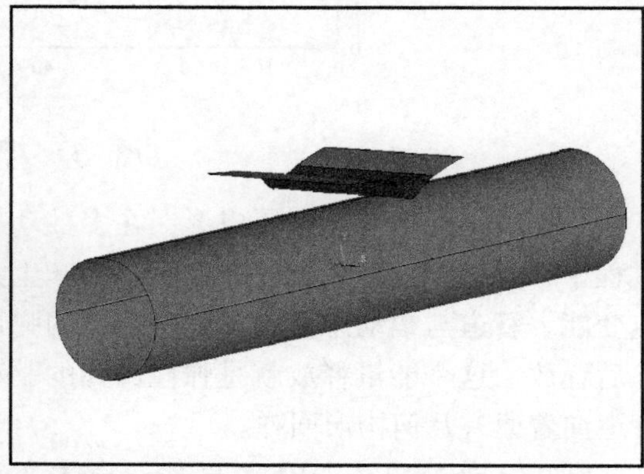

图 5.38 有限元几何模型

管线材料统计结果见表 5.13。

表 5.13 管线材料力学性能

试样来源	屈服强度，MPa	拉伸强度，MPa	延展率，%
母材	476.4	573.6	41
焊缝	457.4	564	22

通过表 5.13，可以得到管材的应力应变曲线如图 5.39 所示：

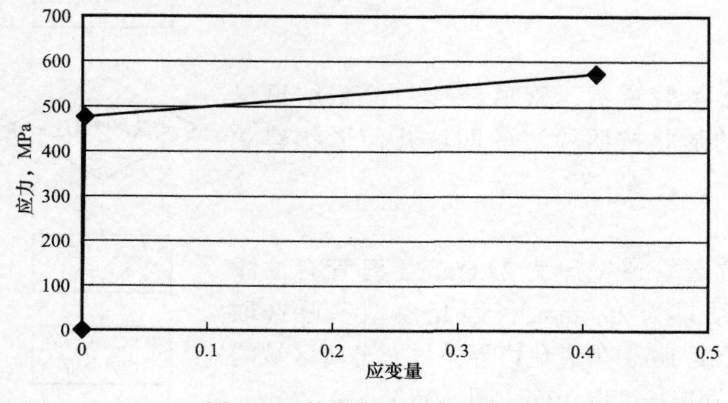

图 5.39 管材应力—应变曲线

设计阶段X65钢材屈服强度448MPa，拉伸强度530MPa，管线材料性能满足要求。

ANSYS程序提供了多种塑性材料选项，为与设计阶段保持一致，因此在定义应力—应变曲线时选用屈服强度448MPa、拉伸强度530MPa、材料延展率41%进行计算分析，定义的应力—应变曲线如图5.40所示。

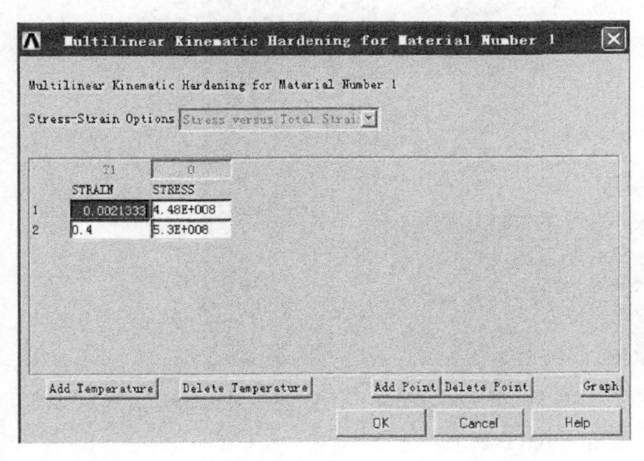

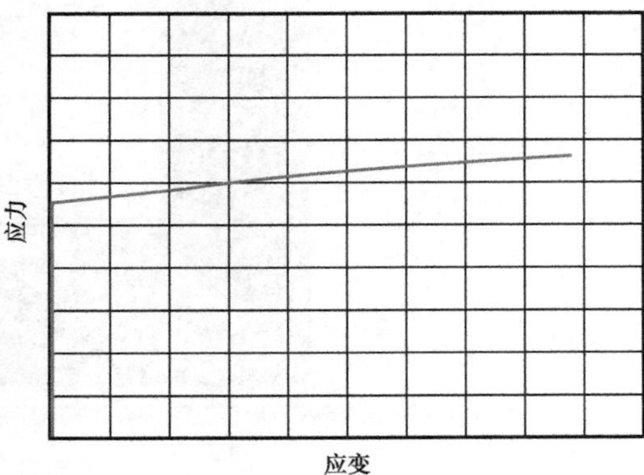

图5.40 有限元分析材料模型（硬化参数设置和应力—应变曲线）

考虑到锚的刚度远大于管道，且锚并不是本次分析关心的内容，因此将锚定义为刚性材料。在LS-DYNA模块中单元选取shell163进行分析，当后续进行隐式分析时自动转换为shell181单元。为保证计算精度，在凹坑区单元尺寸为1.2倍管道壁厚，远离凹坑区单元尺寸为3倍管道壁厚。模型边界条件为管道端部全约束。

5.4.4.2 第一步：凹坑成形分析

LS-DYNA动力分析的主要分为5个分析步：

——第一步，定义接触，利用PART定义锚与海管的接触情况。

——第二步，施加位移载荷，使海管产生凹痕。

——第三步，求解控制与求解，利用显式算法求解有限元模型。

——第四步，分析残余应力结果。

——第五步，在考虑残余应力的情况下，加载内压计算管道应力（见5.4.4.4）。

1. 定义接触

由于施加的载荷类型为位移载荷，故需要定义PART进行接触计算。选中所有单元，创建PART，如图5.41所示。

定义接触采用Surface to Surface的面面接触，静态摩擦系数和动态摩擦系数均取0.1，如图5.42所示。

2. 施加位移载荷

为了向管道施加位移，首先需要定义时间—位移曲线，为加速整个模拟过程，缩短接触时间，将加载时间设定为0.01s。材料模型中的应力—应变关系选取的是“率无关”，因此时间的改变对计算结果无影响。

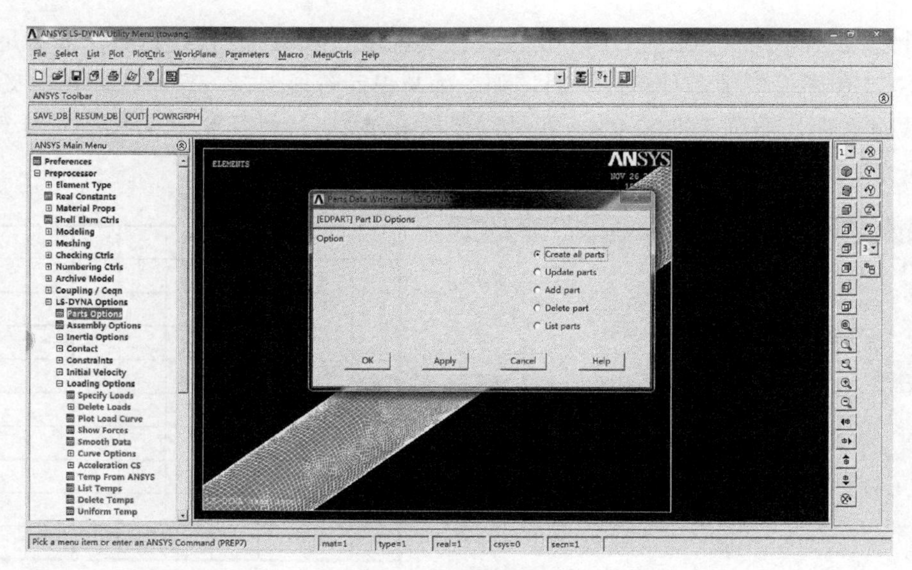

图 5.41 创建 PART

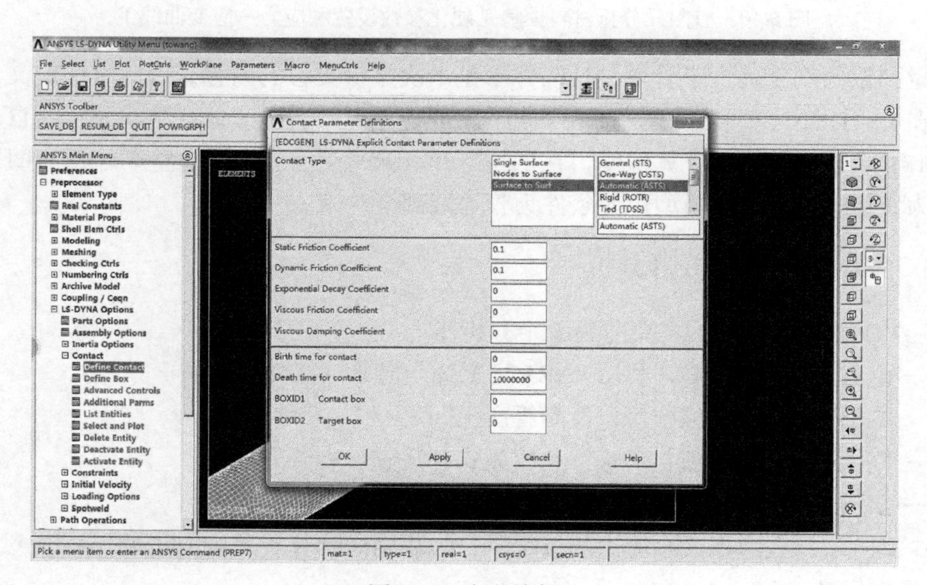

图 5.42 定义接触

由于锚沿着 Y 轴负向运动，因此位移总是负值。经试算，最大位移值为 0.238m 时在回弹后管道凹坑深度与检测值一致，为 0.17m。最终的载荷施加情况见表 5.14。位移载荷定义如图 5.43 所示。

表 5.14 载荷（时间—位移）表

时间，s	0	0.0004	0.002	0.0036	0.0052	0.0068	0.0084	0.01
位移，m	0	−0.0496	−0.081	−0.1124	−0.1438	−0.1752	−0.2066	−0.238

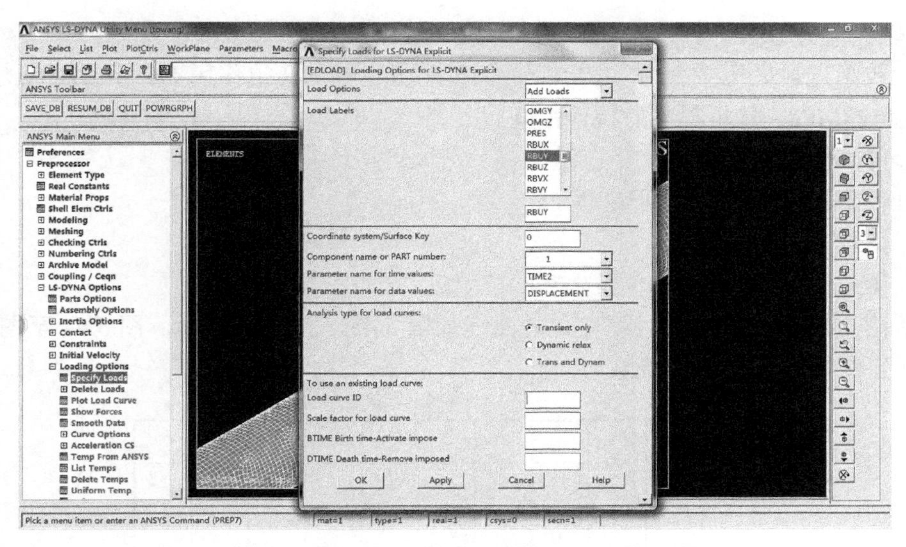

图 5.43 施加位移载荷

3. 求解控制与求解

由于施加载荷时间为 0.01s，计算求解时间定为 0.01s 以观察管道被锚砸伤产生凹痕后的回弹情况。

在开始计算前，需激活 Stonewall Energy、Hourglass Energy、Sliding Interface、Rayliegh Energy 单选项，以实现能量控制，如图 5.44 所示。

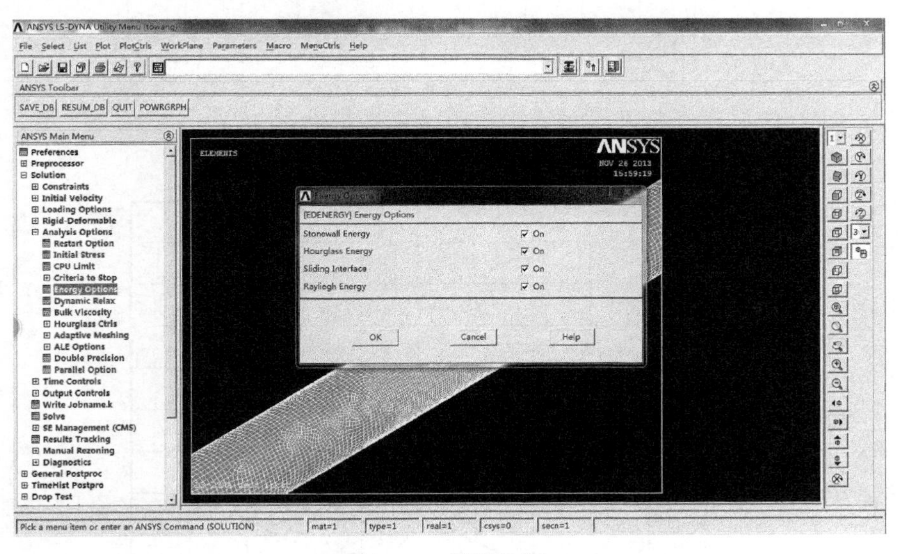

图 5.44 能量控制

4. 计算结果分析

管道凹坑成形过程是：管道在外载荷作用下，应力超过了材料的屈服强度，发生了塑性变形，管道应力由凹坑位置向外扩散。

1）轴向应力分析

塑性铰附近最大压应力为 317MPa；凹坑附近在锚的压迫作用下，产生拉应力，最大拉应力为 528MPa，接近材料的拉伸强度。

2）环向应力分析

塑性铰附近环向应力达到 448MPa。

3）等效应力分析

最大等效应力为 477MPa，发生在凹坑附近。

凹坑附近应力与应变随时间变化的曲线如图 5.45、图 5.46 所示。图 5.47 至图 5.50 为不同子步下结构变形和应变结果。

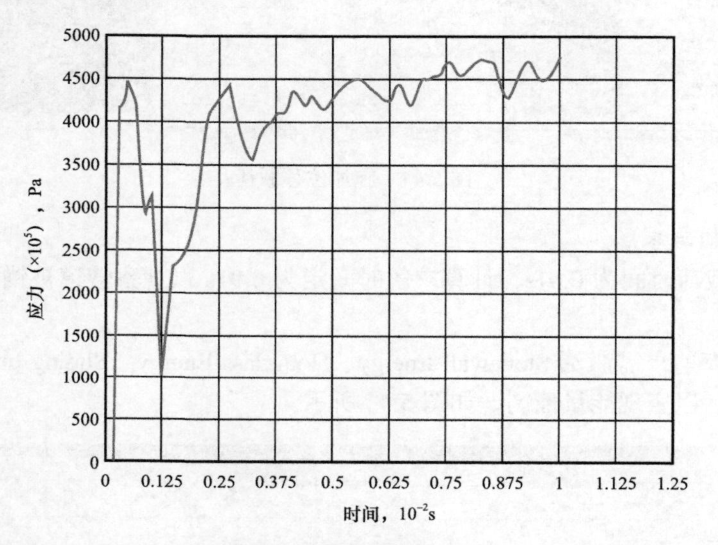

图 5.45　应力的动力响应

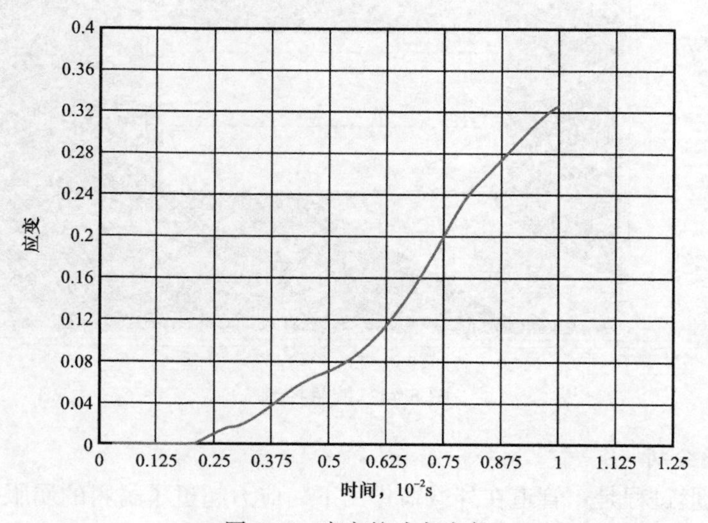

图 5.46　应变的动力响应

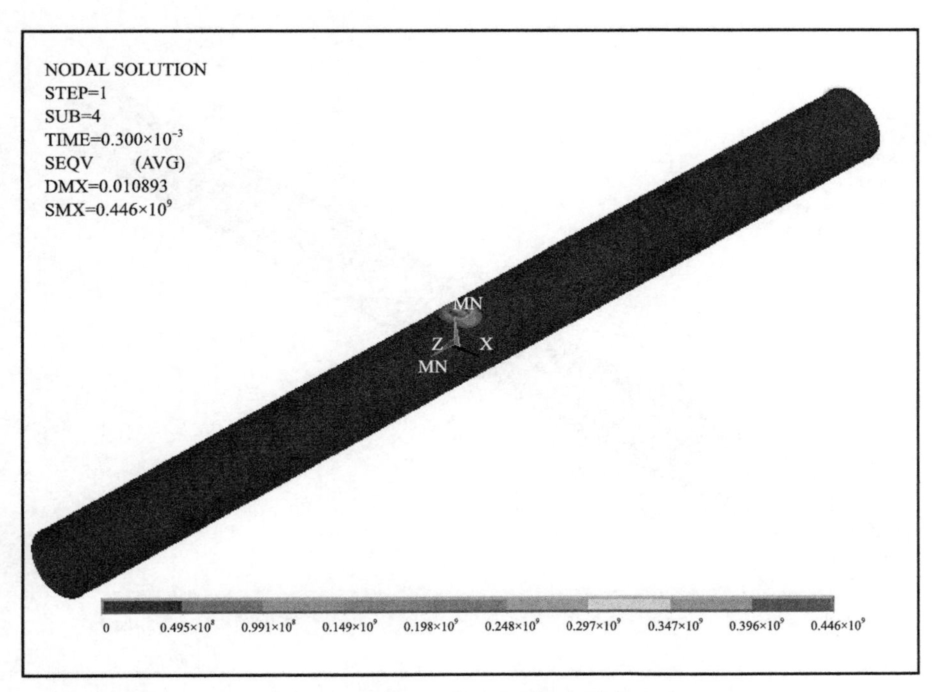

图 5.47　子步 4（共 102 子步）等效应力

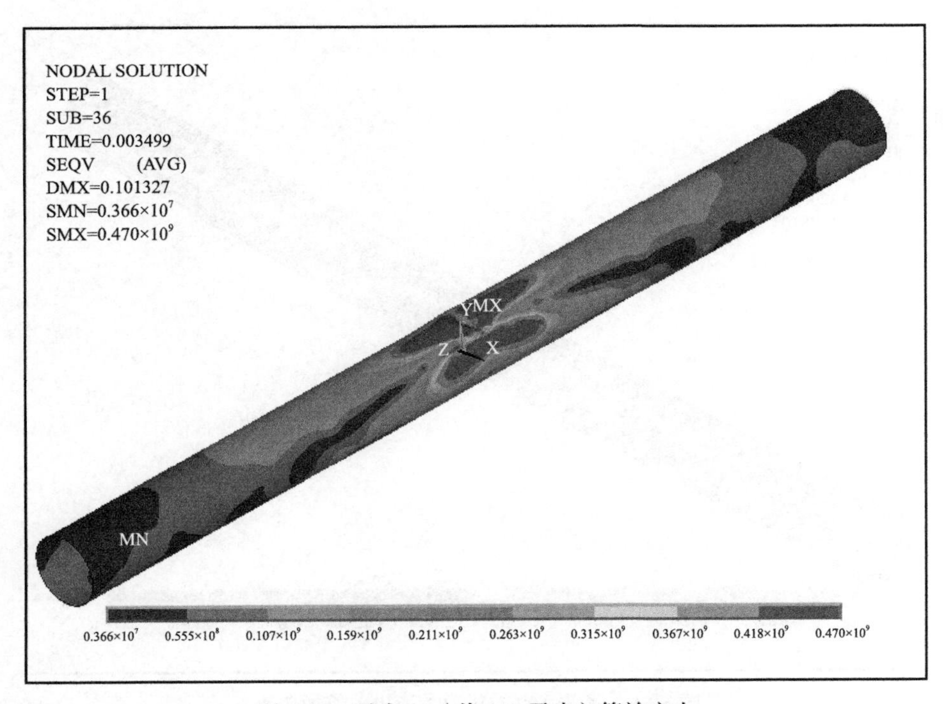

图 5.48　子步 36（共 102 子步）等效应力

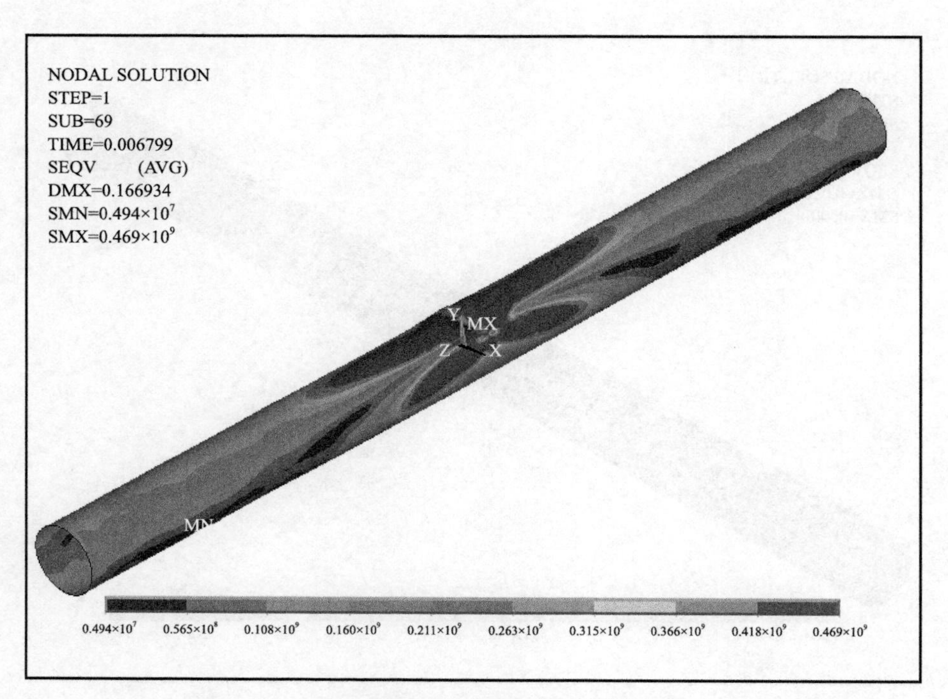

图 5.49　子步 69（共 102 子步）等效应力

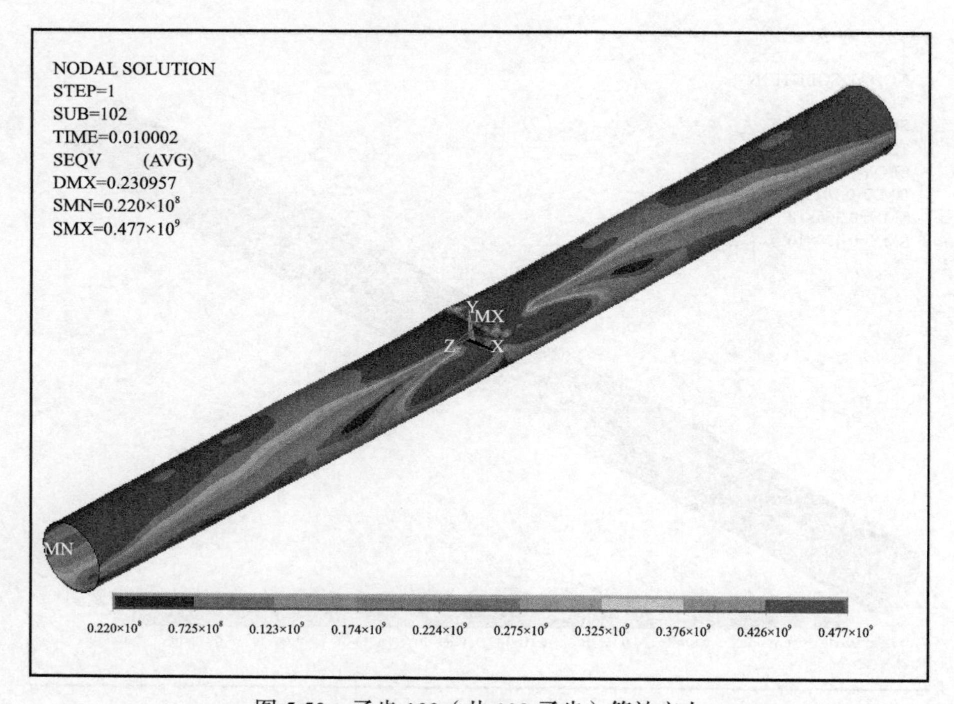

图 5.50　子步 102（共 102 子步）等效应力

5.4.4.3 第二步：凹坑回弹分析

残余应力产生的原因是：金属在外力作用下的变形是不均匀的，有的部位变形量大，而有的部位小，它们相互之间又是互相牵连在一起的整体，这样在变形量不同的各部位之间就出现了一定的弹性应力——当外力去除后这部分力仍然存在，就是所谓的残余应力。

针对工件的具体服役条件，采取一定的工艺措施，可消除或降低对其使用性能不利的残余拉应力，有时还可以引入有益的残余压应力分布，即进行残余应力调整。通常调整残余应力的方法有：

——热处理。

——振动：国内研究证明，采用振动时效处理可消除应力 50%～70%。但目前该技术在设备的可靠性方面及自动控制方面还不够成熟，并且对于是否会对材料造成其他方面的缺陷（例如疲劳损伤等）缺乏必要的验证。

——爆炸、锤击、喷丸、滚压。

——施加静载（水压）：即在焊接构件上仅仅施加均匀拉应力，使之与残余应力叠加令金属材料产生塑性变形，随后卸载使应力得到松弛，以降低残余应力。

应用 ANSYS 隐式分析模拟管道受锚砸伤撤去锚后的管道回弹阶段，关键操作步骤包括：

（1）改变作业名并关闭单元的形状检查。

（2）转换单元类型。

（3）修改隐式单元的几何形状，通过载入显式分析文件 stamp.rst，读入砸伤后的管道模型。

（4）移走锚单元。

（5）输入应力，载入显式分析文件 stamp.rst，读入砸伤后的管道的残余应力。

（6）开启大变形选项，进行非线性隐式求解。

凹坑回弹过程保存的文件名为 spring.db，凹坑回弹过程由于变形受限产生残余应力。

1. 轴向应力分析

凹坑底部在回弹过程受压，最终的残余压应力为 258MPa。管道轴向靠近凹坑部位由于不均匀变形受压，最终的残余拉应力为 231MPa。

2. 环向应力分析

塑性铰附近环向应力达到 54MPa。

3. 等效应力分析

最大等效应力为 392MPa，发生在塑性铰附近。

塑性铰最大应力位置其应力与应变随时间变化曲线如图 5.51、图 5.52 所示。图 5.53 至图 5.56 为不同子步下结构变形和应变结果。

5.4.4.4　第三步：加载分析

加载分析应用 ANSYS 隐式分析模拟管道回弹后，向管道加内压，管道凹痕进一步变形的过程，其关键操作步骤包括：

（1）设置内压值。

（2）修改隐式单元的几何形状，通过载入显式分析文件 spring.rst，读入回弹后的管道模型。

（3）输入应力，载入显式分析文件 spring.rst，读入回弹后的管道的残余应力，并施加内压。

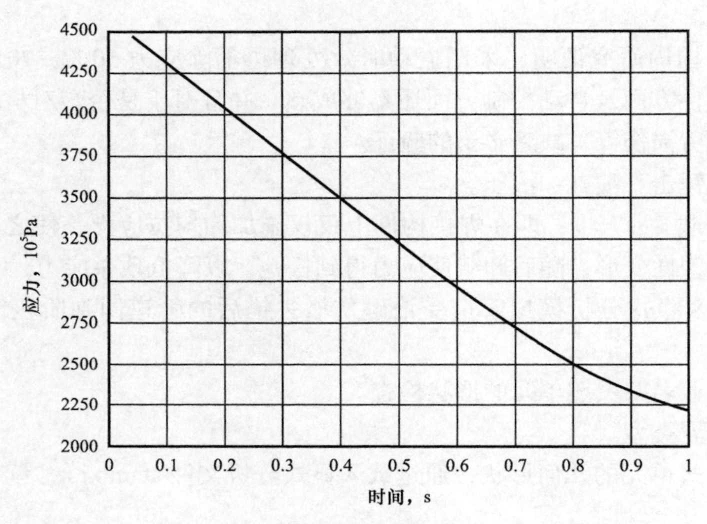

图 5.51　应力动力响应

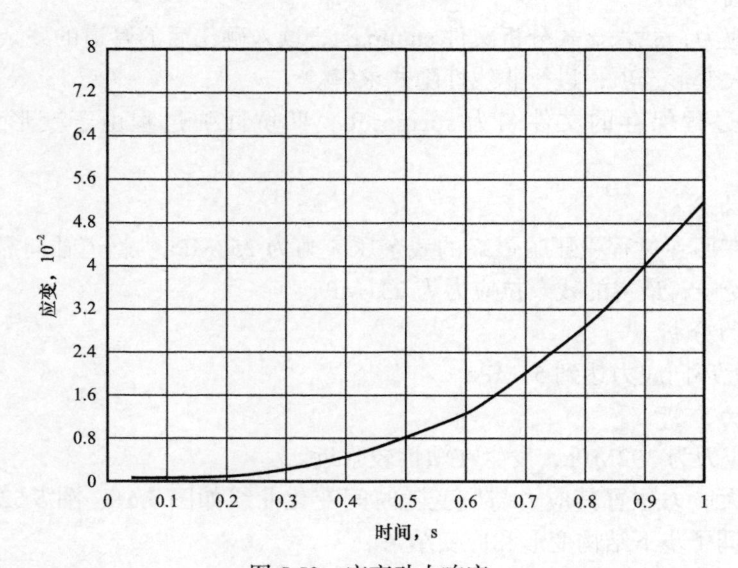

图 5.52　应变动力响应

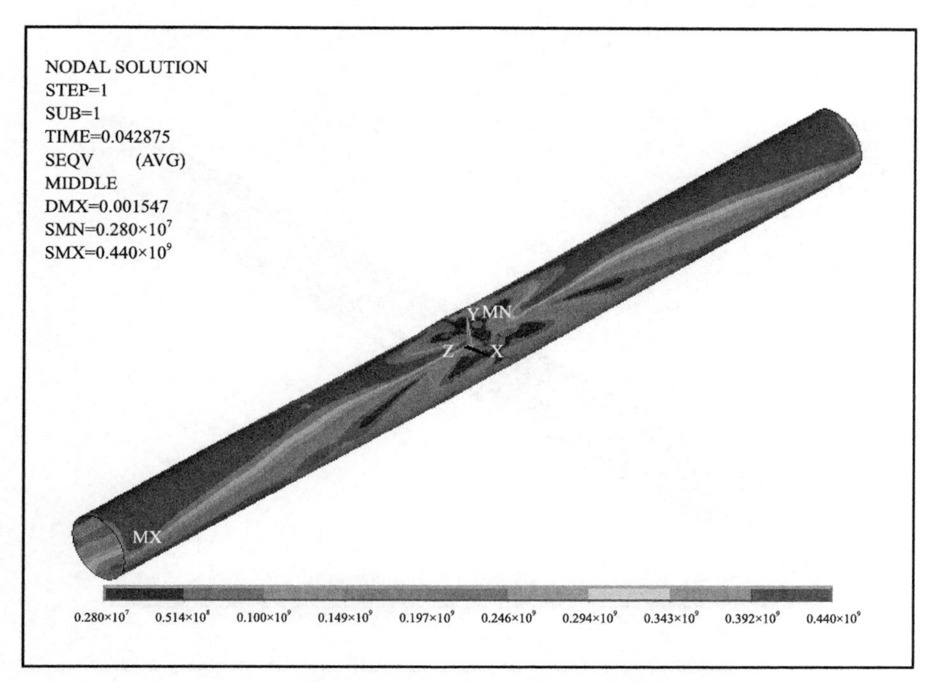

图 5.53 子步 1（共 8 子步）等效应力

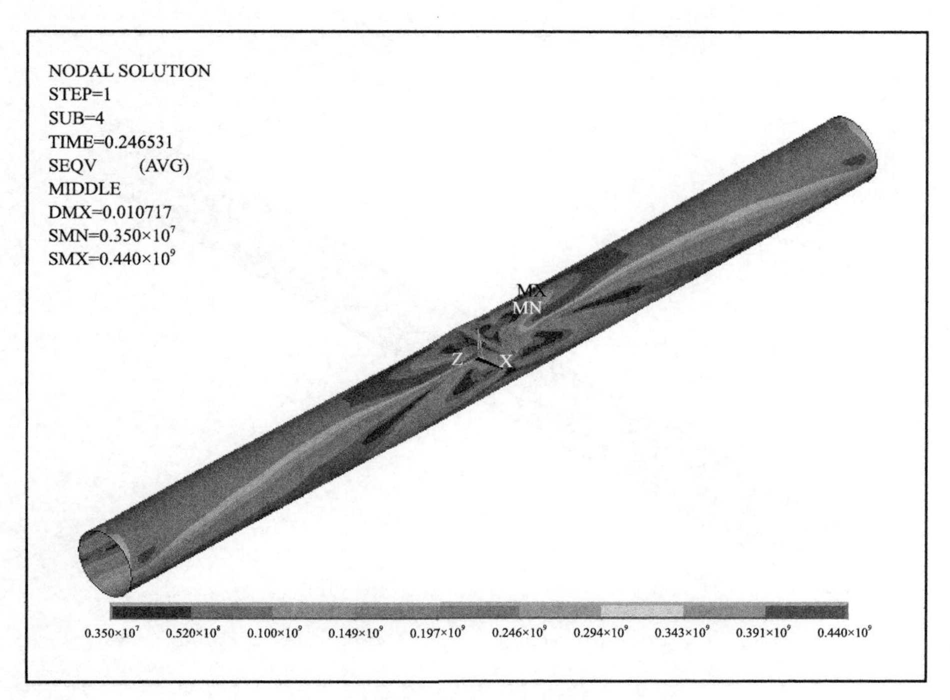

图 5.54 子步 4（共 8 子步）等效应力

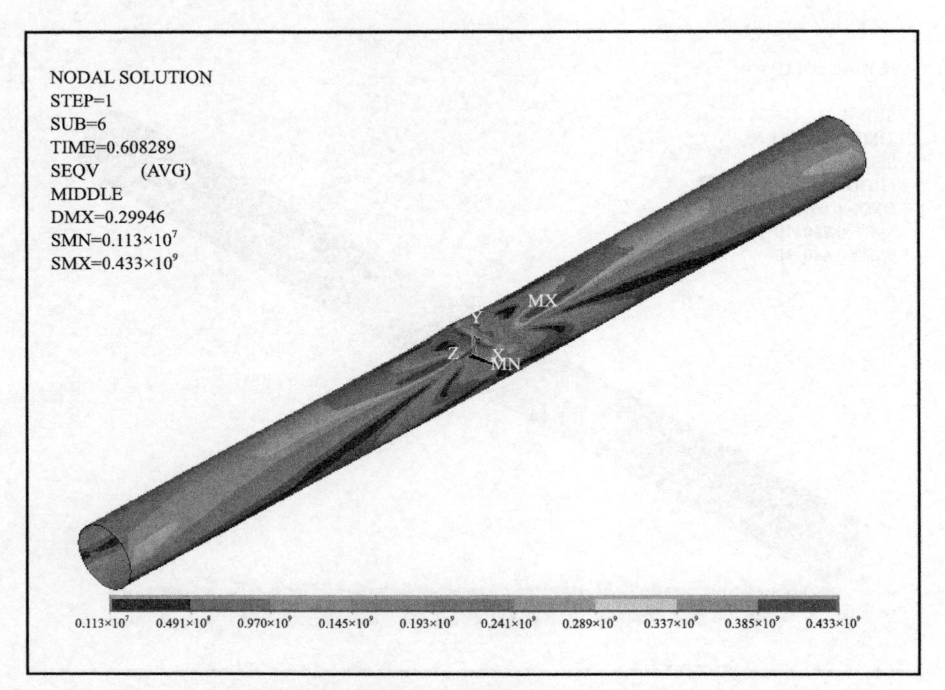

图 5.55　子步 6（共 8 子步）等效应力

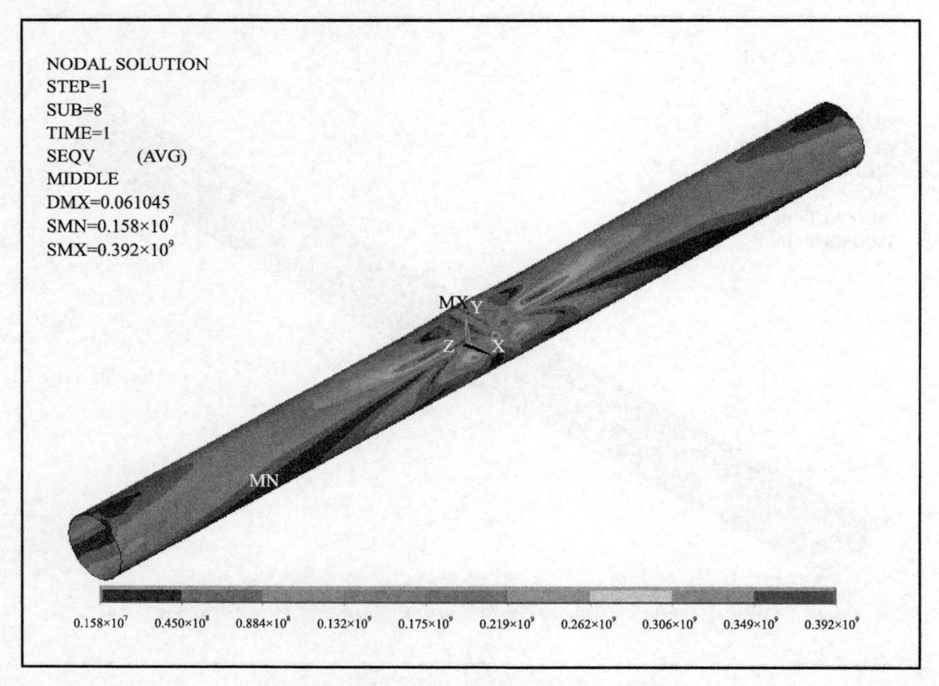

图 5.56　子步 8（共 8 子步）等效应力

（4）隐式求解。

管道增加内压后，使得凹坑部位进一步扩张，内压产生的应力与残余应力叠加。本次计算考虑了不同内压作用下管道的应力情况，见表 5.15。

表 5.15　不同内压值对应的凹痕管段最大应力

内压值，MPa	最大等效应力位置	最大等效应力值，MPa
3	凹痕两端塑性铰处	349
5	凹痕周边管段处	322
8	凹痕周边管段处	303

通过计算可发现：在第二部凹坑回弹分析中，残余应力为 392MPa，增加内压后最大应力位置发生改变，最大应力值有所将低，且内压越大最大应力值越小，因此内压与残余应力可相互抵消。

采用通过施加内压降低残余应力的方法，即施加内压与残余应力叠加，随后卸载应力松弛来降低残余应力，需要再校核无残余应力仅考虑内压情况下管道的应力状态以保证计算的可靠性。校核分析步骤与上述方法基本一致，只是不需要读入回弹后的管道残余应力，仅施加内压载荷。

经计算，在 8MPa 内压作用下，管道最大等效应力为 402MPa，出现在凹坑底部（图 5.57）。

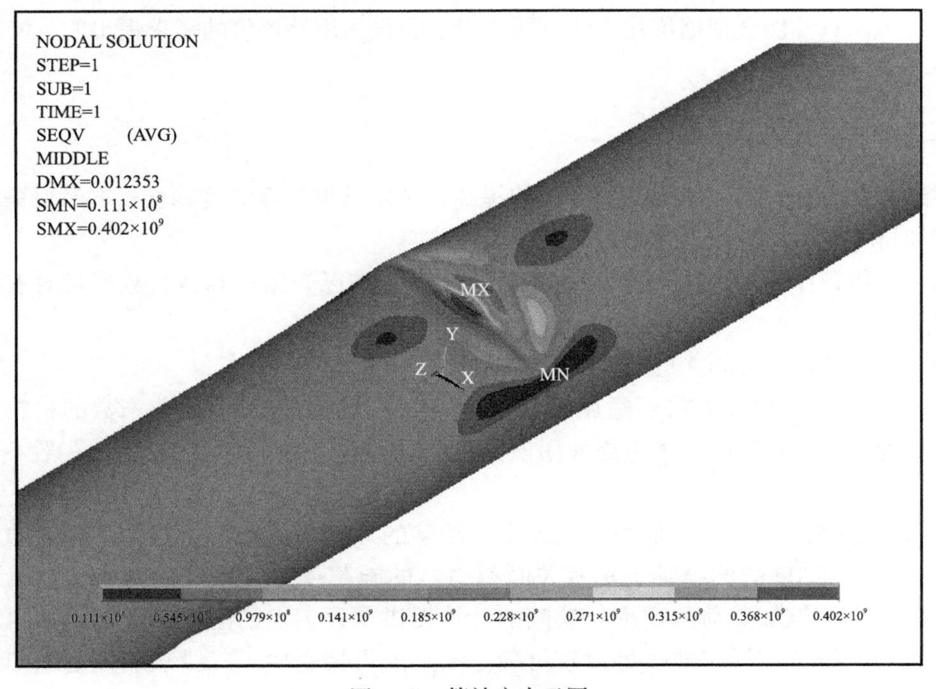

图 5.57　等效应力云图

5.4.4.5 结论

经计算，当考虑0.9的安全系数，等效应力应控制在448×0.9=403（MPa），即在8MPa内压下管道可以安全运行。另一方面，本计算是基于远离焊缝情况下的，根据PDAM总结的实验数据，焊缝区产生凹坑对管道影响很大，因此建议进一步明确损伤位置是否邻近焊缝，确保无焊接缺陷及裂纹。

5.5 裂纹缺陷评估

5.5.1 适用规范

油气管道存在的焊接缺陷或由腐蚀等因素产生的微裂纹，在管道铺设及管道服役过程中易受外部因素的作用而在其缺陷局部产生应力集中现象，从而导致裂纹的扩展，最终使管道失效乃至破坏。众多统计表明，裂纹是海底管道安全运行的最危险缺陷之一。

5.5.1.1 适用的标准规范

经多年发展，含裂纹缺陷管道的安全评定，目前已经有多种有效的方法，适用的规范标准包括：

（1）英国标准协会颁布的结构完整性评价规程BS 7910 *Guide to methods for assessing the acceptability of flaws in metallic structures*。

（2）美国石油协会根据炼化企业对压力设备服役适用性评价的需求提出的API RP 579 *Fitness–for–Service*。

5.5.1.2 裂纹评定级别

裂纹评定分为三级，随着评定等级的提高，评定结果的保守度降低，同时所需要的有关结构和材料的相应数据也随之增加。

（1）一级评定（level 1）：最简单的评定方法，在已知结构和材料数据相对有限的情况下使用。

（2）二级评定（level 2）：常规评定方法。

（3）三级评定（level 3）：适用于延性材料，主要是对高应变硬化指数的材料或需要分析裂纹稳定撕裂断裂时，才考虑使用该方法；对于常规的焊接结构用钢，一般不采用此方法。

针对管道裂纹缺陷通常采用二级评定。缺陷的评定采用基于断裂力学原理的失效评定图（FAD），FAD图的纵轴表示有关断裂力学的施载条件的比率。而水平轴表示引起塑性失稳所需的施加载荷的比率。缺陷的计算提供了评定点的坐标或评定点的轨迹，这些点或轨迹的位置与评定曲线的比较可确定缺陷的可接受性。二级缺陷评定图如图5.58所示。

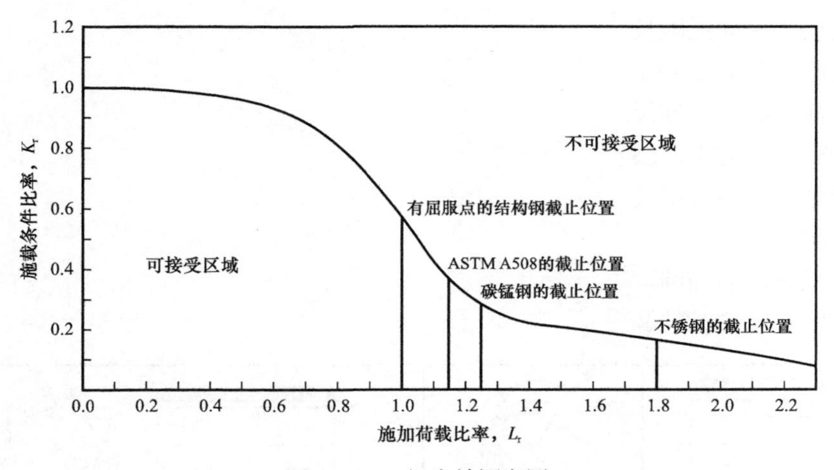

图 5.58　二级失效评定图

5.5.1.3　裂纹评定流程

BS 7910 *Guide to methods for assessing the acceptability of flaws in metallic structures* 与 API RP 579 *Fitness–for–service* 裂纹缺陷评估的总体流程是一致的。评定所需数据包括：

（1）缺陷类型、位置、尺寸。

（2）应力（压力、热应力、残余应力及其他类型的荷载如弯矩、轴向力）。

（3）材料性能参数，包括屈服强度、拉伸强度、泊松比、弹性模量。

（4）材料断裂韧性数据（可通过夏比试验数据计算或者通过断裂韧性试验获取）。

（5）S–N 曲线数据。

5.5.2　评估流程

5.5.2.1　缺陷类型与尺寸

根据 BS 7910 *Guide to methods for assessing the acceptability of flaws in metallic structures* 的推荐方法，对无损检测查明的缺陷实际形状进行规则化处理。管道中的裂纹主要有三种类型：穿透裂纹、表面裂纹及埋藏裂纹。考虑到轴向裂纹与环向裂纹承受的主应力及二次应力大小有所区别，因此将裂纹规则化处理为轴向裂纹与环向裂纹。

1. 轴向裂纹

环向应力使裂纹继续扩展。

2. 环向裂纹

轴向拉伸应力使裂纹继续扩展。

结合裂纹类型及裂纹方向，为计算裂纹的应力强度因子及载荷比，将裂纹划分为以下 10 种工况，其对应的截面图如图 5.59 所示。

（1）穿透 + 纵向。

（2）穿透 + 环向。

（3）表面 + 纵向无限长。
（4）表面 + 环向 360°。
（5）表面 + 纵向半椭圆。
（6）表面 + 环向半椭圆。
（7）埋藏 + 纵向无限长。
（8）埋藏 + 环向 360°。
（9）埋藏 + 纵向椭圆。
（10）埋藏 + 环向椭圆。

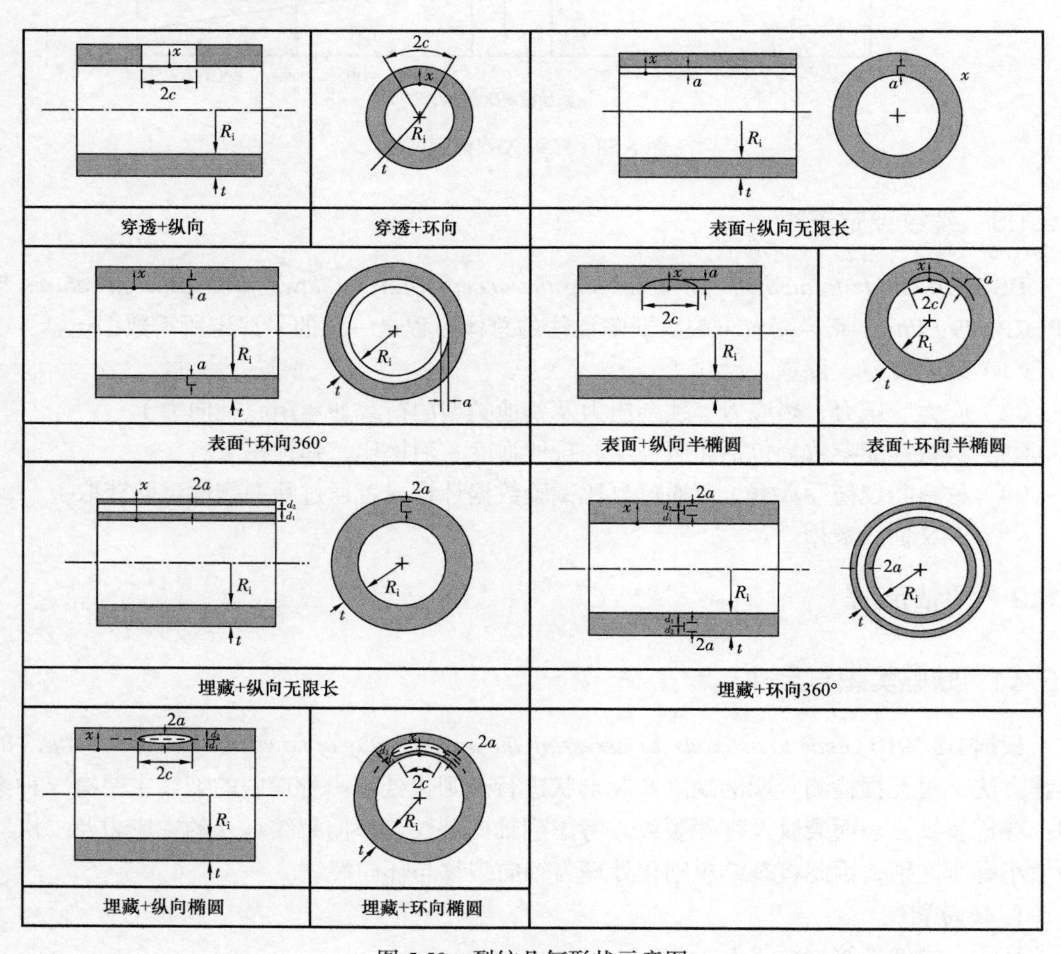

图 5.59　裂纹几何形状示意图

5.5.2.2　未对齐修正

由于焊接未对齐，结构出现尖角，椭圆度较大将导致局部弯曲应力改变。应力状态的变化将影响后续计算的应力集中系数及参考应力，而应力集中系数与参考应力值是计算 FAD 图中 K_r 与 L_r 的重要参数。因此应力的大小直接决定了最后的计算结果。

在 BS 7910：2005 *Guide to methods for assessing the acceptability of flaws in metallic structures* 附录 D 中给出了未对齐的应力修正系数，见式（5.38），对于混合型未对齐应将各单独类型计算的系数进行叠加。

$$k_{m}=\frac{P_{m}+\sigma_{s}}{P_{m}}=1+\frac{\sigma_{s}}{P_{m}} \tag{5.38}$$

式中 k_m——修正系数；

σ_s——未对齐导致的最大弯曲应力；

P_m——膜应力。

API RP 579 *Fitness–for–service* 给出了焊接错位及壳体变形的强度分析，与 BS 7910 *Guide to methods for assessing the acceptability of flaws in metallic structures* 提供的计算方法有所区别。

5.5.2.3 主应力

主应力分为膜应力及弯曲应力。温度产生的轴向热应力通常作为二次应力考虑，如果将温度产生的轴向拉应力作为主应力考虑，结果更加保守。表 5.16 给出了管道上不同裂纹方向对应的主应力因素。

表 5.16 不同裂纹方向对应的主应力因素

裂纹方向	主膜应力	主弯曲应力
轴向裂纹	环向应力，与压力有关	API 给出了弯曲应力表达式，与压力有关
环向裂纹	轴向应力，需要考虑应力方向：拉应力使裂纹张开；压应力使裂纹闭合；轴向应力与压力、外部载荷有关	弯矩作用，如立管、悬空的水平管段受波流荷载

5.5.2.4 二次应力

二次应力主要包括温度应力及残余应力。

1. 温度应力

温度应力较易计算，相关规范均给出了定量计算公式。

2. 残余应力

管道对接焊产生的残余应力又分环向残余应力和轴向残余应力。

1）环向残余应力（即垂直于焊缝且与管道轴线平行的应力）

如图 5.60 所示，管道环向对接焊后，由于冷却，焊缝金属存在明显环向收缩，但这种收缩显然受到与之相连的管道周边的限制，即变形具有明显的自限性。这使得环焊缝内部产生了较均匀的拉伸残余应力。

对于残余应力 BS 7910 *Guide to methods for assessing the acceptability of flaws in metallic structures* 给出了焊接结构残余应力（σ_R^T）的计算公式。

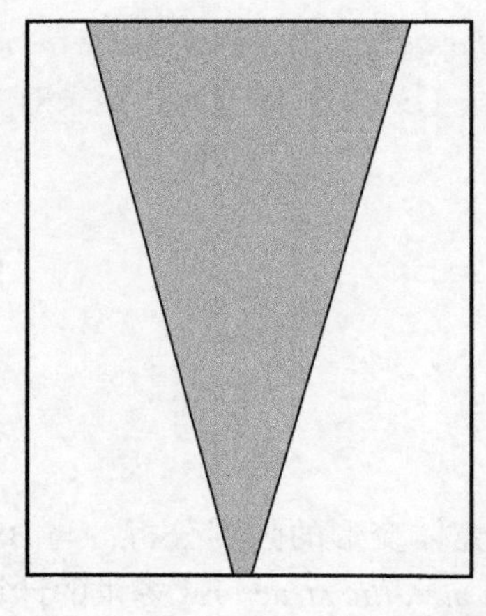
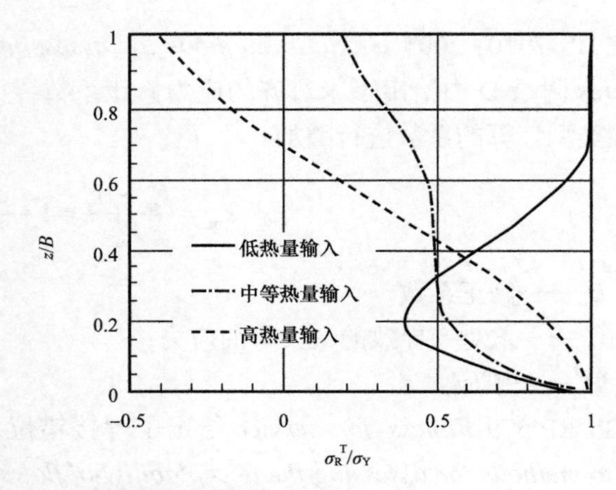

图 5.60　环向（与焊缝垂直）残余应力分布

对接焊接头横向残余应力的影响因素包括：单位长度焊接所耗电能（E_1）和壁厚。下面分情况给出了 z/B 和 E_1/B 公式。

（1）低热量输入，$E_1/B \leqslant 50\text{J/mm}^2$，见式（5.39）。

$$\sigma_R^T=\sigma_Y\left[1-6.80(z/B)-24.30(z/B)^2-26.28(z/B)^3-11.18(z/B)^4\right] \tag{5.39}$$

（2）中等热量输入，$50 < E_1/B \leqslant 120\text{J/mm}^2$，见式（5.40）。

$$\sigma_R^T=\sigma_Y\left[1-4.43(z/B)-13.53(z/B)^2-16.93(z/B)^3-7.03(z/B)^4\right] \tag{5.40}$$

（3）高热量输入，$E_1/B > 120\text{J/mm}^2$，见式（5.41）。

$$\sigma_R^T=\sigma_Y\left[1-0.22(z/B)-3.06(z/B)^2-1.88(z/B)^3\right] \tag{5.41}$$

式（5.39）至式（5.41）中：

z——在钻口测量的参数；

E_1——单位焊缝上焊接所耗的电能；

B——构件厚度；

σ_Y——材料屈服强度。

2）纵向残余应力（即平行于焊缝且环绕管道）

如图 5.61 所示，由于管内壁和管外壁存在着温度差，因此在内外壁总存在着热膨胀和热收缩两种方向相反的残余应力，其中温度较高的一面将产生拉伸残余应力，温度较低的一面将产生压缩残余应力。这种由温差造成的轴向残余应力是非线性的，由于泊松比的不同，相应地也会产生一些非线性的环向应力。另外，由于环焊缝的冷却收缩，使得与焊缝连接的两侧管道周边产生内凹变形，这种内凹变形使管道内壁产生轴向拉伸残余应力，管道外壁产生轴向压缩残余应力。这种轴向残余应力是由于变形（内凹）弯矩造成的，因此它是沿管壁壁厚方向呈连续线性分布的轴向残余应力。

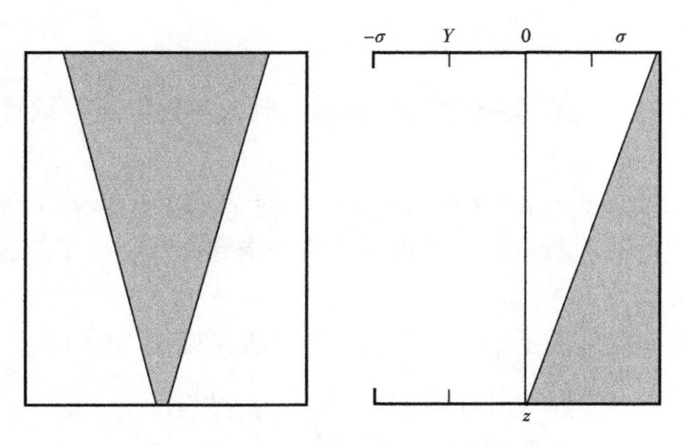

图 5.61　纵向（与焊缝平行）残余应力分布

铁素体和奥氏体钢材管道的纵向残余应力分情况是基于一种线性模型保守地提出来的，这一线性模型由外表面的压力 σ_Y 和钻孔处的压力 σ_R^{LB} 所描述。计算纵向残余应力 σ_R^L 见式（5.42）。

$$\sigma_R^L = \sigma_Y \left\{1 + (z/B)\left[\left(\sigma_R^{LB}/\sigma_Y\right) - 1\right]\right\} \tag{5.42}$$

其中

当 $B \leqslant 15$（mm），

$$\sigma_R^{LB} = \sigma_Y$$

当 $15 < B \leqslant 85$（mm），

$$\sigma_R^{LB} = \sigma_Y\left[1 - 0.0143(B - 15)\right]$$

z 为在外表面测量的量，单位是毫米（mm）。

残余应力的大小对于裂纹的影响较为重要。$Y\sigma$ 是计算应力强度因子的重要部分，而 $Y\sigma$ 由主应力与二次应力共同作用，见式（5.43）。

$$\begin{aligned} Y\sigma &= (Y\sigma)_p + (Y\sigma)_s \\ (Y\sigma)_p &= Mf_w\left\{k_{tm}M_{km}M_mP_m + k_{tb}M_{kb}M_b\left[P_b + (k_m - 1)P_m\right]\right\} \\ (Y\sigma)_s &= M_mQ_m + M_bQ_b \end{aligned} \tag{5.43}$$

对于焊接结构的残余应力最大值可达到焊接材料的屈服应力，对于主应力的膜应力，在设计阶段考虑了安全系数，通常为 0.76～0.96 倍的屈服强度。

5.5.2.5　材料性能参数

用于裂纹缺陷评估的材料性能参数包括弹性模量、泊松比、屈服强度、拉伸强度，上述参数查阅设计资料即可获得。

另一方面，对于 FAD（失效评定图中）施加荷载比率 L_r 截断线通常取为 1。

5.5.2.6 断裂韧性

材料的断裂韧性可通过断裂韧性试验获得，但大多数情况下钢管并不进行断裂韧性检验。

BS 7910 *Guide to methods for assessing the acceptability of flaws in metallic structures* 给出了依据夏比冲击试验估算断裂韧性的指导方法。指导方法给出了三种断裂韧性与夏比冲击试验数据的相互关系。

（1）在韧—脆转变温度的下平台区，取下包络线，见式（5.44）。

$$K_{\text{mat}} = \left[\left(12\sqrt{C_{\text{V}}} - 20\right)\left(25/B\right)^{0.25}\right] + 20 \tag{5.44}$$

式中 K_{mat}——断裂韧度的估计值，$\text{MPa}\cdot\text{m}^{1/2}$；

B——要求有 K_{mat} 估计值的材料的厚度，mm；

C_{V}——工作温度下，钢桥韧性的夏比冲击值（CVN）的下限，J。

（2）在韧—脆转变温度区间用统计方法进行分析，见式（5.45）至式（5.47）。

$$K_{\text{mat}} = 20 + \left[11 + 77\text{e}^{0.019(T - T_0 - T_{\text{K}})}\right]\cdot\left(\frac{25}{B}\right)^{1/4}\cdot\left[\ln\left(\frac{1}{1 - P_{\text{f}}}\right)\right]^{1/4} \tag{5.45}$$

$$T_0 = T_{27\text{J}} - 18°\text{C}，标准差 =15℃ \tag{5.46}$$

$$T_0 = T_{40\text{J}} - 24°\text{C}，标准差 =15℃ \tag{5.47}$$

式中 K_{mat}——断裂韧性估计值，$\text{MPa}\cdot\text{m}^{1/2}$；

T——确定 K_{mat} 时的温度，℃；

$T_{27\text{J}}$、$T_{40\text{J}}$——材料夏比冲击能为 27J 和 40J 的温度，℃；

T_{K}——温度项，它描述了夏比对断裂强度之间关系的离散度；当标准差为 15℃，置信度为 90%时，T_{K}=+25℃；

B——材料的厚度，其中对材料要求有 K_{mat} 的估计；

P_{f}——K_{mat} 小于估计值的概率；建议 P_{f} 取值为 0.05（5%），除非有实验证据证明使用高一些的值更有效。

（3）断裂韧性上限在韧—脆转变温度的上平台区，取下包络线，见式（5.48）。

$$K_{\text{mat}} = 0.54C_{\text{V}} + 55 \tag{5.48}$$

式中 K_{mat}——断裂韧性估计值，$\text{MPa}\cdot\text{m}^{1/2}$；

C_{V}——达到 K_{mat} 要求的工作温度下，钢桥韧性的夏比冲击值（CVN）的下限。

依据（1）或（2）计算所得的断裂韧性，不能超过（3）计算的断裂韧性。

在 FAD（失效评定图）中的纵轴 $K_{\text{r}} = \dfrac{K_{\text{I}}}{K_{\text{mat}}}$，$K_{\text{I}}$ 为应力集中系数，K_{mat} 为材料断裂韧性，因此当材料的断裂韧性越大，裂纹的评估结果越安全。

5.5.2.7 分项安全系数

依据可接受的失效概率及数据的不确定性，可对输入项进行分项安全系数修正，修正内容包括应力、裂纹尺寸、断裂韧性、屈服强度。BS 7910 *Guide to methods for assessing the acceptability of flaws in metallic structures* 给出了分项系数大小（表 5.17、表 5.18）。

表 5.17 目标失效概率（事件 / 年）

失效后果	备件充足	缺少备件
中等	2.3×10^{-1}	10^{-3}
严重	10^{-3}	7×10^{-5}
非常严重	7×10^{-5}	10^{-5}

表 5.18 不同目标失效概率的推荐分项系数

项目		$P(F)=2.3\times10^{-1}$	$P(F)=10^{-3}$	$P(F)=7\times10^{-5}$	$P(F)=10^{-5}$
		β_r=0.739	β_r=3.09	β_r=3.8	β_r=4.27
应力，σ	$(COV)_\sigma$	γ_σ	γ_σ	γ_σ	γ_σ
	0.1	1.05	1.2	1.25	1.3
	0.2	1.1	1.25	1.35	1.4
	0.3	1.12	1.4	1.5	1.6
缺陷尺寸，a	$(COV)_a$	γ_a	γ_a	γ_a	γ_a
	0.1	1.0	1.4	1.5	1.7
	0.2	1.05	1.45	1.55	1.8
	0.3	1.08	1.5	1.65	1.9
	0.5	1.15	1.7	1.85	2.1
硬度，K	$(COV)_K$	γ_K	γ_K	γ_K	γ_K
	0.1	1	1.3	1.5	1.7
	0.2	1	1.8	2.6	3.2
	0.3	1	2.85	NP	NP
韧性，δ	$(COV)_\delta$	γ_δ	γ_δ	γ_δ	γ_δ
	0.2	1	1.69	2.25	2.89
	0.4	1	3.2	6.75	10
	0.6	1	8	NP	NP

续表

项目		$P(F)=2.3\times10^{-1}$	$P(F)=10^{-3}$	$P(F)=7\times10^{-5}$	$P(F)=10^{-5}$
		β_r=0.739	β_r=3.09	β_r=3.8	β_r=4.27
屈服强度，Y	$(COV)_Y$	γ_Y	γ_Y	γ_Y	γ_Y
	0.1	1	1.05	1.1	1.2
γ_σ—正态分布的平均应力乘子。 γ_α—正态分布的平均缺陷高度乘子。 γ_K 或 γ_δ—威布尔分布的断裂韧性 1 倍标准差值的除数。 γ_Y—对数正态分布的屈服强度的 2 表标准差值的除数。					

注：表中分项安全系数不一定适用于其他统计分布或变异系数（*COV*），据 *Nordic Committee on Building Regulations*。

针对管道的检维修情况，给出了三种失效后果及对应的可接受失效概率。失效概率的等级划分与最低合理可行（ALARP）原则一致。

ALARP 原则说明，如果风险水平超过上限（年个人风险 10^{-3}），则落入“不可接受范围”，此时，除特殊情况外，该风险是无论如何不能接受的；低于下限（年个人风险 10^{-5}），则落入“可接受范围”，此时，该风险是可以被接受的，无须再采用安全改进措施；如果风险在上限与下限之间，则落入“ALARP 范围”，此时，认为某种风险是有条件可接受的，除非减低风险的措施是不可行或没有成本效益的（图 5.62）。

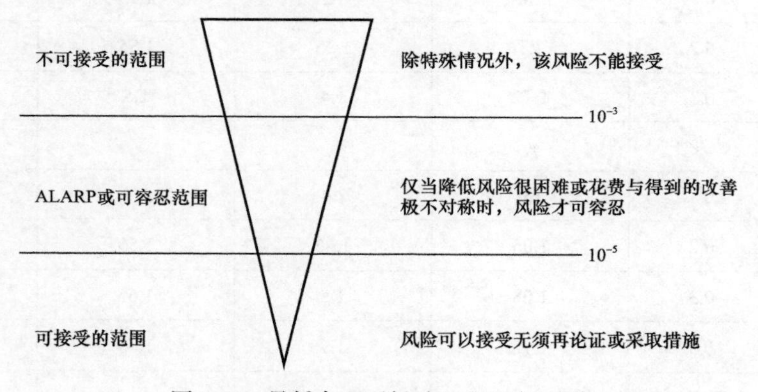

图 5.62　最低合理可行（ALARP）原则

5.5.2.8　计算应力强度因子

应力强度因子的基本表达式见式（5.49）至式（5.51），在计算应力强度因子时考虑了相关的修正系数（如式中 M）。

$$K_{\mathrm{I}}=(Y\sigma)\sqrt{\pi\alpha} \tag{5.49}$$

$$(Y\sigma)_{\mathrm{p}}=Mf_{\mathrm{W}}\left\{k_{\mathrm{tm}}M_{\mathrm{km}}M_{\mathrm{m}}P_{\mathrm{m}}+k_{\mathrm{tb}}M_{\mathrm{kb}}M_{\mathrm{b}}\left[P_{\mathrm{b}}+\left(k_{\mathrm{m}}-1\right)P_{\mathrm{m}}\right]\right\} \tag{5.50}$$

$$(Y\sigma)_s = M_m Q_m + M_b Q_b \tag{5.51}$$

式中 $Y\sigma$、$(Y\sigma)_p$、$(Y\sigma)_s$——经过的构件应力、一次应力、二次应力；

P_m、P_b——一次膜应力、弯曲引力；

Q_m、Q_b——二次次膜应力、弯曲引力；

M、f_w、M_m、M_b——中间计算变量（据 BS 7910 中表 M.2 确定）；

k_{tm}、k_{tb}、k_m——中间计算变量（据 BS 7910 中 6.4 和附录 D 确定）。

不同的裂纹类型（穿透、表面、埋藏）及不同的载荷类型对应的修正系数取值不同，BS 7910 *Guide to methods for assessing the acceptability of flaws in metallic structures* 的附录 M 给出了详细的说明。

5.5.2.9 计算载荷比

载荷比的计算公式见式（5.52）：

$$L_r = \frac{\sigma_{ref}}{\sigma_Y} \tag{5.52}$$

式中 σ_{ref} 为参考应力，依据不同的裂纹类型（穿透、表面、埋藏）及不同的载荷类型，对应的参考应力表达式不同，BS 7910 *Guide to methods for assessing the acceptability of flaws in metallic structures* 的附录 P 给出了详细的说明。

5.5.2.10 FAD

依据计算所得 K_r，L_r，判定缺陷是否可接受。

5.5.3 规范对比研究

API RP 579 *Fitness-for-service* 第 9 章给出了含裂纹缺陷的评价方法。附录 C 给出了应力强度因子的计算方法，附录 D 给出了参考应力的计算方法，附录 E 对评价方法中所需的残余应力的评价步骤做了描述，附录 F 给出了评价所需的材料性质数据。

API RP 579 *Fitness-for-service* 总体评估流程与 BS 7910 *Guide to methods for assessing the acceptability of flaws in metallic structures* 一致，但应力强度因子、未对齐修正等具体细节还有所区别。

5.5.3.1 未对齐修正区别

API RP 579 *Fitness-for-service* 将焊缝错位及壳体变形单独作为一章进行分析，最终通过剩余强度系数判定缺陷是否可接受。中间计算环节包含了因错位或壳体变形导致弯曲应力增大的计算步骤，可将修正后的弯曲应力作为裂纹分析过程中的主应力。

API RP 579 *Fitness-for-service* 对焊缝错位及壳体变形的表达式与 BS 7910 *Guide to methods for assessing the acceptability of flaws in metallic structures* 有所区别，见表 5.19。

表 5.19 焊接错位及壳体变形对比分析

类型	API RP 579	BS 7910
轴向焊缝错位	$R_b^{cljc}=\dfrac{C_1}{C_2}$ $C_1=3.8392\times10^{-3}+3.1636\times\left(\dfrac{e}{t_c}\right)+1.2377\times\left(\dfrac{e}{t_c}\right)^2-4.0582\times10^{-3}S_p+3.4647\times10^{-4}S_p^2+3.1205\times10^{-6}S_p^3$ $C_2=1.0+0.41934\times\left(\dfrac{e}{t_c}\right)+9.7390\times10^{-3}S_p$ $10\leqslant\dfrac{R}{t_c}\leqslant400, 0.0\leqslant\dfrac{e}{t_c}\leqslant1.0, 1.0\leqslant S_p\leqslant50.0$	$\dfrac{\sigma_s}{P_m}=\dfrac{6e}{B_1\left(1-v^2\right)}\cdot\left(\dfrac{1}{1+\left(B_2/B_1\right)^{0.6}}\right)$
环向焊缝错位	$R_b^{cejc}=abs\left\{\dfrac{12}{R_1t_{1c}}\left[0.25672R_2t_{2c}\cdot\left(\dfrac{C_1}{C_3}\right)+\dfrac{eR_a}{2}\cdot\left(\dfrac{C_2}{C_3}\right)\right]\right\}$ $R_{bs}^{cejc}=1+\left(\dfrac{6e}{t_{1c}}\right)\left(1+\rho^{1.5}\right)^{-1}$ $C_1=\left(\rho-1\right)\left(\rho^2-1\right), C_2=\rho^2+2\rho^{1.5}+1$ $C_3=\left(\rho^2+1\right)^2+2\rho^{1.5}\left(\rho+1\right)\quad \rho=\dfrac{t_{2c}}{t_{1c}}\quad t_{2c}\geqslant t_{1c}$ $e=R_1-R_2$　$R_2>R_1$ 时，e 为负；$R_2\leqslant R_1$ 时，e 为正 $R_a=\dfrac{R_1+R_2}{2}\quad \dfrac{R_1}{t_{1c}}>10, \dfrac{R_2}{t_{2c}}>10, 0.0<\dfrac{e}{t}\leqslant1.0$	$\sigma_s/P_m<1$ 时： $\dfrac{\sigma_s}{P_m}=\dfrac{6e}{B_1\left(1-v^2\right)}\cdot\left[\dfrac{1}{1+\left(B_2/B_1\right)^{1.5}}\right]$ $\sigma_s/P_m\geqslant1$ 时： $\dfrac{\sigma_s}{P_m}=\dfrac{2.6e}{B_1}\cdot\left[\dfrac{1}{1+0.7\left(B_2/B_1\right)^{1.4}}\right]$

续表

类型	API RP 579		BS 7910
壳体变形	$R_b^{clja}=\left(\dfrac{6\delta}{t_c}\right)C_f$ $C_f=1-\dfrac{\theta_p}{3\pi}-\dfrac{4}{\pi\theta_p^2}\left(\theta_p-\sin\theta_p\right)-\dfrac{4S_p^2}{\pi\theta_p^2}\sum_{n=2}^{\infty}\dfrac{\left(n\theta_p-\sin n\theta_p\right)}{n^3\left(n^2-1+S_p^2\right)}$ $\theta_p=\arccos\left(\dfrac{1}{1+\delta/R}\right), \dfrac{R}{t_c}\geqslant 10, 0.0\leqslant S_p\leqslant 30.0$	$R_b^{clja}=\left(\dfrac{6\delta}{t_c}\right)C_f$ $C_f=\begin{cases}0.5-\dfrac{\pi}{2k}\cot k\pi-\dfrac{k^2-1}{2k^2}+\dfrac{1}{2k^2-1} & S_p^2<1\\ 0.5+\dfrac{\pi}{2k}\coth k\pi-\dfrac{k^2+1}{2k^2}+\dfrac{1}{k^2+1} & S_p^2\geqslant 1\end{cases}$ $k^2=\begin{cases}1-S_p^2 & S_p^2<1\\ S_p^2-1 & S_p^2\geqslant 1\end{cases}$	对于固定端： $\dfrac{\sigma_s}{P_m}=\dfrac{3d}{B\left(1-v^2\right)}\left\{\dfrac{\tanh(\beta/2)}{\beta/2}\right\}$ 对于简支端： $\dfrac{\sigma_s}{P_m}=\dfrac{6d}{B\left(1-v^2\right)}\left\{\dfrac{\tanh(\beta)}{\beta}\right\}$ 其中，$\beta=\dfrac{2l}{B}\left\{\dfrac{3\left(1-v^2\right)P_m}{E}\right\}^{0.5}$
椭圆度	$R_b^{or}\theta=\dfrac{1.5D_{max}-D_{min}\cos 2\theta}{t_c\left\{1+\left[\dfrac{C_sP\left(1-V^2\right)}{E_y}\right]\left[\dfrac{D_m}{t_c}\right]^3\right\}}$		$\dfrac{\sigma_s}{P_m}=\dfrac{1.5\left(D_{max}-D_{min}\right)\cos 2\theta}{B\left\{1+0.5\left[\dfrac{P_m\left(1-v^2\right)}{E}\right]\left(\dfrac{D}{B}\right)^3\right\}}$

5.5.3.2 参考应力计算表达式区别

参考应力 σ_{ref} 是计算 FAD（失效评定图）中载荷比的重要参数，$L_r = \frac{\sigma_{ref}}{\sigma_{ys}}$，API RP 579 *Fitness–for–service* 对于参考应力的计算公式与 BS 7910 *Guide to methods for assessing the acceptability of flaws in metallic structures* 有所区别。

5.5.3.3 断裂韧性计算区别

BS 7910 *Guide to methods for assessing the acceptability of flaws in metallic structures* 给出了三种断裂韧性与夏比冲击试验数据的相互关系。

（1）单一温度下夏比冲击能估算断裂韧性下限。

（2）冲击能为 27J 或 40J 对应温度数据估算断裂韧性下限。

（3）断裂韧性上限。

当依据（1）或（2）计算所得的断裂韧性不能超过（3）计算的断裂韧性。

API RP 579 *Fitness–for–service* 给出了断裂韧性与夏比试验数据的关系，但更重要的是依据断裂韧性下限计算名义断裂韧性，因为规范在对断裂韧性、裂纹尺寸、主应力修正时用到的分项安全系数是对应名义断裂韧性进行设定的。当仅用断裂韧性下限时，无须进行分项系数修正。

5.5.3.4 应力强度因子计算表达式区别

BS 7910 *Guide to methods for assessing the acceptability of flaws in metallic structures* 与 API RP 579 *Fitness–for–service* 应力强度因子计算表达式有所区别。此处针对纵向穿透裂纹进行对比分析。

（1）BS 7910 *Guide to methods for assessing the acceptability of flaws in metallic structures* 的应力强度因子计算表达式为式（5.53）至式（5.56）。

$$(Y\sigma)_p = Mf_W\{k_{tm}M_{km}M_mP_m + k_{tb}M_{kb}M_b[P_b + (k_m - 1)P_m]\} \quad (5.53)$$

$$(Y\sigma)_s = M_mQ_m + M_bQ_b \quad (5.54)$$

$$K_I^{pressure} = K_I^{pressure} + K_I^{bending} \quad (5.55)$$

$$M_m = M_b = M_m^* \pm M_b^* \quad (5.56)$$

（2）API RP 579 *Fitness–for–service* 的应力强度因子计算表达式为式（5.57）。

$$K_I = [(\sigma_m + p_c)G_0 + \sigma_b(G_0 - 2G_1)] \cdot \sqrt{\pi c} \quad (5.57)$$

式中 σ_m、σ_b——膜应力、弯曲应力；

p_c——导致柱状壳体屈曲的压力；

G_0、G_1——由缺陷尺寸确定的影响因子；

c——缺陷长度。

5.5.3.5 分项安全系数区别

BS 7910 *Guide to methods for assessing the acceptability of flaws in metallic structures* 依据可接受的失效概率及数据的不确定性，给出了断裂韧性、裂纹尺寸、应力大小、屈服强度的分项安全系数。

失效概率分别对应为 10^{-3}、7×10^{-5}、10^{-5} 三个等级。

而 API RP 579 *Fitness–for–service* 仅当选用名义断裂韧性进行分析时，才考虑分项安全系数的修正，当选用断裂韧性下限时，无须进行分项系数修正。考虑的失效概率等级分别为 10^{-2}、10^{-3}、10^{-6} 三个等级，并且即使选用 10^{-3} 失效概率时，与 BS 7910 *Guide to methods for assessing the acceptability of flaws in metallic structures* 选取的修正系数也有所区别，API RP 579 *Fitness–for–service* 修正系数稍大。

5.5.4 评估技术特点

缺陷评定的关键中间计算结果包括：应力强度因子、参考应力、断裂韧性，分项安全系数。

5.5.4.1 应力强度因子与参考应力

应力强度因子、参考应力都与管道的应力状态有直接联系，只是针对不同裂纹类型及方向表达式有所区别。因此缺陷评估前明确管道的受力情况是决定评估准确度的关键一步。管道的受力状态可归纳如下：

（1）内外压：正常情况下管道的外部载荷主要为内外压力，通过内外压差计算管道环向应力及压力作用产生的轴向压应力。环向应力是轴向裂纹的主要应力，而内压作用产生的轴向压应力会使环向裂纹闭合。

（2）弯矩及轴向载荷：铺管过程、在役管道悬空、受波流载荷的立管将受到弯矩及轴向力作用，弯曲应力应作为主弯曲应力进行分析，轴向应力应区分拉应力及压应力。对于环向裂纹，轴向压应力会使裂纹闭合。

（3）温度应力：温度产生的轴向应力应作为二次应力，温度应力同样需要区分拉应力及压应力。对于环向裂纹，轴向压应力会使裂纹闭合。

（4）残余应力：管道焊接过程将产生残余应力，也应作为二次应力进行分析。可依据 BS 7910 *Guide to methods for assessing the acceptability of flaws in metallic structures* 计算残余应力的大小及分布，残余应力为拉应力，有裂纹扩展的趋势。

5.5.4.2 断裂韧性

断裂韧性表征材料阻止裂纹扩展的能力，是度量材料韧性好坏的一个定量指标。在加载速度和温度一定的条件下，对某种材料而言它是一个常数。当裂纹尺寸一定时，材料的断裂韧性值越大，其裂纹失稳扩展所需的临界应力就越大；当给定外力时，材料的断裂韧性值越高，其裂纹达到失稳扩展的临界尺寸就越大。

在 FAD（失效评定图）中纵轴为施载条件的比率，$K_r=\frac{K_I}{K_{IC}}$，表示应力强度因子除以断裂韧性，可见断裂韧性的提高可以有效降低 K_r 值，影响最终的评定结果。

目前国内常用的断裂韧性试样有两种：

（1）三点弯曲试样 SE（B）。

（2）紧凑拉伸试样 C（T）。

试验方法是在试样中间开一裂纹，通过三点或四点抗弯断裂测试，计算材料的断裂韧性。

当不进行断裂韧性试验时，也可通过夏比冲击试验预测材料的断裂韧性。由夏比冲击试验结果预测材料的断裂韧性的研究到目前进行了很多，BS 7910 *Guide to methods for assessing the acceptability of flaws in metallic structures*、API RP 579 *Fitness–for–service* 中提供的计算公式是根据相关学者的研究成果进行的总结，具有实际指导意义。

5.5.4.3 分项安全系数

考虑到管道失效后果的严重度，确定了可接受的失效概率，同时考虑评估数据（如夏比试验数据，裂纹测量数据）的可靠性，给出了分项安全系数。通过系数的修正使得评估结果更加保守。

BS 7910 *Guide to methods for assessing the acceptability of flaws in metallic structures* 中根据后果严重度及评估数据的 *COV*（协方差）给出了相关的安全系数参考值，总的方向是根据系数的修正增大裂纹尺寸、主应力、减小断裂韧性及屈服强度。

API RP 579 *Fitness–for–service* 使用安全系数的前提是选用名义断裂韧性，名义断裂韧性是根据断裂韧性下限计算得出的，当选用断裂韧性下限时无须进行系数修正。因为 API RP 579 *Fitness–for–service* 给出的参考系数是针对名义断裂韧性进行设置的。

对于裂纹评估推荐选用 BS 7910 *Guide to methods for assessing the acceptability of flaws in metallic structures*，主要有如下优势：

（1）BS 7910 *Guide to methods for assessing the acceptability of flaws in metallic structures* 是关于裂纹评估最具权威的规范，目前有基于它的专业计算软件 CrackWISE。

（2）该规范对于焊接错位及壳体变形的计算方法简便易行，分项安全系数的使用更加灵活，而 API RP 579 *Fitness–for–service* 在选用名义断裂韧性时才用到分项安全系数。

5.5.5 算例

（1）管道数据：

外径 D=812.8mm；壁厚 t=19.1mm；外压 p_e=1MPa；内压 p_i=5MPa；

应力集中系数 k_{tm}=1；k_{tb}=1；

材料的屈服强度：348MPa；拉伸强度：430 MPa；韧性数值：75kJ/m^2。

（2）裂纹数据：

类型：表面裂纹；位置：内表面；方向：轴向缺陷。

长度：2c=18mm；深度 a=5mm。

（3）计算结果：

p_m=54.44MPa；p_b=2.56MPa；

K_r=0.109；L_r=0.188

由图 5.63 可知，该裂纹满足规范的安全要求。

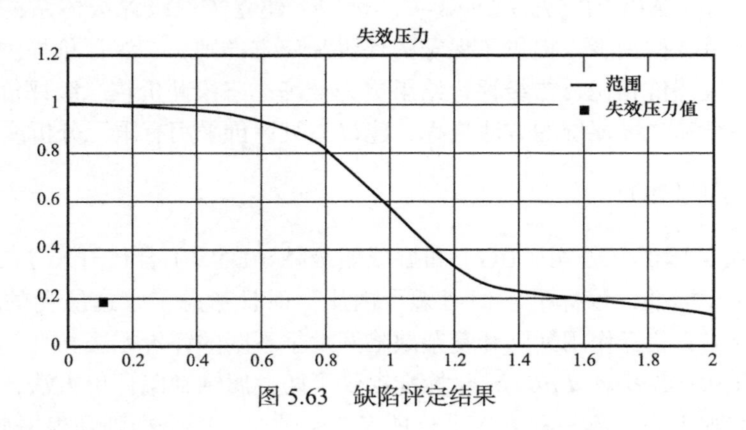

图 5.63 缺陷评定结果

5.6 腐蚀缺陷评估

5.6.1 适用规范

20 世纪 70～80 年代以来，随着断裂力学、塑性力学、金属疲劳、无损检测、计算机及产品质量控制等科学技术的发展和应用，产生了许多管道缺陷爆破失效压力的计算方法。这些方法主要考虑径向缺陷尺寸和管道内压，基本形式相同，都是以 NG-18 公式为基础计算失效压力，只是流变应力取值与缺陷形状表述不同。主要评价方法有 AGA NG-18、ASMEB 31G *Manual for determining the remaining strength of corroded pipelines*、API RP 579 *Fitness-for-service*、DNV RP F101 *Corroded pipelines*。

5.6.1.1 AGA NG-18

20 世纪 60 年代末至 70 年代初，得克萨斯州东部输气公司和美国天然气协会（AGA）的管道研究委员会共同发起对腐蚀管道的剩余强度进行了研究。经过研究，提出了基于断裂力学的 NG-18 表面缺陷计算公式，该式以 Dugdale 塑性区尺寸模型、受压圆筒的轴向裂纹的“Folias”分析和经验的裂纹深度与管道厚度关系式为基础。

5.6.1.2 ASME B31G

1984 年，美国机械工程师协会（American Society of Mechanical Engineers，ASME）发布了腐蚀管道评估准则，即 ASME B31G-1984 *Manual for determining the remaining strength of corroded pipelines* 标准。该标准的前身是基于断裂力学的 NG-18 表面缺陷计算公式。该标准规定：缺陷最大许可深度为壁厚的 80%，深度小于壁厚 10%的缺陷可以忽略不计。

5.6.1.3 API RP 579

API RP 579 *Fitness–for–service* 按照缺陷类型进行评价，考虑了相邻缺陷的相互影响和附加载荷的影响，建立了含有缺陷管道的剩余承压能力、缺陷的尺寸及有关材料强度参数三者之间的关系。API RP 579 *Fitness–for–service* 建立了三级评级体系：一级评价使用的检测数据和管道数据最少，提供了保守的评价和审查准则；二级评价提供了更为详尽的评价程序，与一级评价相比，二级评价结果更为准确；三级评价较二级评价更为精确。该标准只给出了一级和二级评价的方法流程，建议三级评价采用有限元分析或其他方法。

5.6.1.4 DNV RP F101

1999 年，由英国燃气公司（BG）和挪威船级社（DNV）合作开发了 DNV–RP–F101 *Corroded pipelines* 标准，该标准不但考虑了内压，而且考虑了管道所受的轴向和弯曲载荷，针对单一缺陷、相互作用缺陷和复杂缺陷开发了不同的评价方法。

DNV–RP–F101 *Corroded pipelines* 标准提供了两种腐蚀缺陷评价方法，两种方法的主要区别是安全准则不同。第一种方法是分项安全系数法：安全准则是根据 DNV 近海标准 OS–F101 和海底管道系统标准来确定的。该方法使用了概率修正方程—分项安全系数来确定腐蚀管道的许用操作压力。第二种是许用应力法：是根据许用应力设计（ASD）标准，计算腐蚀缺陷的失效压力后再乘以管道的强度设计系数。

5.6.1.5 安全系数选取

在计算含缺陷管道的失效压力后，需要考虑强度设计系数，该系数的选取影响最终确定的管道许用压力。

在设计阶段由于考虑腐蚀余量、订购钢板厚度等因素，导致折合的强度设计系数比规范规定的取值更加保守，建议对在役含缺陷管道评估时按照规范要求选取强度系数，避免过于保守导致计算出较低的管道许用压力，引起过度维修。

以输气管道为例，不同地区等级对应的强度设计系数见表 5.20，不同评估方法公式对比见表 5.21。

表 5.20 输气管道强度设计系数

地区等级	强度设计系数 F
一级一类地区	0.8
一级二类地区	0.72
二级地区	0.6
三级地区	0.5
四级地区	0.4

表 5.21 不同评估方法公式对比

方法	基本公式	流变压力	缺陷截面形状	鼓胀因子 M	失效压力 p_f
NG–18	NG–18	σ_S+68.95MPa	矩形（缺陷面积 $A=Ld$）	$M=\left[1+0.6275\left(\frac{L}{\sqrt{Dt}}\right)^2-0.003375\left(\frac{L}{\sqrt{Dt}}\right)^4\right]^{\frac{1}{2}}$	$\frac{2(\sigma_S+68.95)t}{D}\left(\frac{1-\frac{d}{t}}{1-\frac{d}{t}M^{-1}}\right)$
改进的 ASME B31G	NG–18	σ_S+68.95MPa	抛物线（A=0.85Ld）	$M=\left[1+0.6275\left(\frac{L}{\sqrt{Dt}}\right)^2-0.003375\left(\frac{L}{\sqrt{Dt}}\right)^4\right]^{\frac{1}{2}},\left(\frac{L}{\sqrt{Dt}}\right)^2\leqslant 50$ $M=0.032\left(\frac{L}{\sqrt{Dt}}\right)^2+3.3,\left(\frac{L}{\sqrt{Dt}}\right)^2>50$	$\frac{2(\sigma_S+68.95)t}{D}\left(\frac{1-0.85\frac{d}{t}}{1-0.85\frac{d}{t}M^{-1}}\right)$
API RP 579	NG–18	$\frac{1}{2}(\sigma_S+\sigma_U)$	—	$\sqrt{1+0.79\left(\frac{L}{\sqrt{Dt_{min}}}\right)^2}$	$\frac{(\sigma_S+\sigma_U)t_{mm}}{D}\frac{\left(\frac{t_{mm}}{t_{min}}\right)}{1-\left(1-\frac{t_{mm}}{t_{min}}\right)M^{-1}}$
DNV–RP–F101	NG–18	σ_U	矩形、平底形状	$\sqrt{1+0.31\left(\frac{L}{\sqrt{Dt}}\right)^2}$	$\frac{2\sigma_U t}{D-t}\left(\frac{1-\frac{d}{t}}{1-\frac{d}{t}M^{-1}}\right)$

5.6.2 规范对比研究

管道的运行压力、几何尺寸、材料特性和缺陷形貌及其他运营条件是影响管道剩余强度的主要因素，相关准则都是根据缺陷的几何尺寸进行校核。

ASME 主要从缺陷的纵向长度对管道缺陷进行评价。而当管道只承受压力载荷时，环向应力为纵向应力的两倍，所以应主要考虑环向应力对应的纵向缺陷，但当环向缺陷较大，或管道承受其他不可忽略的纵向载荷时，应考虑纵向应力以及相应的环向缺陷。另外，腐蚀长度与工作压力无关，ASME 未考虑压力和管道材料的参数，认为只要满足最大允许纵向腐蚀长度准则管道就可以继续服役，这是不合理的。ASME 只对单个缺陷进行评价，未考虑复合缺陷及缺陷相互作用影响，对复杂的缺陷构成没有相关的评价方法。ASME 评价方法虽然简单，但在单一内压载荷、简单缺陷及环向缺陷较小的情况下，具有较低的保守度，因此经济性较好。

API RP 579 *Fitness–for–service* 按照缺陷类型分别进行评价，它考虑了相邻缺陷的相互影响和附加载荷的影响，为腐蚀缺陷的剩余强度评价提供了更为准确的方法，建立了含有缺陷管道的剩余承压能力、缺陷的尺寸及有关材料强度参数三者之间的关系。该标准不仅考虑缺陷的纵向长度，对缺陷的环向长度和缺陷深度也进行评价，同时考虑了管道的受力情况。标准对复杂复合缺陷、环向缺陷都有详尽的评价方法，因此具有较好的适用性。

DNV–RP–F101 *Corroded pipelines* 提供了两种腐蚀缺陷评价方法，两种方法的主要区别是安全准则不同。第一种方法是分项安全系数法，该方法使用了概率修正方程—分项安全系数来确定腐蚀管道的许用操作压力；第二种是许用应力法，计算腐蚀缺陷的失效压力后再乘以管道的强度设计系数。

分项安全系数法考虑了腐蚀缺陷检测的不确定性和管道材料的不确定性等因素，能够更加客观地反映管道存在腐蚀缺陷后的剩余强度，其计算过程和测定也相对复杂。对于应用漏磁 MFL 智能清管测量等相对深度测量检测技术获取的数据，分项安全系数法应用相对深度测量方法选取分项安全因数和分位数，而对于超声壁厚测量或壁厚损失测量等相对深度测量检测技术获取的数据，则采用绝对深度测量方法进行计算。许用应力法未考虑这些不确定性因素，在计算结果精度有所提高的同时，仍然具有一定的保守性，且计算过程和测定相对简明、便捷。该标准开发数据库较新，适用范围广，保守度低，因此具有广泛的应用性。

DNV–RP–F101 *Corroded pipelines* 标准对不同缺陷类型，如单个缺陷、相互作用缺陷及复杂形状缺陷，进行了系统地评估。对于单个缺陷，考虑了不同载荷类型，如仅受内压作用载荷、内压和纵向压应力叠加作用的纵向腐蚀缺陷和环向腐蚀缺陷。

这几种方法的不同之处可以归结为以下几点：

（1）流变应力的取值。

（2）几何修正系数。

（3）缺陷形状。

（4）管道受到的载荷特点。

表 5.22 给出了各种评价方法的适用范围。

表 5.22 各评价方法适用范围

方法	最佳适用材料范围	缺陷类型	载荷类型
ASME B31G	中低强度钢	单一轴向缺陷	内压
API RP I579	/	单一缺陷、相互作用缺陷或复杂缺陷	内压、轴向压力、弯矩
DNV–RP–F101	低于 X80 钢	单一轴向缺陷	内压
		单一轴向、环向缺陷	内压、轴向压力、弯矩
		相互作用缺陷或复杂缺陷	内压

将公开发表文献中的含缺陷管道的爆破试验压力数据收集整理，见表 5.23。分别列出了低强度（X42 至 X55）、中高强度（X60 至 X65）管道爆破试验的管道规格、缺陷尺寸、爆破压力等。分别采用 ASME B31G *Manual for determining the remaining strength of corroded pipelines*、DNV–RP–F101 *Corroded pipelines*、API RP 579 *Fitness–for–service* 的评价方法进行了腐蚀管道失效压力计算，以比较它们的准确度及可靠性。

表 5.23 低强度等级管道爆破试验数据

序号	钢级	屈服强度 MPa	拉伸强度 MPa	外径 mm	壁厚 mm	缺陷深度 mm	缺陷长度 mm	爆破压力 MPa
1	X42	289.6	413.7	273.3	4.95	3.3	182.88	13.75
2		289.6	413.7	272.97	4.67	2.62	48.26	13.79
3		289.6	413.7	273.53	4.78	1.63	30.48	13.71
4		289.6	413.7	273.1	4.88	2.18	101.6	15.18
5		289.6	413.7	273.89	4.93	1.6	45.72	14.99
6		289.6	413.7	274.14	5	2.16	124.46	13.35
7		289.6	413.7	274.45	4.57	2.74	66.04	12.67
8		289.6	413.7	274.12	4.98	2.72	38.1	14.8
9		289.6	413.7	274.52	4.83	2.11	157.48	12.62
10	X46–1	317.2	434.4	323.34	8.64	2.16	63.5	24.37
11		317.2	434.4	323.09	8.59	2.97	203.2	23.11
12		317.2	434.4	323.09	8.64	2.69	60.96	25.23
13		317.2	434.4	323.6	8.61	3.3	144.78	23.93
14		317.2	434.4	323.6	8.64	2.67	127	21.75
15		317.2	434.4	323.09	8.53	2.18	50.8	21.56
16	X46–2	317.2	434.4	323.85	5.08	3.66	99.06	9.74

续表

序号	钢级	屈服强度 MPa	拉伸强度 MPa	外径 mm	壁厚 mm	缺陷深度 mm	缺陷长度 mm	爆破压力 MPa
17	X46-3	317.2	434.4	863.6	9.63	3.63	213.36	10.8
18		317.2	434.4	863.6	9.47	3	185.42	10.56
19		317.2	434.4	863.6	9.37	4.62	91.44	9.17
20	X46-4	317.2	434.4	273.05	8.26	3.96	241.3	21.21
21	X52-1	358.5	455.1	273.05	5.23	1.85	408.94	16.71
22		358.5	455.1	273.05	5.26	1.73	139.7	18.06
23	X52-2	358.5	455.1	611.35	6.55	3.3	901.7	9.45
24		358.5	455.1	612.55	6.43	3.56	1432.56	7.88
25		358.5	455.1	611.51	6.4	2.57	1371.6	9.81
26	X55	386.1	489.5	506.73	5.74	3.02	132.08	10.73
27		386.1	489.5	504.95	5.66	3.25	462.28	8.05
28		386.1	489.5	508.00	5.69	3.76	619.76	8.58
29		386.1	489.5	508.00	5.74	3.84	533.40	9.89
30		386.1	489.5	508.00	5.74	3.05	416.56	10.91
31		386.1	489.5	508.00	5.61	3.35	596.90	8.05
32		386.1	489.5	508.00	5.64	2.46	170.18	11.51
33	X60-1	413.7	517.1	323.90	9.80	7.08	255.60	14.4
34		413.7	517.1	323.90	9.66	6.76	305.60	14.07
35		413.7	517.1	323.90	9.71	6.93	350.00	13.58
36		413.7	517.1	323.90	9.71	6.91	394.50	12.84
37		413.7	517.1	323.90	9.91	7.31	433.40	12.13
38		413.7	517.1	323.90	9.74	7.02	466.70	11.92
39		413.7	517.1	323.90	9.79	6.99	488.70	11.91
40		413.7	517.1	323.90	9.79	6.99	500.00	11.99
41		413.7	517.1	323.90	9.74	7.14	527.80	11.3
42		413.7	517.1	508.00	6.60	2.62	381.00	11.3
43		413.7	517.1	508.00	6.70	2.66	1016.00	11.6
44		413.7	517.1	508.00	6.40	3.46	899.20	8
45		413.7	517.1	508.00	6.40	2.18	899.20	11.8
46		413.7	517.1	508.00	6.40	3.18	1000.80	8.4

续表

序号	钢级	屈服强度 MPa	拉伸强度 MPa	外径 mm	壁厚 mm	缺陷深度 mm	缺陷长度 mm	爆破压力 MPa
47	X65	448.2	530.9	914.00	8.40	5.54	406.40	5.3
48		448.2	530.9	762.00	17.50	4.40	200.00	24.11
49		448.2	530.9	762.00	17.50	8.80	200.00	21.76
50		448.2	530.9	762.00	17.50	13.10	200.00	17.15
51		448.2	530.9	762.00	17.50	8.80	100.00	24.3
52		448.2	530.9	762.00	17.50	8.80	300.00	19.08
53		448.2	530.9	762.00	17.50	8.80	200.00	23.42
54		448.2	530.9	762.00	17.50	8.80	200.00	22.64
55		448.2	530.9	812.80	19.10	13.40	203.20	20.5

上述三种标准的计算误差如图 5.64 至图 5.66 所示，图示横轴为算例序号（与表中序号对应），纵轴为预测压力与失效压力的相对误差。正的误差表示预测压力低于试验压力，预测结果保守；而负的误差表示预测压力高于试验爆破压力，预测结果偏于不安全。三种方法的总体误差比较见表 5.24。

从图中可以清楚地看出各种评价方法的准确度和适用范围。在中低强度等级管道（X55 及以下），ASME 方法出现了相当保守的结果，但在预测中高强度等级管道（X60 及其以上）的失效压力时，也出现了 6 例不安全的评定结果；API 方法的保守度最高，其预测压力均低于试验压力；DNV 方法的预测结果和试验压力比较接近，抗力系数法和许用应力法两种方法的预测压力均有 4 例不安全的预测结果。

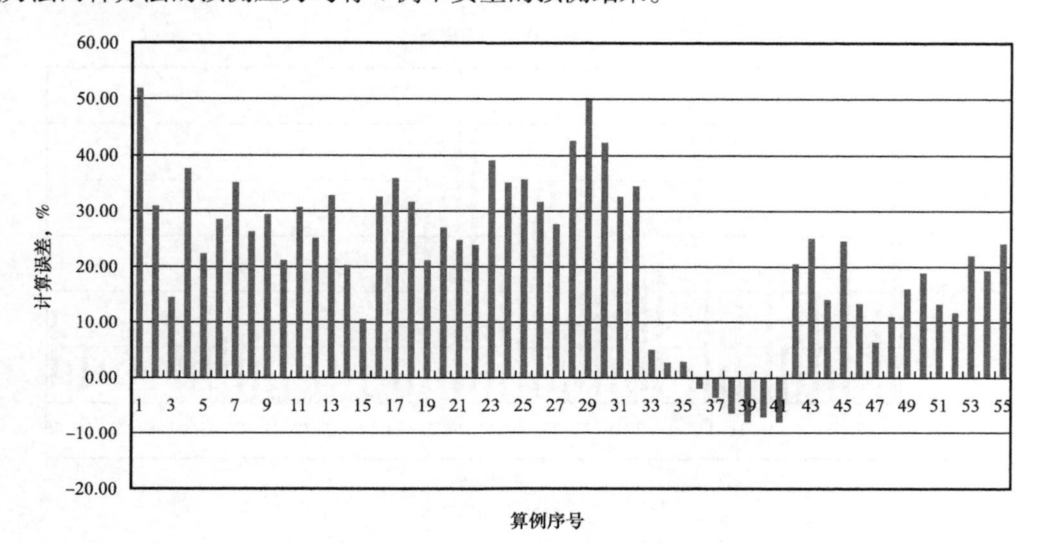

图 5.64　ASME 预测结果

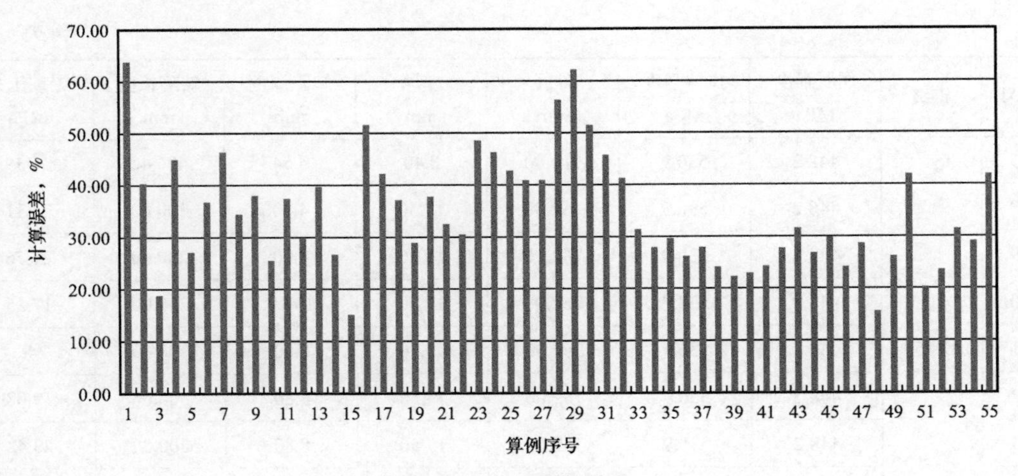

图 5.65　API 预测结果

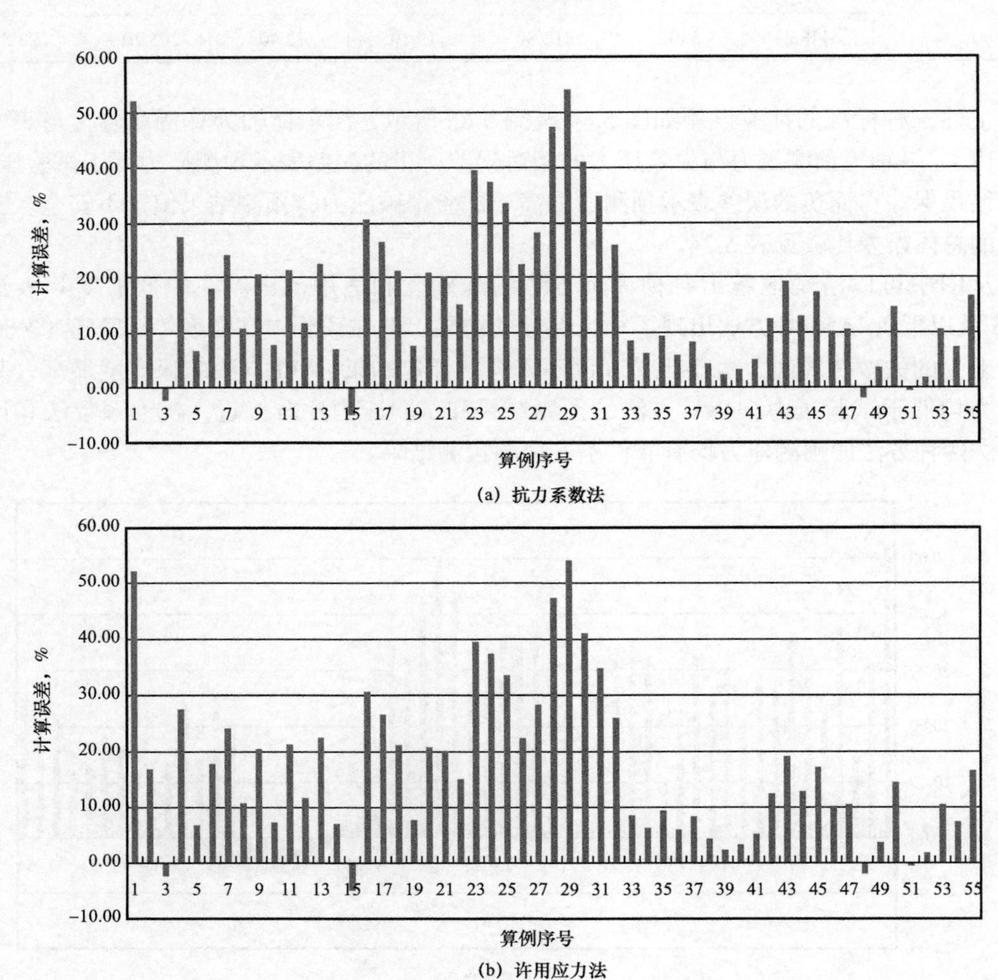

图 5.66　DNV 预测结果

表 5.24　不同方法计算误差分析

计算方法	ASME B31G	DNV—抗力系数	DNV—许用应力	API RP 579
相对误差最大值	0.518905	0.541171	0.541171	0.638020
相对误差最小值	0.019396	0.005663	0.005663	0.150328
标准误差	0.122944	0.108886	0.131603	0.131676

5.6.3　算例

5.6.3.1　DNV RP F101 单一缺陷

尺寸和材料性能摘要如下：

（1）管道外径：219.2mm。

（2）原始壁厚：8.7mm。

（3）规定的最小拉伸强度（SMTS）：530MPa。

（4）检测精度：缺陷深度公差为 ±10%，测量精度置信度为 90%。

（5）安全等级为正常。

运用抗力系数法对腐蚀缺陷进行评估，根据缺陷间作用关系的限制条件：

相邻缺陷的环向角 Φ（°）按式（5.58）计算：

$$\Phi > 360\sqrt{\frac{t}{D}} \tag{5.58}$$

式中　t，D——分别为管道直径与厚度。

相邻缺陷的纵向间距 s 按式（5.59）计算：

$$s > 2.0\sqrt{Dt} \tag{5.59}$$

根据检测结果，21 个腐蚀缺陷均满足纵向间距的要求，由于两个条件满足其一则视为单个缺陷进行评估，故此次检测出的缺陷均为单一缺陷。计算结果见表 5.25 和图 5.67。

表 5.25　计算结果

缺陷编号	缺陷长度，mm	缺陷相对深度，%	失效压力，MPa
1	18.00	75	20.24879
2	11.00	63	29.57546
3	15.00	48	31.02314
4	11.00	46	31.73165
5	18.00	42	31.02295

续表

缺陷编号	缺陷长度，mm	缺陷相对深度，%	失效压力，MPa
6	13.00	42	31.66231
7	13.00	40	31.73913
8	13.00	37	31.83752
9	11.00	37	31.99828
10	14.00	31	31.92435
11	11.00	29	32.13918
12	23.00	29	31.28229
13	17.00	27	31.83314
14	12.00	26	32.13458
15	11.00	26	32.17908
16	18.00	25	31.8296
17	15.00	25	32.00278
18	21.00	24	31.67173
19	22.00	22	31.68531
20	14.00	21	32.12426
21	12.00	20	32.21236

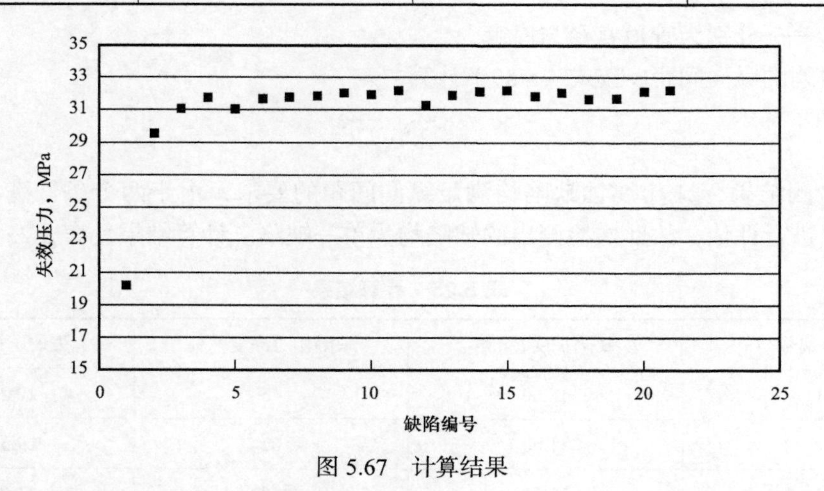

图 5.67　计算结果

取缺陷相对深度 38%，缺陷长度 10～580mm。运用 DNV 抗力系数法，计算轴向力分别为 0MPa、-100MPa、-200MPa、-300MPa 时管道失效压力。计算结果见表 5.26、图 5.68。

表 5.26 失效压力计算结果

缺陷编号	缺陷长度 mm	相对深度 %	失效压力，MPa			
			轴向应力：0MPa	轴向应力：-100MPa	轴向应力：-200MPa	轴向应力：-300MPa
1	30	38	29.62173	38.42731	27.30599	16.18466
2	40	38	28.03890	35.11181	24.95003	14.78825
3	50	38	26.47857	32.06121	22.78231	13.50341
4	60	38	25.04464	29.43041	20.91290	12.39538
5	70	38	23.77816	27.23264	19.35119	11.46973
6	80	38	22.68292	25.42009	18.06321	10.70633
7	90	38	21.74489	23.92852	17.00332	10.07812
8	100	38	20.94368	22.69654	16.12789	9.55924
9	110	38	20.25837	21.67210	15.39994	9.12777
10	120	38	19.66995	20.81326	14.78965	8.76604
11	130	38	19.16213	20.08698	14.27357	8.46015
12	140	38	18.72137	19.46748	13.83336	8.19924
13	150	38	18.33652	18.93465	13.45473	7.97482
14	160	38	17.99850	18.47272	13.12650	7.78027
15	170	38	17.69990	18.06931	12.83984	7.61036
16	180	38	17.43467	17.71458	12.58777	7.46095
17	190	38	17.19785	17.40066	12.36470	7.32874
18	200	38	16.98536	17.12122	12.16613	7.21105
19	210	38	16.79382	16.87112	11.98842	7.10571
20	220	38	16.62041	16.64616	11.82856	7.01096
21	230	38	16.46280	16.44286	11.68410	6.92534
22	240	38	16.31899	16.25834	11.55298	6.84762
23	250	38	16.18732	16.09021	11.43351	6.77681
24	260	38	16.06636	15.93643	11.32424	6.71204
25	270	38	15.95490	15.79530	11.22395	6.65260
26	280	38	15.85189	15.66536	11.13162	6.59787
27	290	38	15.75644	15.54536	11.04635	6.54733
28	300	38	15.66776	15.43424	10.96738	6.50053

续表

缺陷编号	缺陷长度 mm	相对深度 %	失效压力，MPa			
			轴向应力：0MPa	轴向应力：−100MPa	轴向应力：−200MPa	轴向应力：−300MPa
29	310	38	15.58518	15.33105	10.89406	6.45707
30	320	38	15.50810	15.23501	10.82581	6.41662
31	330	38	15.43600	15.14540	10.76214	6.37888
32	340	38	15.36843	15.06161	10.70260	6.34359
33	350	38	15.30498	14.98312	10.64682	6.31053
34	360	38	15.24528	14.90942	10.59446	6.27949
35	370	38	15.18903	14.84012	10.54521	6.25030
36	380	38	15.13594	14.77483	10.49882	6.22280
37	390	38	15.08575	14.71322	10.45504	6.19685
38	400	38	15.03823	14.65499	10.41366	6.17233
39	410	38	14.99319	14.59987	10.37449	6.14912
40	420	38	14.95043	14.54763	10.33737	6.12711
41	430	38	14.90979	14.49805	10.30214	6.10623
42	440	38	14.87111	14.45092	10.26865	6.08638
43	450	38	14.83427	14.40609	10.23679	6.06750
44	460	38	14.79912	14.36338	10.20644	6.04951
45	470	38	14.76557	14.32265	10.17750	6.03236
46	480	38	14.73350	14.28376	10.14987	6.01598
47	490	38	14.70282	14.24660	10.12346	6.00033
48	500	38	14.67345	14.21106	10.09821	5.98536
49	510	38	14.64529	14.17702	10.07402	5.97102
50	520	38	14.61828	14.14441	10.05084	5.95728
51	530	38	14.59236	14.11312	10.02861	5.94411
52	540	38	14.56745	14.08309	10.00727	5.93146
53	550	38	14.54350	14.05424	9.98677	5.91931
54	560	38	14.52045	14.02650	9.96706	5.90762
55	570	38	14.49826	13.99981	9.94810	5.89638
56	580	38	14.47688	13.97411	9.92983	5.88556

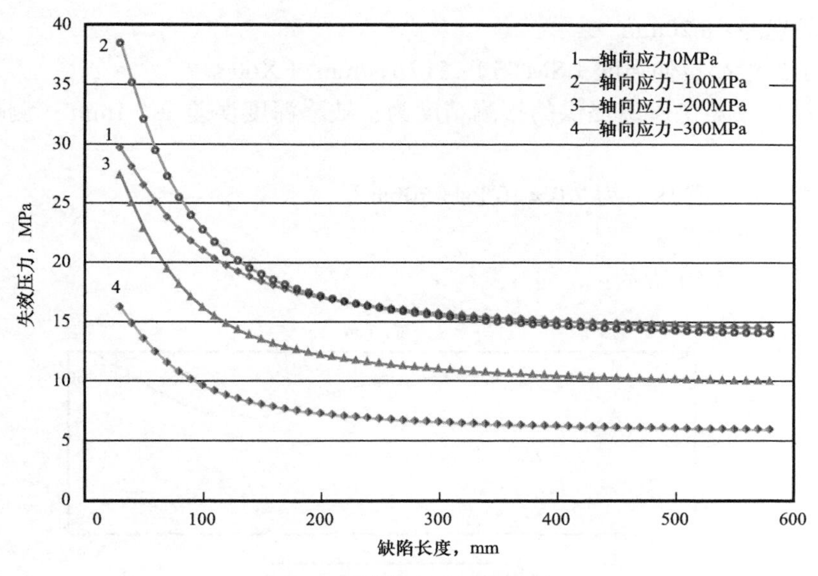

图 5.68　失效压力计算结果

由计算结果对比可知，随着轴向应力的增加，管道失效压力减小，当失效压力低于管道的最大操作压力时，需要对管道进行维修更换或者降压使用。

5.6.3.2　DNV-RP-F101 相互作用缺陷

腐蚀缺陷为一对各自长 200mm 和 150mm，且纵向分别为 100mm 的长方形腐蚀斑。较长缺陷深度为壁厚的 20%，较短的缺陷深度为壁厚的 30%。

评估需要的管道参数如下：

（1）外径：812.8mm。

（2）原始壁厚：20.1mm。

（3）规定的最小拉伸强度（SMTS）：530.9N/mm^2（X65）。

（4）缺陷尺寸取自用漏磁智能清管器内部检测的结果，检测仪器供应商提供的检测精度为：缺陷深度误差 ±10%；测量精度的置信度为 80%。

（5）最大许用操作压力为 1.5×10^7Pa（150bar）。

（6）安全等级为高。

运用 DNV 抗力系数法计算腐蚀管道的失效压力。经过公式计算，腐蚀管许用压力各自为 16.47N/mm^2 和 16.19N/mm^2。

根据缺陷相互作用规则得到：缺陷组合长度：450mm；有效深度：0.19t；

经计算，得到组合缺陷的腐蚀管许用压力为 14.50N/mm^2（145.0bar）。

5.6.3.3　DNV-RP-F101 复杂形状缺陷

缺陷管道的几何尺寸和性质摘要如下：

（1）外径：611mm。

（2）原始壁厚：8.20mm。

（3）规定的最小拉伸强度（SMTS）：517.1N/mm^2（X60）。

（4）由检测仪器供应商提供的检测精度为：缺陷深度误差 ±0.1mm；测量精度置信度为90%。

（5）最大许用操作压力为 7.0×10^6Pa（70bar）。

（6）安全等级为正常。

缺陷剖面如图5.69所示：

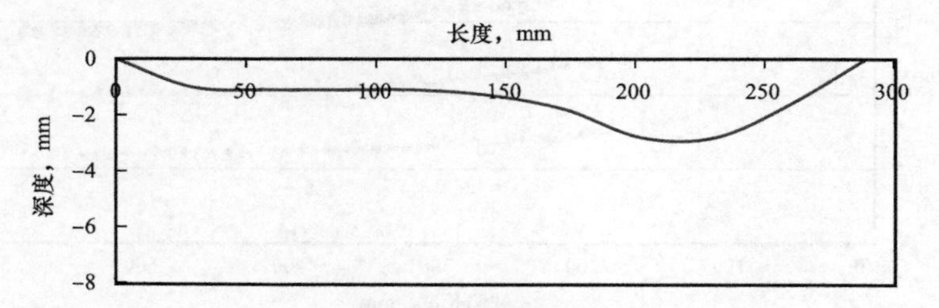

长度，mm	深度，mm
0	0
28.9	−1
57.8	−1.1
86.7	−1.1
115.6	−1.1
144.5	−1.3
173.4	−1.8
202.3	−2.8
231.2	−2.8
260.1	−1.6
289	0

图5.69　缺陷剖面

运用DNV抗力系数法计算腐蚀管道的失效压力。由缺陷信息可知：缺陷总长289.0mm，最大深度2.8mm。缺陷总投影面积为421.94mm，平均深度为1.46mm，根据平均深度和总长度计算缺陷的腐蚀管许用压力为9.54N/mm^2。

将剖面按50级分割计算每一个增量的腐蚀管许用压力，得到最小腐蚀管许用压力为9.19N/mm^2（91.9bar）。剖面深度为1.06mm，这与腐蚀斑和点腐蚀之间的自然分割对应。经计算，腐蚀斑腐蚀管许用压力为9.99N/mm^2，腐蚀斑承压能力为14.20N/mm^2，有效减少的壁厚为7.60mm，点腐蚀数为1（表5.27）。

表5.27　计算结果

点腐蚀数	平均深度，mm	对壁厚减薄的平均深度，mm	长度，mm	失效压力，N/mm^2
1	1.70	1.10	222	9.19

根据最小的腐蚀斑和点腐蚀的估算，得到腐蚀管最小许用压力来自点腐蚀，最小许用压力为 9.19N/mm^2。

按总长和最大深度作为单个缺陷对该缺陷进行计算，得到许用压力为 8.2N/mm^2（81.7bar）。

管道的最大许用操作压力为 7.0×10^6Pa（70bar），故在目前的情况下，该腐蚀缺陷可以接受。

6 风险减缓措施

6.1 第三方破坏风险减缓措施

6.1.1 第三方破坏风险因素

第三方破坏主要包括：落物风险、沉船风险、船只失控风险、渔业活动风险、船只抛锚与拖锚风险及非法挖沙活动。

6.1.1.1 落物风险

从过往船只或者附近作业船只掉下的落物会造成海底管道的破损。例如，在对海底管道进行维护、建设新的海底线、修建新的海港时，有关船只都会有落物可能，而且落物的种类主要是建筑管材、各种容器及建设 / 维护设备。

6.1.1.2 沉船风险

英吉利海峡海事数据表明，因为沉船而直接影响到海底管道正常运行的案例非常有限。

沉船导致管道失效的事故多为沉船废弃物在水流作用下运动而影响到海底管道。因此应对海底保护区进行勘察，确认是否存在沉船遗漏的运动物体。

6.1.1.3 船只失控风险

在一定气象与水文条件下，船只存在失控后漂移，然后抛锚的情况。船只离开航道后会影响到海底管道的安全性。导致船舶失控漂移的主要因素为：气象及水位条件导致船只漂移；船只自身失效。

6.1.1.4 渔业活动风险

周边的渔业活动可能对海底管道造成威胁。渔业活动可以分为两大类：

（1）浮游法（中层）捕鱼。

（2）水底法（海底）捕鱼。

中层捕鱼的工具一般不接触海底，对海底管缆没有直接的危险。海底捕鱼是沿着海底拉拽捕鱼设备，例如拖网板、拖网梁、捞网、编网、铰链等。捕鱼设备对海管的损害可以分为缠绕、冲撞、托拽。冲撞主要破坏管道防护层，而托拽产生较高的压力负荷，则可能破坏金属管道本身。

拖网船是海底管缆的最大危险。传统的海底捕鱼方法主要有：并排拖网、船尾网板拖网、捕虾拖网与悬吊捕鱼等，这些方法对海底管缆均存在较大风险。另外，其他捕鱼方法，如长线、围网和坑捕等通常也会对管缆铺设产生一定的威胁。

6.1.1.5 船只抛锚与拖锚风险

抛锚的可能性主要取决于海管保护区附近的海事情况、港口码头繁忙程度和抛锚区的位置。对于临时抛锚、拖锚行为，监控部门往往不可能提前预知，而且在极端气候前的整个交通应急管理过程中，非常容易出现船舶管理遗漏点。

拖锚就是在船舶抛锚之后，锚在水底还要拖动一段距离。一般来说，拖锚的距离在50～100m，具体长度还要看船只和锚的大小，以及船只拖锚时的速度。

6.1.1.6 非法挖沙

非法挖沙会造成管道悬空，当管道悬空扩展到一定程度将造成管道断裂。另外，挖沙船在施工过程中，可能对管道造成机械损伤。

6.1.2 控制措施

6.1.2.1 积极与政府合作

防止第三方破坏应与政府开展积极合作，《海底电缆管道保护规定》（中华人民共和国国土资源部令2004年第29号）明确了政府关于海底管道保护应承担的工作，摘录如下：

“第三条 国务院海洋行政主管部门负责全国海底电缆管道的保护工作。

“沿海县级以上地方人民政府海洋行政主管部门负责本行政区毗邻海域海底电缆管道的保护工作。

“第七条 国家实行海底电缆管道保护区制度。

“省级以上人民政府海洋行政主管部门应当根据备案的注册登记资料，商同级有关部门划定海底电缆管道保护区，并向社会公告。

“海底电缆管道保护区的范围，按照下列规定确定：

“（一）沿海宽阔海域为海底电缆管道两侧各500m；

“（二）海湾等狭窄海域为海底电缆管道两侧各100m；

“（三）海港区内为海底电缆管道两侧各50m。

“海底电缆管道保护区划定后，应当报送国务院海洋行政主管部门备案。

“第八条 禁止在海底电缆管道保护区内从事挖砂、钻探、打桩、抛锚、拖锚、底拖捕捞、张网、养殖或者其他可能破坏海底电缆管道安全的海上作业。”

6.1.2.2 AIS系统

船舶自动识别系统（Automatic Identification System，简称AIS系统）由岸基（基站）设施和船载设备共同组成，是一种新型的集网络技术、现代通信技术、计算机技术、电子信息显示技术为一体的数字助航系统和设备。

AIS系统由舰船飞机的敌我识别器发展而成，它配合全球定位系统（GPS）将船位、船速、改变航向率及航向等船舶动态结合船名、呼号、吃水及危险货物等船舶静态资料由甚高频（VHF）频道向附近水域船舶的岸台广播，使邻近船舶及岸台能及时掌握附近海面所有船舶的动静态资讯，得以立刻互相通话协调，采取必要避让行动，对船舶安全有很大帮助（图6.1）。

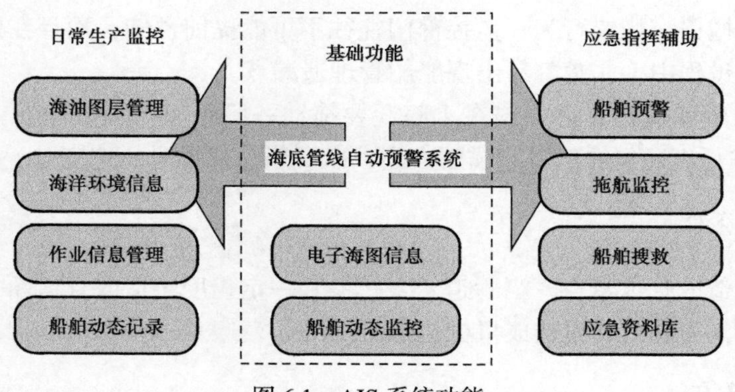

图6.1　AIS系统功能

AIS极大地增强了雷达功能。由于安装AIS的船舶的航行信息都是在“空中”传播，因此当地VTS站也可以收到。为处理AIS信息，VTS站只需配有AIS基站，操作员无须逐个查询船舶，利用AIS就可以获得所有装有AIS船舶的完整的交通动态。由于AIS完全独立于雷达，也就是说，基于AIS的VTS站无须安装雷达，因此，AIS技术对VTS站操作的长期作用效果不可估量。

为避免第三方破坏，2012年渤海全油田安装船舶动态管理系统。

6.1.2.3 警示与巡线

作业单元应对平台上、FPSO、终端处理厂的工作人员、平台和管道路权范围内作业的船只及施工人员进行定期的警示宣传。

分/子公司生产部应对政府应急部门、当地政府部门及受影响的群众进行定期宣传，并将相应的宣传报告和记录归档保存。

海底管道巡线内容包括：

（1）油气田应瞭望或借助于望远镜监视油气田安全作业区海域情况、巡查海底管道立管状况是否良好及有无船只系泊于油气田。

（2）直升机应按海底管道路由巡线，负责巡查海底管道路由区域有无从事对海底管道安全运行有影响的各种作业（如挖泥、抛锚、拖锚、掏砂、炸鱼、拖网、海底爆破等）的船舶、有无油气泄漏现象、有无新建筑物出现。

（3）守护船应按海底管道路由巡线，负责巡查海底管道路由区域有无从事对海底管道安全运行有影响的各种作业（如挖泥、抛锚、拖锚、掏砂、炸鱼、拖网、海底爆破等）的船舶、有无油气泄漏现象、有无新建筑物出现。警告过往油气田的船舶避开油气田安全作业区域，并驱赶不听警告的船舶离开油气田安全作业区域，保证油气田海底管道的安全运行。

（4）陆岸终端应巡线陆上段海底管道中心线两侧各 5m 范围内，有无取土、挖塘、修渠、修建养殖水场、堆放大宗物质、采石、盖房、建温室、垒家畜棚圈、修筑其他建筑物、构筑物或者种植深根植物，排放腐蚀性物质等。巡查海底管道永久性标识及附属物是否完好。

6.1.2.4 管道外部状况监测

海底管道外检测的周期应根据海管的实际情况确定。对于新建海底管道，铺设完工后，需要进行初次外检测；若海管铺设涉及挖沟和埋设，外检测应在挖沟作业后进行；对于运营中的海管，建议每年应进行海管年度外检测，年度外检测以过去检测的结果和经验为依据，其检测次数和范围可参考以下因素：

（1）检测类型。

（2）管道系统的设计和功能。

（3）海床条件。

（4）环境条件。

（5）通航密度和渔业活动。

（6）以往检测结果。

（7）管道事故的后果。

如果发生了可能威胁海管系统安全、强度或稳定性的任何偶然事件，应对海管进行特别检测。

海底管道外检测服务主要包括初次外检测与年度外检测两种：

（1）初次外检测，其内容包括但不限于：

① 管道的铺设路由。

② 管道的埋深。

③ 管道的悬跨。

④ 管道的机械损伤。

（2）年度外检测，其内容包括但不限于：

① 对于非埋设管道应检测其自由悬跨长度。

② 对于埋设管道应对其裸露长度和悬跨长度进行定量检测。

③ 对裸露的管线进行目检，确定管道的总体状况。

④ 对于怀疑区域应进行详细检测，确定其损伤情况，如：

——管道的机械损伤情况。

——外部涂层损伤情况。

——阳极消耗及连接状况。

——海床冲刷和障碍物情况。

——横向和轴向移动征兆。

——泄漏情况。

外检测实施过程中若出现紧急情况，视具体情况启动相关应急预案。

6.2 腐蚀风险减缓措施

6.2.1 化学药剂效能

6.2.1.1 缓蚀剂

管道设计阶段考虑了缓蚀剂作用设定了管道腐蚀速率，进而确定最终的管道壁厚。管道运营阶段为了确保管道应用的缓蚀剂具有良好的缓蚀效果，保证腐蚀速率在设计范围内，需要对缓蚀剂进行室内与现场评价。

1. 缓蚀剂室内评价

缓蚀剂室内评价流程如图 6.2 所示。

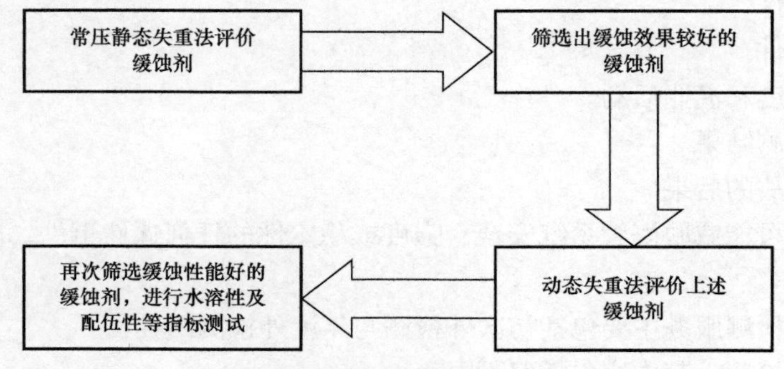

图 6.2 缓蚀剂室内评价流程

缓蚀剂室内评价指标包括：

（1）腐蚀速率。

（2）点蚀速率。

（3）缓蚀率。

（4）水溶性。

（5）乳化性。

（6）与其他水处理剂的配伍性等。

1）静态高压缓蚀性能评价

静态高压缓蚀性能评价的方法为：在现场温度、压力下，分别测定腐蚀挂片在未加与加入缓蚀剂的腐蚀介质中的腐蚀速率，并计算缓蚀率；试验中若产生点蚀，同时测试点蚀深度，计算点蚀速率。

2）动态高压缓蚀性能评价

动态高压缓蚀性能评价的方法为：在现场温度、压力和线速度下，分别测定腐蚀挂片在未加和加入缓蚀剂的腐蚀介质中的腐蚀速率，计算缓蚀率。试验中若产生点蚀，同时测试点蚀深度，计算点蚀速率。

3）缓蚀剂室内评价要求

（1）腐蚀试片的材质应与现场实际应用钢材一致，进行比较时，不同缓蚀剂所用的腐蚀挂片必须采用同种规格。

（2）试验介质为不含缓蚀剂的现场水质，或者根据水质全分析结果，人工配制评价用水样。

（3）试验结束后，观察记录试片表面的腐蚀状态并拍照。试片表面若有点蚀，记录单位面积的点蚀数目，并测试最深的点蚀深度。

（4）静态评价计算得出的数据应取三组平行试验的九个试片的算术平均值；动态评价计算得出的数据应取两组平行试验的四片以上的算术平均值。

4）均匀腐蚀速率、缓蚀率及点蚀速率计算

（1）均匀腐蚀速率 V 计算见式（6.1）：

$$v=\frac{8.76\times10^{4}\left(m_1-m_2\right)}{St\rho} \tag{6.1}$$

式中 v——均匀腐蚀速率，mm/a；

m_1——试验前的试片质量，g；

m_2——试验后的试片质量，g；

S——试片的总面积，cm^2；

ρ——试片材料的密度，g/cm^3；

t——试验时间，h。

（2）缓蚀率 η 计算见式（6.2）：

$$\eta=\frac{v_0-v}{v_0}\times100\% \tag{6.2}$$

式中 η——缓蚀率，%；

v——添加缓蚀剂时试片的均匀腐蚀速率，mm/a；

v_0——空白试验时试片的均匀腐蚀速率，mm/a。

（3）点蚀速率 r 计算见式（6.3）：

$$r=\frac{8.76\times10^{3}h}{t} \tag{6.3}$$

式中 r——点蚀速率，mm/a；

h——试验后试片表面最深点蚀深度，mm；

t——试验时间，h。

2. 缓蚀剂现场评价

缓蚀剂现场评价方法包括：腐蚀挂片法、电阻探针法（ER）、线性极化电阻探针法（LPR）、场指纹检测法和电感探针检测法等。实际评价中需根据现场安装的腐蚀监 / 检测设备的检测数据，选择其中一种或者多种评价技术进行缓蚀剂评价。

1）腐蚀挂片法

用于缓蚀剂效果长期评价，评价未加注缓蚀剂和缓蚀剂加注后 3～6 个月的缓蚀效果。

2）电阻探针法（ER）

用于缓蚀剂效果中长期评价，评价未加注缓蚀剂和缓蚀剂加注后 1～3 个月的缓蚀效果。

3）线性极化电阻探针法（LPR）

可用于水中含油（OIW）低于 10×10^{-6} 水处理系统的缓蚀剂效果短期评价，评价未加注缓蚀剂和缓蚀剂加注后 1～7d 的缓蚀效果。

4）场指纹检测法

可用于腐蚀的长期评价，通过监测海底管道内腐蚀导致的管壁变化评价防腐效果，评价时间为 1～6 个月。

5）电感探针检测法

用于缓蚀剂效果短期评价，评价未加注缓蚀剂和缓蚀剂加注后 1～15d 的缓蚀效果。

6.2.1.2 杀菌剂

微生物中危害最为严重的是硫酸盐还原菌（SRB），其产物硫化氢对金属的腐蚀特别严重，生成物硫化铁又是造成管线堵塞的物质。其次是能够产生黏液的腐生菌（TGB）及铁细菌（FB），这些细菌在繁殖、生长、代谢过程中，不但能引起设备的严重腐蚀，还能使水中固体悬浮物量增多、堵塞设备、损害地层、影响产能。

各种类型杀菌剂能够杀死细菌的原因，可以归纳为以下几个方面：

（1）妨碍菌体的呼吸作用。

（2）抑制菌体内蛋白质的合成。

（3）破坏细胞壁。

（4）妨碍菌体中核酸的合成。

不同的杀菌剂其杀菌机理可能有所不同，但是只要具备了上述一种作用，就能抑制或杀死细菌。理想的杀菌剂应具备下列条件：

（1）高效、低毒、速效、广谱。

（2）稳定性强。

（3）配伍性好。

（4）不产生抗药性。

（5）一剂多用，杀菌同时具备缓蚀和防垢等功能。

（6）来源丰富，价廉，使用方便。

一种杀菌剂同时满足上述条件是很困难的，但可以通过多种杀菌剂的复配和交替使用满足上述条件。现场最好采用两种不同类型杀菌剂交替注入的方式，进行微生物腐蚀控制。

1. 杀菌剂性能的评价

衡量杀菌剂的杀生性能主要用杀菌率大小作为指标。目前计算杀菌率（P）的方法有两种：

$$P_1 = 加杀菌剂前起始菌数 - 在一定时间下存活菌数（加杀菌剂）$$

$$P_2 = 在一定时间下空白样的菌数 - 同一时间下的存活菌数（加杀菌剂）$$

P_1 是以杀菌前起始菌数作为底数，适用于现场评价使用。而 P_2 则以相同时间下空白样的菌数作为底数，适合于实验室全面评价杀菌剂。建议实验室评价时，起始菌量应控制在 10^5～10^7 数量级内。杀菌剂的杀菌率至少维持在 90%以上。

其次，评价杀菌剂杀生性能的另一指标是最低抑菌浓度（MIC）。对于杀菌剂而言，要求杀菌剂在低剂量条件下就起到抑菌作用，即具有高效性，一般投加浓度不应超过 300mg/L。可在低于此值的情况下，选取几个浓度等级，通过实验确定 MIC。MIC 值越小，说明杀菌剂的杀生能力越强。

最后，评价一种杀菌剂的杀生能力还应考虑它的杀菌速率、药效期及是否易产生抗药性等问题。微生物对一般杀菌剂都会产生抗药性，较长时间内连续使用同一杀菌剂其效果不会很好，因此应间隔投加不同品种杀菌剂或使用复配杀菌剂。

对于复配杀菌剂来说，还应通过协同指数（SI）来评价其复配效果与性能优劣。它可由式（6.4）计算：

$$SI=Q_A/Q_a+Q_B/Q_b \tag{6.4}$$

式中　Q_A、Q_B——复配杀菌剂达到某一杀菌率时 A、B 两种杀菌剂的量；

　　　Q_a、Q_b——A、B 单独作用时达到相同的杀菌率时的量。

实验中先做出 A、B 两种杀菌剂单独作用时的浓度—杀菌率曲线，再由复配杀菌剂达到某一杀菌率时，在该曲线上查得 Q_a、Q_b 值并算出 SI 值。当 $SI<1$ 时，说明复配杀菌剂组分间具有协同性；当 $SI=1$ 时，说明组分 A、B 间具有加和性；而当 $SI>1$ 时，说明复配杀菌剂组分具有反协同性，此时应改变 A、B 两者的配比或不用 A、B 复配。

2. 杀菌剂其他物理化学性能评价

1）广谱性

评价一种杀菌剂性能时，要考察它对各种微生物（主要包括：SRB、TGB 和 FB）的杀灭情况，即考查它的广谱性，这是一个重要考查指标。

2）对金属的腐蚀性

当杀菌剂在存储、加注及加注到生产流体中以后，虽然杀菌剂浓度不同，但是都可能会对接触的金属产生腐蚀。因此，杀菌剂的腐蚀性能将直接关系到设备的使用寿命。实验时，可通过挂片失重法测定杀菌剂对不同材料的腐蚀速率，并判断其腐蚀级别（表 6.1）。

当 $0<v\leqslant0.028$mm/a，且无明显点蚀时，分级为很好；$0.028<v\leqslant0.056$，且无明显点

蚀时，分级为较好；$0.056 < v \leq 0.070$，且无点蚀时，分级为可以允许使用；无论何种杀菌剂，一旦对存储或输送的材质产生点蚀，将不予考虑。

表 6.1　杀菌剂对金属腐蚀性分级

序号	均匀腐蚀速率 v，mm/a	点蚀	等级
1	$0 < v \leq 0.028$	无点蚀	很好
2	$0.028 < v \leq 0.056$	无点蚀	较好
3	$0.056 < v \leq 0.070$	无点蚀	可以允许
4	任何均匀腐蚀速率	有点蚀	不允许

3）生物降解性

杀菌剂使用后，其生物或自然降解性是它能被使用的基本条件，该性能对环境保护和人类健康等方面具有重要意义。目前测定杀菌剂降解性的实验方法较多，主要有 ATP 法、封闭容器测试法（CBT 法）、修正的 CBT 法、OECD 法、MOST 法和 CUT 法等。应根据化学药剂公司提供的生物降解评价方法，对其生物降解性进行评价。

4）与其他水处理剂的配伍性

杀菌剂作为水处理剂的一种，使用时一般要与破乳剂、缓蚀剂、阻垢分散剂等水质稳定剂同时使用；而杀菌剂容易具有乳化性，并对缓蚀剂的效果产生影响，它们相互影响的程度（即配伍性）直接关系到综合使用效果。因此，在开始应用杀菌剂前，应开展与其他水处理剂的配伍性试验。

5）经济性

杀菌剂的成本主要包括杀菌剂价格和使用费用，它的评价指标一般用价格性能指数来评定。它由原料的基本价格、单位质量杀菌剂的效果、药效期（或处理系统产生的生物静电效应）、方便度和使用频次综合得到。在选用杀菌剂时，应优先考虑杀菌效果最好的产品，在保证微生物控制效果的前提下，进行杀菌剂性价比的优化。

总之，评价杀菌剂的性能是一个全面、综合的衡量过程。实践中，很少有各方面都符合要求的杀菌剂。为此，在选择杀菌剂时，应按自身的要求对某些性能进行重点实验评价，从而有目的地服务于工业生产，以降低成本、提高功效。

6.2.1.3　阻垢剂

油田水结垢的种类包括：

（1）水垢：主要成分碳酸盐（较软）、硫酸盐（较硬）、硅酸盐（较硬）。

（2）锈垢：主要成分为金属的堆积物。

（3）尘垢：主要成分为自然界中各种杂质颗粒、油脂等液珠长期形成的堆积物。

（4）混合垢：在同一设备和管道内同时结有上述两种以上结垢物的混合体。

（5）油垢：主要成分是油类物质。

（6）胶垢：主要成分是胶类物质。

当油田进入高含水开发期后，由于水体的热力学不稳定性和化学不相容性，以及高浓度的钙、钡、锶离子等因素单独或者共同作用，往往造成地层、井筒特别是平台集输管线及油水处理系统因结垢堵塞、堵死，特别是在结垢层下面容易造成垢下腐蚀，其本质是一种特殊的局部腐蚀形态，加速管道和设备的腐蚀，缩短服役寿命。

为了确保应用的阻垢剂具有良好的阻垢效果，降低垢下腐蚀风险，需要对阻垢剂进行室内评价和现场试验。

1. 阻垢剂评价

评价阻垢剂的阻垢率一般可采用静态沉降法，将阻垢剂按一定的浓度加入水样中，密闭恒温沉降，测定水样中成垢离子浓度的变化或测定沉淀物的质量，阻垢率计算按式（6.5）。试验可使用现场水样或配置水样，根据具体情况而定。

$$\text{阻垢滤} = \frac{C_1 - C_0}{C - C_0} \tag{6.5}$$

式中 C——原水样即沉降前的水样含成垢离子的浓度；

C_1——加入阻垢剂的水样沉降后含成垢离子的浓度；

C_0——空白水样即未加阻垢剂的水样沉降后含成垢离子的浓度。

阻垢剂原液对碳钢、不锈钢的腐蚀性，采用静态挂片法测定，具体方法参见石油天然气行业标准 SY/T 0026—1999《水腐蚀性测试方法》。

阻垢剂在使用过程中，不应增加水的腐蚀性，否则会降低设备的使用寿命，腐蚀产物还会造成地层的堵塞。室内一般采用静态挂片法测定腐蚀率和阻垢剂的缓蚀效果。

阻垢剂在油田使用过程中往往和油田其他药剂共同使用，必须考虑阻垢剂与其他药剂的配伍性，同时还要考虑与水质的配伍性。

对注入水，首先测定水样的固体颗粒直径中值，然后在水样中按照现场加药浓度加入各种现场使用的化学药剂，在现场流程的水温下反应 30～60min，测定水样的固体颗粒直径中值，再加入一定浓度的阻垢剂，在现场流程的水温下反应 30～60min，测定水样的固体颗粒直径中值。对比水中悬浮固体颗粒直径的变化。

阻垢剂的配伍性一般首先采用混合后静置观察的方法，观察是否有沉淀物；然后与其他药剂同时使用测定防垢效果和其他药剂的效果，如缓蚀剂的缓蚀效果、杀菌剂的杀菌效果等，看其是否有药效抵销作用。

阻垢剂必须具有一定的稳定性，即阻垢剂在一段时间内放置不应产生降解或沉淀，以保证其有效浓度和使用效果。阻垢剂还应具有一定的热稳定性，在现场的温度条件下不降解，保持其阻垢率。另外，阻垢剂还应具有适宜的凝固点，不影响冬季使用。

2. 阻垢剂现场效果评价

1）结垢挂片

结垢挂片可用来检测垢沉积情况，它们与腐蚀挂片相似，只是至少钻上 6～8 个小孔。将挂片垂直装入系统中，使其平面与流动方向相对，这样就引起湍流，加重结垢趋势。挂片预先称重，取出后再称重，差值表示结垢量。

2）测试短节或其他直接观察

现场可建立测试短节对其进行直接观察。如无条件建立测试短节，可对结垢严重的设备、管线、阀门进行检查。

3）水中成垢离子浓度分析

虽然挂片法和测试短节观察法得出的结论比较准确可靠，但试验周期较长，一般需要1～3个月。为在较短的时间内初步评价阻垢剂的现场效果，可分析测定流程上下游各处水样，分析成垢离子的浓度，如钙离子的浓度。对于结垢较严重的水质，不加阻垢剂的情况下，上下游水样中成垢离子的浓度会发生一定的变化。同时，为确定较合理的加药浓度，可对水样进行加热静置，比较静置前后成垢离子的浓度。

6.2.1.4 其他化学药剂

其他化学药剂包括：防垢剂、破乳剂、清水剂和消泡剂等，其不利影响与对策见表6.2。

表6.2 其他化学药剂对系统腐蚀影响与应对策略

序号	化学药剂	不利影响	检测方法	防护策略
1	防垢剂	裸露的金属表面发生腐蚀	对先前结垢部位加强超声波测厚	优化缓蚀剂
2	破乳剂	实现油水分离后，水相腐蚀性变大	通过现场评价水相的腐蚀速率并结合超声波测厚	优化缓蚀剂，使缓蚀剂在水相的分配更加合理
3	清水剂	使水相中含油量降低，有促进腐蚀的可能	加强水相的腐蚀挂片和电阻探针数据分析	优化缓蚀剂
4	消泡剂	使气液分离更加彻底，在气液界面容易导致局部腐蚀	加强气液界面的超声波测厚及焊缝附近的探伤	优化缓蚀剂与调整工况参数

6.2.2 介质组分检测

通过进行海底管道输送介质组分分析，确定海底管道油品、水、天然气及其他介质的含量，从而及时、准确掌握管道输送介质组分在管道中发生的变化，预测并控制海底管道腐蚀的发生，并为管道内检测、常规清管、运行管理提供基础参考。

取样和化学分析应满足如下要求：

（1）提取的试样应具有代表性，能反映管输介质的真实情况。

（2）取样应由有经验的人员或经过专业培训的人员进行。

（3）为取得可靠的试样，必须保证取样的阀门、接管、容器和环境的洁净。

（4）如果管输介质中含有水，应做二氧化碳、硫化氢、细菌、酸和其他腐蚀性组分的分析。

（5）对管输介质中含有的易引起结垢和堵塞的杂物，也应定期分析。

（6）化学分析的频数及项目，应根据管道中管输介质的变化和数量决定。

检测 CO_2、H_2S 含量是否在设计范围内，当超出设计值应对管道内腐蚀速率进行重新评价。

6.2.3 清管通球

通球的目的是清除管道内异物，保证管道通过能力，防止和监测管道内腐蚀情况。结合实际现场经验，当低流速情况下（特别是基于ICDA方法实际流速低于50%临界流速时），提高通球频率能够有效降低腐蚀速率。

6.2.4 腐蚀监测

6.2.4.1 腐蚀挂片

腐蚀挂片法是目前广泛使用的腐蚀监测方法，通过腐蚀挂片在一定时间内的失重可以大致推算出管道的腐蚀速率。该方法可以观察挂片表面的腐蚀形态并测量点蚀深度。

6.2.4.2 电阻探针

电阻探针检测腐蚀速率是利用电阻探针丝在长度不变，截面积均匀减小时，电阻值增大的特性来检测探针丝电阻值的改变量，从而测出探针丝直径的变化，得出金属腐蚀速率。其方法是对探针丝加一恒定电流，测出探针丝两端电压值，计算出探针丝的电阻值，得出探针丝的直径，算出金属腐蚀速率。为了消除温度引起的测量误差，在测量结构上增加了温度补偿元件。

计算公式见式（6.6）与式（6.7）：

$$h = r \cdot [1 - (R_o/R_t)]^{1/2} \times 10^{-6} \quad (6.6)$$

$$v = 8760h/T \times 10^{-3} \quad (6.7)$$

式中 h——腐蚀深度 mm；

v——腐蚀速率 mm/a；

T——腐蚀测量累计时间，h；

R_o——腐蚀前被测探针与温度补偿元件的电阻比值；

R_t——腐蚀后被测探针与温度补偿元件的电阻比值；

r——探针的原始直径，mm。

通常，电阻探针由五部分组成，分别是：

（1）焊接与管道上方的安装系统。

（2）电阻探针。

（3）数据记录器。

（4）数据下载器。

（5）分析软件。

不同公司的产品第一部分相同，其他四部分略有不同，不能通用，但是操作谱图与分析设定是相似的。

6.2.5 内检测

智能内检测技术包括：

（1）漏磁检测（MFL：Magnetic Flux Leakage）。

（2）超声波检测（UT：Ultrasonic Test）。

（3）导波电磁超声检测（EMAT：Electro Magnetic Acoustic Transducer）。

（4）激光可视检测（Optical Laser Inspection）。

（5）爬行器拖拉 MFL 与 UT。

6.2.6 含砂流体

当流体介质中含砂量影响到海管安全运行时，应在生产管汇出口安装除砂设备进行除砂，避免砂粒进入海底管道。

6.2.6.1 出砂机理

油井出砂是油田开发急需解决的难题之一。油井出砂的主要原因是油藏储层为疏松胶结砂岩。另外，在油田开发中后期，由于长期注水或注气开采也会极大的破坏储层骨架，造成油井出砂。出砂的危害主要表现在以下四方面：

（1）砂埋产层，造成油井减产或停产。

（2）高速的砂粒加剧地面及井下设备磨蚀。

（3）出砂导致地层亏空并坍塌，造成套管损坏，使油井报废等。

（4）破坏地层的原始构造或造成近井地带地层渗透率严重下降，导致油井产量大减。

总之，油井出砂会造成产量降低，作业成本激增，经济损失严重。

地层是否出砂取决于颗粒的胶结程度即地层强度。一般情况下，地层应力超过地层强度就可能出砂。油气井出砂的原因对于防砂方法及防砂剂的配方选择有很大影响。总的说来，油气井出砂的原因可以归结为地质和开采两种原因。

地质因素指疏松砂岩地层的地质条件，如胶结物含量及分布、胶结类型、成岩压实作用和地质年代等。通常而言，地质年代越晚、地层胶结矿物越少、砂粒胶结程度越差、分布越不均匀的地层，在开采时出砂越严重；地层的类型不同，地层胶结物的胶结力、圈闭内流体的黏着力、地层颗粒物之间的摩擦力及地层颗粒本身的重力所决定的地层胶结强度就不同，地层胶结强度越小，地层出砂越严重。

开采原因指在油气开发时因开采速度及采油速度的突然变化、落后的开采技术（包括不合理的完井参数和工艺技术）、低质量和频繁的修井作业、设计不良的酸化作业和不科学的生产管理等造成油气井出砂。

生产条件下地层稳定性与地层基质所受应力场的作用有关。基质以复杂的方法适应应力场状态。地层基质所受应力是上覆地层压力、孔隙压力、近井地带地层流体流动压力梯度、界面张力、流体通过基质颗粒间空隙流动时与颗粒摩擦而形成的摩阻。地应力适应地层稳定性的方式是在一定条件下由地层介质本征强度和地层产能系数这两个相互关联因数所决定的，这种条件下原地应力场在生产过程中因各种因素而破坏失稳后，便形成了井眼周围的稳定砂拱和砂桥。

6.2.6.2 出砂监测措施

目前，出砂检测方法主要包括声波法、ER（Electrical Resistance）法和射线法等。声波法是利用传感器检测砂粒对管道内壁冲击产生的声波或超声波脉冲检测出砂量，传感器安装于管道外壁，安装方便，测量精度高，应用最为广泛。ER 法基于插入管道中的探头阻抗变化检测出砂浓度，它具有测量方法简单、适用范围广等优点，但只能测量出砂浓度，且存在延时问题。此外，探头的使用寿命受到限制，且探头对流体流动具有阻碍作用。射线法虽然可以方便检测流体中的固体浓度，但结构较复杂，还可能对人员和环境造成污染。表 6.3 为出砂监测方法比较表。

表 6.3　出砂监测方法比较表

方法	原理	缺点
声波法	利用传感器检测砂粒对管道内壁冲击产生的声波或超声波脉冲检测出砂量	无法监测出砂量及出砂产生的破坏
ER 法	基于插入管道中的探头阻抗变化检测出砂浓度	只能测量出砂浓度，存在延时问题，探头的使用寿命受到限制
射线法	向流体发送射线，根据穿透流体时射线强度衰减的不同，检测出流体中的砂浓度	结构较复杂，可能对人员和环境造成污染

目前，已经证明声波探砂器用于监测出砂较为成功。但是，无法成功地应用于出砂量的监测，而且也无法监测出砂产生的破坏。声波法主要有两种：声波探砂（Acoustic Sand Detector）和超声探砂（Ultrasonic Sand Detector），两种设备比较见表 6.4。

表 6.4　声波法探砂设备比较表

仪器	供应商	检测技术	安装	流速	测量粒径	测量精度
声波探砂器	Roxar	声波固体探测	非插入式，钳型式	最小 1m/s	15μm（气） 25μm（液）	± 5%
超声探砂器	Clampon	超声波固体探测	非插入式，钳型式	0.5～20m/s	15μm（气） 25μm（液）	± 5%

根据 BP 公司的测试，在砂粒径 80～120um，出砂速率 2g/s，砂负荷 9.5 lb/（10^8ft^3）时，超声探砂无法监测到出砂。而在此条件下，声波探砂监测到所有出砂，声波探砂可以很好地监测出砂情况。

声波探砂在一个较宽的测量范围条件下具有良好的可靠性与重复性。在低速率和 / 或低出砂密度条件下也有良好的可靠性、重复性。根据 BP 公司测试，在砂粒径 80～120μm 和 30～50μm 时，改变出砂密度，声波探砂器监测结果如图 6.3 所示。

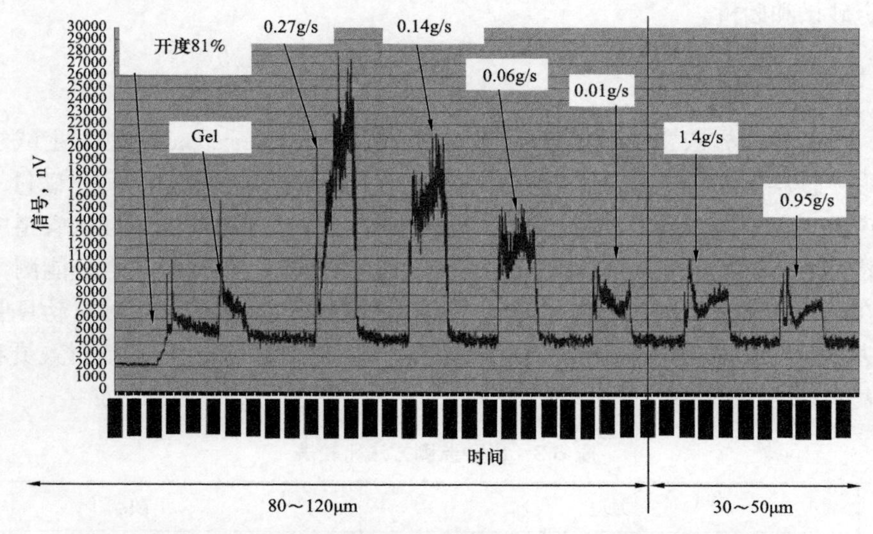

图 6.3　BP 公司测试声波探砂器对不同砂粒径及出砂密度的监测结果示意

6.2.6.3　井下防砂措施

油井出砂，造成产量降低，作业成本激增，经济损失严重，必须对油气田出砂进行防治。目前，油田常用的油井防砂方法一般分为三类：

（1）机械防砂。

（2）化学防砂。

（3）砂拱防砂。

化学防砂的最大优点是在井筒内不留下任何机械装备，防砂一旦失败，容易进行补偿性作业措施。常用的化学防砂技术主要有树脂防砂剂及涂膜砂防砂剂等，适用于砂岩或砂砾岩地层。经过多年发展，化学防砂也从只宜处理较短井段发展为可处理较长井段。化学防砂的缺点是化学剂胶固地层后，渗透率损失较大；化学剂在油层条件下老化较快，有效期较短。

6.2.6.4　井上防砂措施

平台上实际采用的除砂方法有重力沉降、离心分离、过滤等。通常以大罐沉降和旋流除砂为主体的除砂工艺能够满足油田的除砂需要。

1. 重力沉降

重力沉降是利用固液两相的密度差在重力场中进行固液分离的方法。该方法利用固液两相密度差，将分散在悬浮液中的固体颗粒分离，沉降过程中的唯一动力是固液两相的密度差。重力沉降系统的费用相对便宜，但分离出的固体含有较多液体，分出的液体含有少量微粒固体。重力沉降设备非常适用于连续化生产，可以实现较高的自动化水平。

2. 离心分离

离心分离是把悬浮液置于离心力场中，使得固液得以分离的过程。由于在离心场中可以获得很大的惯性，因此可以实现诸如细微颗粒的悬浮液和准稳定乳状液的分离。离心分离依赖离心惯性的作用进行分离，因此离心沉降中悬浮液停留时间短、效率高，能分离出重力沉降不能分出的细小颗粒，更适合对悬浮液的细分离。离心分离器的设备主要有离心机和水力旋流器。

3. 过滤

过滤是利用某种多孔介质来使悬浮液液固分离的过程：在外力作用下，悬浮液流体通过能截留固体颗粒的过滤介质的孔道，某种粒径的固体颗粒被截留下来，从而实现固液分离。该过程不需要密度差的存在，而是依赖过滤介质的性能，如果选用合适，可以确保截留需要分离的固体颗粒。因此，过滤所提供的设计控制范围是很宽的。但在实际生产中需要定期对过滤介质（如滤网、滤层等）进行反冲洗，排除滤饼，使之再生，因此不适用于连续性生产，有时甚至不易实现自动化操作，而且处理单位体积的悬浮液所需的费用也比重力沉降高。

我国油田产出砂子的平均粒径大都在 50μm，采用的分离设备为沉降罐、离心机、水力旋流器和筛滤机等。离心机和筛滤机多是有传动部件的设备，需要精心维护，不太适合油田现场的恶劣环境，故大罐沉降和旋流器洗砂二级流程比较适合我国油田生产的实际。

6.2.6.5 磨蚀流速

在建立的 ASPEN HYSYS 模型中，依照 P & ID 管线尺寸，对主要的工艺管线进行流速核算。按式（6.8）（据 API RP 14E）对磨蚀流速进行计算校核。

$$v_e = \frac{C}{\sqrt{\rho_m}} \tag{6.8}$$

式中 v_e——流体磨蚀流速，ft/s；

C——磨蚀流速常数（对含砂流体，常取 50～75）；

ρ_m——在流体压力、温度条件下气 / 液混合密度，1b/ft^3。

7 机器学习技术在风险评估中的应用

7.1 机器学习算法

机器学习是利用数据或以往的经验优化计算机程序性能标准的算法。目前应用较多的算法有 SVM（Support Vector Machine）支持向量机、逻辑回归（Logistic Regression）、线性回归（Linear Regression）与多层神经网络等。

7.1.1 线性回归算法

线性回归是利用数理统计中的回归分析来确定两种或两种以上变量间相互依赖的定量关系的一种统计分析方法。该法运用十分广泛，其数学形式见式（7.1）和式（7.2）：

$$y=\theta+\theta_1x_1+\theta_2x_2+\ldots+\theta_nx_n \tag{7.1}$$

$$h_{\mathrm{w}}(x)=\sum_{i=0}^{n}w_ix_i \tag{7.2}$$

线性回归引入一个函数用来衡量 $h_{\mathrm{w}}(x)$ 与真实值 y 好坏的程度，这个函数被称为损失函数 $J(w)$。损失函数可描述线性回归模型与正式数据之间的差异：如果完全没有差异，则说明此线性回归模型完全描述数据之间的关系；如果要找到最佳拟合的线性回归模型，就要使对应的损失函数最小，相关公式见式（7.3）：

$$J(w)=\frac{1}{2m}\sum_{i=1}^{m}\left[h_{\mathrm{w}}\left(x^{(i)}\right)-y^{(i)}\right]^2 \tag{7.3}$$

迭代过程需要最小化损失函数，即 $\min J(w)$

可采用梯度下降法求解，过程如下：

（1）首先对 w 赋值，这个值可以是随机的。

（2）改变 w 的值，使得 $J(w)$ 按梯度下降的方向减少。

梯度方向由 $J(w)$ 对 w 的偏导数确定，由于求的是极小值，所以梯度方向是偏导数的反方向，迭代更新（图 7.1）。

7.1.2 BP 神经网络算法

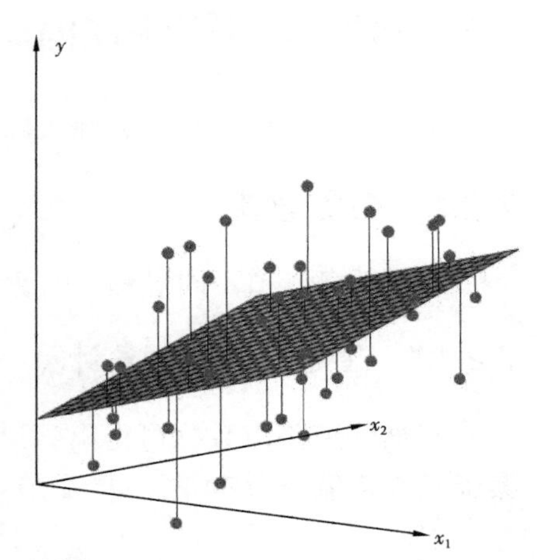

图 7.1　线性回归优化目标

如图 7.2 所示，从输入层到隐藏层：用 X 代表输入，H 代表隐藏层，则 $H=f(W_1X+B_1)$，其中 W_1 代表权重，B_1 代表偏置，函数 f 通常是非线性的，叫作激活函数，激活函数的作用是去线性化。常见的激活函数有：Sigmoid（S 型激活函数，将输入映射到一个 0 到 1 之间的值）、tanh（双曲正切函数，将输入映射到一个 –1 到 1 之间的值）、relu 近似生物神经激活函数，它的函数形式是 $f(x)=\max(0, x)$，如图 7.3 所示。这样得到了一个从输入到输出的关系，最终就是通过监督学习方法求得 W_1、B_1、W_2、B_2。通常利用反向传播算法（BP）和最优化算法对权重更新，迭代更新参数，直至满足某个条件为止。

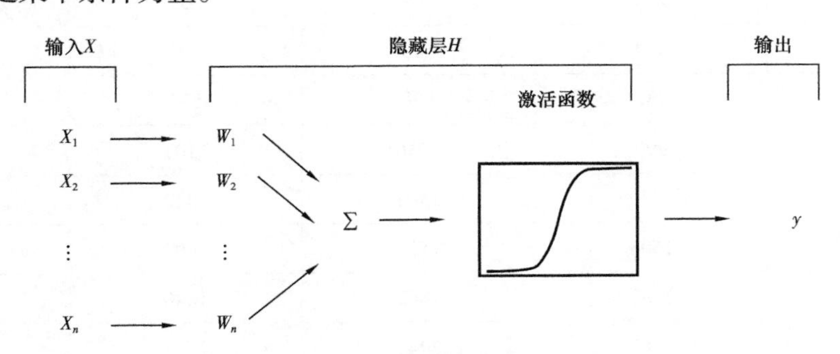

图 7.2　神经网络结构

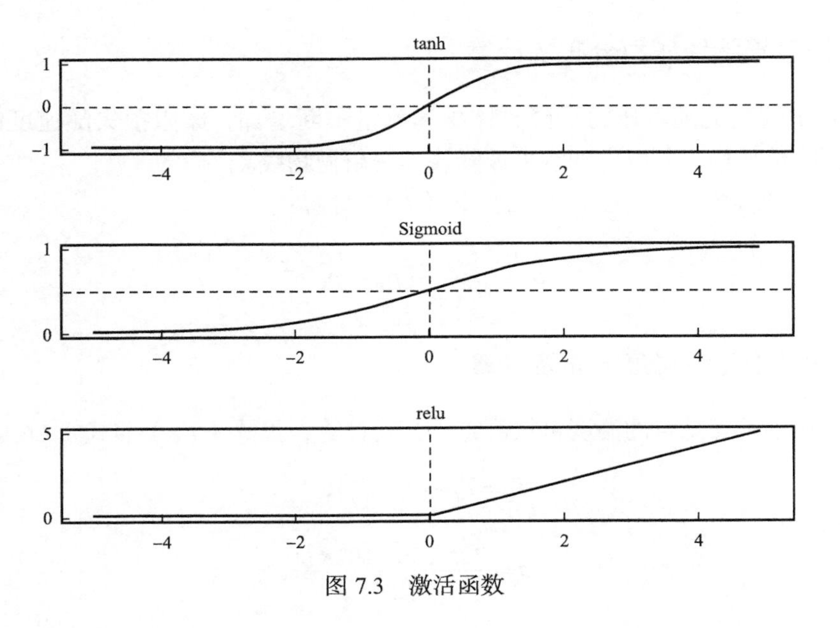

图 7.3　激活函数

7.2 机器学习算法在内腐蚀分析上的应用

本节以某天然气管道为例，具体说明机器学习算法在内腐蚀分析上的应用。

7.2.1 数据收集

对于单条管道不同里程处的腐蚀，主要考虑压力、温度、高程与仰角等因素的影响。

7.2.1.1 管道高程及仰角计算

根据管道路由数据可得出管道高程及仰角数据。按管道路由数据给出的 45 个节点将某天然气管道分为 44 段，45 个节点见表 7.1。

表 7.1 某天然气管道分段节点 K_P 值

0	10	78	101	142
201	245	299	339	401
434	497	541	596	637
708	733	800	832	898
933	999	1036	1103	1133
1204	1230	1304	1332	1407
1430	1506	1531	1602	1635
1711	1737	1802	1840	1910
1941	2003	2042	2148	2167

7.2.1.2 输气管沿线压力分布及计算

输气管中的气流随着压力下降，体积和流量不断增加，摩阻损失随速度的增加而增加，因此压降也加快，所以它的水力坡降线是一条抛物线。

水平输气管沿线任一点压力 p_x 可按式（7.4）计算：

$$p_x = \sqrt{p_H^2 - \left(p_H^2 - p_K^2\right)\frac{x}{L}} \tag{7.4}$$

7.2.1.3 输气管沿线温度分布及计算

输气管沿管长任意点的温度可按舒霍夫公式计算，见式（7.5）与式（7.6）。

$$T_x = T_0 + \left(T_1 - T_0\right)e^{-ax} \tag{7.5}$$

$$a = \frac{225.256 \times 10^6 KD}{q_v \gamma c_p} \tag{7.6}$$

式中 T_x——距输气管起点 x km 处气体温度，℃；

T_0——输气管平均埋设深度的土壤温度，℃；

T_1——输气管计算段起点处的气体温度，℃；

x——输气管计算段起点至沿管线任意点的长度，km；

e——自然对数底数，e=2.718；

K——输气管中气体至土壤的总传热系数，W/（$m^2 \cdot K$）；

D——输气管外直径，m；

γ——气体的相对密度；

c_p——气体的比定压热容，J/（kg · K）；

q_v——输气管道气体通过量；m^3/s。

经过分析计算，得出 44 条样本数据，见表 7.2。

表 7.2 天然气管道分段样本数据

编号	K_P 区间，m	压力，MPa	温度，℃	管道高程，m	仰角，(°)	腐蚀量，%
1	[0，10]	3.288	13.08	−31.2	0	0
2	[10，78]	3.287	13.038	−31.25	−0.00147	29.565
3	[78，101]	3.286	12.989	−31.4	−0.0087	28.2
4	[101，142]	3.285	12.955	−31.5	0	30.192
5	[142，201]	3.284	12.901	−31.75	−0.00847	29.684
6	[201，245]	3.282	12.846	−31.7	0.01364	27.3
7	[245，299]	3.281	12.793	−31.6	−0.00741	26.3
8	[299，339]	3.28	12.743	−31.9	−0.005	26.417
9	[339，401]	3.279	12.688	−32	0	25.6
10	[401，434]	3.278	12.637	−32.2	−0.01212	25.667
11	[434，497]	3.277	12.585	−32.35	0.00159	25
12	[497，541]	3.275	12.528	−32.3	0	24.333
13	[541，596]	3.274	12.474	−32.4	−0.00364	25.4
14	[596，637]	3.273	12.423	−32.35	0.00732	23
15	[637，708]	3.272	12.363	−32.2	0	27.333
16	[708，733]	3.27	12.311	−32.25	−0.004	21
17	[733，800]	3.269	12.262	−32.25	0.00149	23
18	[800，832]	3.268	12.208	−32.3	−0.00625	23.333
19	[832，898]	3.267	12.156	−32.3	0.00303	28.667

续表

编号	K_P区间，m	压力，MPa	温度，℃	管道高程，m	仰角，(°)	腐蚀量，%
20	[898，933]	3.266	12.101	−32.3	−0.00571	22
21	[933，999]	3.265	12.047	−32.35	0.00152	24.167
22	[999，1036]	3.263	11.992	−32.2	0.00541	27
23	[1036，1103]	3.262	11.936	−32.1	0	25.25
24	[1103，1133]	3.261	11.884	−31.95	0.01	22
25	[1133，1204]	3.260	11.829	−31.9	−0.00282	23
26	[1204，1230]	3.258	11.777	−31.95	0.00385	23.333
27	[1230，1304]	3.257	11.724	−31.9	0	29.333
28	[1304，1332]	3.256	11.669	−31.95	−0.00357	33
29	[1332，1407]	3.255	11.613	−32	0	26.8
30	[1407，1430]	3.254	11.561	−32.1	−0.0087	28
31	[1430，1506]	3.252	11.507	−32.05	0.00395	26.429
32	[1506，1531]	3.251	11.453	−32.05	−0.012	25.5
33	[1531，1602]	3.250	11.402	−32.25	−0.00141	28
34	[1602，1635]	3.249	11.346	−32.2	0.00606	29
35	[1635，1711]	3.247	11.287	−32.05	0.00132	29.889
36	[1711，1737]	3.246	11.232	−32.05	−0.00385	24.333
37	[1737，1802]	3.245	11.183	−31.75	0.01077	28.8
38	[1802，1840]	3.244	11.128	−31.55	−0.00789	27.556
39	[1840，1910]	3.242	11.07	−31.6	0.00286	27.25
40	[1910，1941]	3.241	11.016	−31.3	0.0129	24.857
41	[1941，2003]	3.240	10.966	−31	0.00323	28.857
42	[2003，2042]	3.239	10.911	−31.1	−0.01026	27.833
43	[2042，2148]	3.237	10.833	−31.2	0.00189	27.75
44	[2148，2167]	3.236	10.766	−30.95	0.01579	26

7.2.2 数据预处理与特征工程

选取压力、温度、管道高程、仰角四个因素作为模型特征，腐蚀量作为预测目标。对数据样本进行异常值处理（腐蚀量为 0 的样本删除）、归一化处理（管道高程数据与仰角数值相差很大，若不进行归一化处理，仰角特征在模型预测中所占权重过小，会影响模型实际精度），最终得出共计 42 条数据样本。

7.2.3 数据集分割

一般需要将样本分成独立的三部分：训练集（train set）、验证集（validation set）和测试集（test set）。其中训练集用来估计模型，验证集用来调整模型参数从而得到最优模型，而测试集则检验最优的模型的性能如何。

样本少的时候，上面的划分就不合适了。常用的是留少部分做测试集。然后对其余 N 个样本采用 K 折交叉验证法。就是将样本打乱，然后均匀分成 K 份，轮流选择其中 $K-1$ 份训练，剩余的一份做验证，计算并预测误差平方和，以此来确定模型参数。

本次模型交叉验证时，训练集包含 37 个样本，测试集包含 5 个样本。

参数确定后的训练模型中，训练集包含 28 个样本，验证集包含 9 个样本，测试集包含 5 个样本。

7.2.4 模型训练

本次模型选取线性回归、SVM、集成学习等方法进行模型训练，对比结果后，选取效果最优的 SVM 算法进行模型预测。

通过交叉验证和参数调节，选取的最优化模型参数如下：

kernel='poly'，degree=4，coef 0=1.02，C=0.1

7.2.5 结果对比

计算结果见表 7.3，实际腐蚀情况与预测腐蚀情况对比如图 7.4 所示。

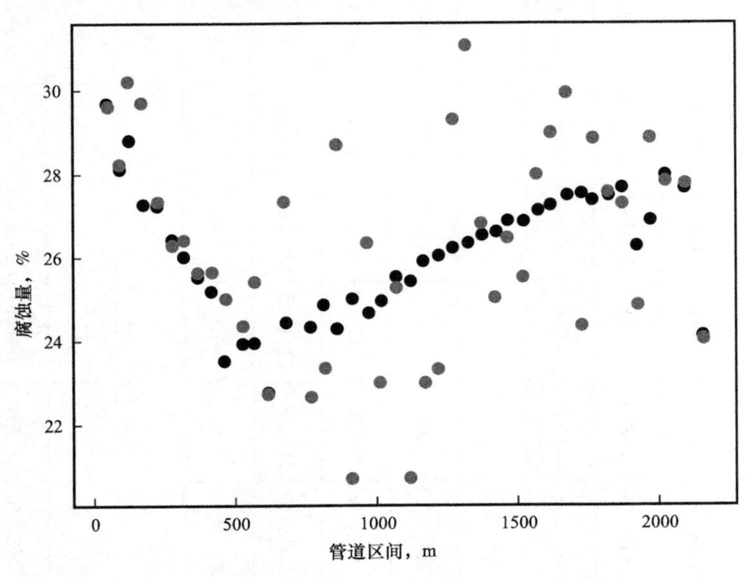

图 7.4 天然气管道实际腐蚀程度与预测程度对比（黑色为预测值）

表 7.3 计算结果分析表

属性	训练集													
编号	31	8	19	35	33	42	26	25	16	21	41	32	28	2
实际腐蚀，%	25.5	25.6	20.66667	24.333	29	27.75	29.333	23.33333	22.66667	23	27.833	28	26.8	28.2
预测腐蚀，%	26.8526	25.49942	25.01545	27.48541	27.24918	27.65072	26.18803	26.01113	24.31208	24.94075	27.93308	27.07861	26.49593	28.09932
误差，%	5.30	–0.39	21.04	12.96	–6.04	–0.36	–10.72	11.48	7.26	8.44	0.36	–3.29	–1.13	–0.36
属性	训练集													
编号	22	5	38	20	34	43	37	1	27	14	6	24	13	39
实际腐蚀，%	25.25	27.3	27.25	26.3333	29.889	24	27.556	29.565	31	27.333	26.3	23	22.66667	24.857
预测腐蚀，%	25.50749	27.20015	27.64903	24.62029	27.45044	24.10019	27.45606	29.66517	26.32762	24.43048	26.40007	25.87113	22.76695	26.25431
误差，%	1.02	–0.37	1.46	–6.51	–8.16	0.42	–0.36	0.34	–15.07	–10.62	0.38	12.48	0.44	5.62
属性	验证集									测试集				
编号	9	23	11	36	40	18	17	30	10	4	3	7	29	12
实际腐蚀，%	25.667	20.66667	24.333	28.8	28.857	28.667	23.33333	26.429	25	29.684	30.192	26.417	25	25.4
预测腐蚀，%	25.16099	25.44178	23.92906	27.38546	26.86243	24.29461	24.80748	26.83065	23.51458	27.25711	28.7817	26.00466	26.59622	23.94751
误差，%	–1.97	23.11	–1.66	–4.91	–6.91	–15.25	6.32	1.52	–5.94	–8.18	–4.67	–1.56	6.38	–5.72

从分析结果来看，测试集 5 个样本，误差都在 10% 以内，但训练集和验证集有 9 个样本误差超过 10%（其中 2 个样本误差超过 20%）。

7.2.6 未来腐蚀预测

本次内检测日期为 2017 年 08 月 14 日，搜集到的生产数据延续到 2019 年 05 月 05 日，故此，利用建立的模型对截至 2019 年 05 月 05 日的管道内腐蚀情况进行预测，并对管道各段腐蚀程度进行标记分类（“1”表示腐蚀量不低于 32%，“2”表示腐蚀量小于 32%，不低于 30%，“3”表示腐蚀量小于 30%，不低于 28%，“4”表示腐蚀量小于 28%），如图 7.5 所示。

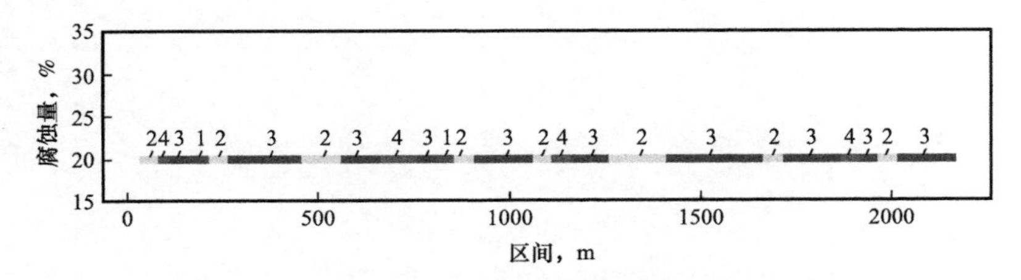

图 7.5 天然气管道不同管段腐蚀预测